W0183750

Brian Fagan
Die Macht des Wetters

Brian Fagan

Die Macht des Wetters

Wie das Klima die Geschichte verändert

Aus dem Amerikanischen übersetzt von Hubert Pfau

PATMOS VERLAG

Für Lesley

When I see you coming my heart beats
harder and I reach for your hand …
Or if you prefer: light blue touch paper – and stand clear

Titel der amerikanischen Originalausgabe:
Floods, Famines, and Emperors © 1999, Brian Fagan. First published in the United States by Basic Books, a Subsidiary Perseus Books L. L. C.

Das Vorwort und das 10. Kapitel dieses Buches wurden von Axel Monte übersetzt.

Die Deutsche Bibliothek – CIP-Einheitsaufnahme
Ein Titeldatensatz für diese Publikation ist bei Der Deutschen Bibliothek erhältlich.

Satz: Hubert Pfau, KH, Köln
Druck und Bindung: Grafo S. A., E-Basauri
ISBN 3-491-72445-7

INHALT

III. KLIMAWANDEL UND DER FLUSS DER ZEIT

VORWORT

Die ganze Erde ist eine Grabstätte berühmter Menschen, und ihre Geschichte ist nicht nur im Stein über ihrer Heimaterde eingegraben, sondern sie lebt ohne sichtbare Zeichen fort, eingewoben in dem Gewebe der Liebe anderer Menschen. Es ist jetzt an euch, an ihre Taten heranzureichen.

THUKYDIDES, „DIE GRABREDE DES PERIKLES"

Die 1997 und 1998 in Kalifornien angerichteten Schäden waren nicht so schwer wie die der Winterstürme von 1995 und 1997, doch waren sie schlimm genug. Wir wußten von diesem El Niño, lange bevor er ankam. Satelliten und Computermodelle zeigten uns einen schnell größer werdenden Fleck warmen Wassers – immer rot wie eine Pustel –, der sich im westlichen Pazifik den Äquator entlang Richtung Osten bewegte. Wir waren von dieser wachsenden Wunde der Erde wie hypnotisiert und wurden mit Vorhersagen über nahendes Unheil und Verderben bombardiert. *Time, Newsweek* und die Tageszeitungen rund um die Welt brachten Titelstories über kommende Dürreperioden, Überschwemmungen und schwere Stürme. Das World Wide Web summte vor Katastrophenwarnungen. Die Politiker in Kalifornien inszenierten bühnenreife Konferenzen, um Vorkehrungen zur Schadensbegrenzung zu treffen. Es war das Jahr, als El Niño in die Umgangssprache einging und zu einem gesellschaftlichen Phänomen wurde. „Daran ist El Niño schuld", wurde zum geflügelten Wort.

Aber die Apokalypse verspätete sich an der kalifornischen Küste. Tag für Tag aalten wir uns im prallen herbstlichen Sonnenschein, der Pazifik war spiegelglatt, es wehte eine leichte Brise, es war weder zu warm noch zu kalt. Wir fingen an, über die Vorhersagen der Wissenschaftler von Rekordniederschlägen und extremen Wassertemperaturen zu lachen. Der Herbstregen setzte wohldosiert ein. Erntedank und Weihnachten verbrachten wir bei klarem Himmel und lauen Lüften. Berichte von Jahrhundertregen in Peru und von Überschwemmungen, die sämtliche Straßen der Stadt Trujillo fortgerissen hatten, wurden mit blasierter Gleichgültigkeit aufgenommen. El Niño, so sagten wir uns, hat uns vergessen.

Dann kam im Januar und Februar der Regen. Tosende Südoststürme suchten die kalifornische Küste heim. Windböen in Hurrikanstärke peitschten die San Francisco Bay auf, und die Golden Gate Durchfahrt wurde für den Schiffsverkehr gesperrt. Südlich der Stadt bröckelte die Steilküste von Pacifica ab und riß Häuser mit sich ins Verderben. Der Russian River trat so weit über die Ufer, daß Teile der Kleinstadt Guernville evakuiert werden mußten. Schlammlawinen wälzten sich über Berghütten und Häuser des Dorfes Rio Nido hinweg. Binnen weniger Minuten verloren die Familien ihr ganzes Hab und Gut. Viele der Häuser sind immer noch von massiven Erdklumpen verschüttet, und einige werden nie wieder bewohnbar sein.

Sturm auf Sturm blies gegen die überflutete Küste an. Ein heftiger Platzregen ging über den Bergen hinter Ventura im südlichen Kalifornien nieder und sandte den Fluß im Westen der Stadt eine Springflut hinunter. Innerhalb weniger Minuten überschwemmte die Flutwelle die Hauptverkehrsverbindung zwischen Los Angeles und San Francisco. Autos wurden weggespült, und der Freeway 101 war für achtzehn Stunden blockiert. Hunderte von Autofahrern verbrachten die Nacht in ihren Autos und warteten darauf, daß das Wasser zurückging. Dieselbe Flutwelle riß flußabwärts eine Brücke der Southern Pacific Eisenbahn fort. Es vergingen zehn Tage, bis der Zugverkehr wieder aufgenommen werden konnte.

Kalifornien hat schon immer einen hohen Preis für die unberechenbaren El Niños gezahlt. Vor vierzehn Jahren, als ein anderer großer El Niño ebenfalls starke Winde und heftige Regenfälle mit sich brachte (so wie ein schwächerer 1993), verursachten die Überschwemmungen und Erdrutsche zwischen Orange County und San Diego einen Schaden in Höhe von fast einer Milliarde Dollar. Die durchnässte Erde riß die Gehsteige auf und zerbrach den Beton der Swimming Pools wie Eierschalen. Tornados und Wasserhosen wirbelten die Küste entlang, und acht Menschen starben.

Der El Niño von 1998, der Größte seit Menschengedenken, brachte der kalifornischen Küste Rekordregenfälle: knapp 1.270 Millimeter in Santa Barbara, das ist fast dreimal soviel wie der Jahresdurchschnitt. Aber da die Behörden von Bund, Land und Gemeinden Millionen dafür ausgegeben hatten, um Überflutungskanäle reinigen zu lassen, Vorratslager mit Sandsäcken anzulegen und andere Vorsichtsmaßnahmen zu treffen, waren die Schäden geringer als erwartet. Es war das erste Mal, daß die Behörden von einer langfristigen Wettervorhersage profitierten, die die Attacke ankündigte. Computermodelle und Satellitenbilder verfolgten den großen El Niño von seiner Geburt bis zum Tod. Obwohl viele Tausende in niedrig gelegenen Küstenzonen lebten, entgingen sie katastrophalen Schäden, weil wir zumindest teilweise darauf vorbereitet waren. Jeder, der Zugang zu einem Fernsehgerät hatte, war sich des drohenden Sturmes bewußt.

An anderen Orten in den Tropen verursachte das Phänomen 1997–1998 über 10 Milliarden Dollar an Schäden. Australien und Südostasien wurden von einer schweren Dürre heimgesucht. In Indonesien und Mexiko gingen Millionen Hektar an Regenwald in Flammen auf. Im Nordosten von Brasilien litten über 1,8 Millionen unter einer Hungersnot. Wie bei jeder Klimakatastrophe hatten die Armen am meisten zu leiden. Besonders diejenigen, die in Randgebieten oder Ländern leben, die nicht über die nötigen Ressourcen verfügen, um sich gegen Dürreperioden oder Überschwemmungen zu wappnen oder um Hilfsmaßnahmen und Wiederaufbau zu finanzieren.

Die spanischen Siedler in Peru waren vor vierhundert Jahren die ersten, die über El Niños berichtet haben. Sie nannten sie *años de abundancia*, Jahre des reichlichen und heftigen Regens. Die Wassertemperatur des Ozeans stieg stark an. Exotische Fische aus den Tropen erschienen vor der Küste. In der normalerweise trockenen Wüste blühte die Vegetation. All diese Gaben hatten ihre Ursache in einer warmen Gegenströmung, El Niño, „das Christkind", genannt, die manchmal die pazifische Küste entlang Richtung Süden fließt und Wolkenbrüche und exotische Meeresbewohner mit sich bringt. El Niño trägt noch immer schwere Regenfälle nach Peru und spült tropische Fische an die Küste, aber heute fürchten die Menschen seine verheerenden Auswirkungen. Das Bevölkerungswachstum hat kleine Bauerndörfer in aufstrebende Städte verwandelt, wo die Slums sich in den Flußniederungen zusammendrängen. Ein starker El Niño fegt Brücken, Häuser und Straßen hinweg, tötet Hunderte von Leuten, und der Hunger folgt ihm auf dem Fuße. Die Küstenwirtschaft erleidet schwere Einbußen, denn sowohl der Anchovi-Fang als auch die Guano-Produktion gehen dramatisch zurück. Wir alle, aber besonders die Armen, sind den Verwundungen des „Christkindes" und anderer kurzfristiger klimatischer Änderungen ausgeliefert wie nie zuvor.

Ein El Niño tritt auf, wenn sich im zentralen Pazifik ein großer „Teller" aus warmem Wasser ansammelt und nach Osten driftet. Er bringt dabei den nordöstlichen Passat zum Abflauen oder kehrt ihn gar um, und warme, feuchte Luft gelangt an die Westküste Südamerikas. Die normalen Witterungsbedingungen kehren sich um: In den

Wüsten im Westen der Anden kann an einem Tag der gesamte durchschnittliche Jahresniederschlag niedergehen, während die Regenwälder in Südostasien und in Borneo so trocken wie Zunder werden. Jahrelang haben die Wissenschaftler geglaubt, daß El Niño nur ein lokales, auf die peruanische Küste begrenztes Phänomen wäre. Aber in den sechziger Jahren brachte Jacob Bjerknes, ein Forscher von der UCLA (University of California Los Angeles), El Niño mit atmosphärischen Strömungen und Windbewegungen des gesamten tropischen Pazifikraumes in Verbindung. Bjerknes zeigte, daß El Niños globale Erscheinungen sind, die in den Tropen Dürren, Überschwemmungen und andere klimatische Anomalien auslösen.

Bis vor kurzem sprachen die Wissenschaftler, die alte Zivilisationen untersuchen, und die, die El Niño erforschen, nur selten miteinander. Jetzt arbeiten sie eng zusammen, denn sie erkennen, daß diese einstige obskure peruanische Gegenströmung ein kleiner Teil eines enormen globalen Klimasystems ist, das Menschen in allen Ecken der Welt beeinflußt hat.

Wir haben schon immer gewußt, daß klimatische Anomalien wie Dürren, Überschwemmungen oder extreme Temperaturen Zivilisationen bedrohen können. Wir wußten, daß die Ägypter unter periodisch auftretenden Dürren litten, die Moche in Peru unter katastrophalen Regenfällen und die Anasazi des amerikanischen Südwestens unter extrem lokalisierten Niederschlägen. Derartige Kapriolen wurden als rein lokale und zufällige Phänomene betrachtet, die in den Erklärungen, warum Zivilisationen aufstiegen und zerfielen, keine große Rolle spielten. Wenn eine Dürre oder Überschwemmung mit dem Zusammenbruch einer Dynastie oder einer ganzen Kultur zusammenfiel, dann wurde dieser Umstand eher als Pech denn als etwas anderes angesehen. Die Aufmerksamkeit der Forschung konzentrierte sich auf allgemeine ökologische Faktoren und auf komplexe gesellschaftliche Kräfte, so wie das Gottkönigtum, die zunehmende Zentralisierung der Herrschaft und eine größere soziale Ungerechtigkeit.

Da Bjerknes gezeigt hat, daß El Niño ein beständig wiederkehrendes Phänomen ist, dessen Auswirkungen die ganze Welt betreffen, hat sich die wissenschaftliche Sichtweise geändert. Wir fangen an zu begreifen, daß der Klimagenerator, der El Niño produziert, mit den anderen großen klimaerzeugenden Systemen als Teil der gewaltigen globalen Wettermaschine zusammenarbeitet. Jedes Jahr enthüllen komplexere Computermodelle neue Geheimnisse des weltweiten Wettersystems und bringen neue Erkenntnisse über die Verbindungen von El Niño mit anderen Teilen dieser chaotischen und sich ständig wandelnden Wettermaschine. Wir begreifen immer besser, wie verschiedene Betriebszustände dieser globalen Maschine vorhersagbare Wetterbedingungen auf lokaler, regionaler und globaler Ebene schaffen. Die Erforschung der Funktionsweise von El Niño bildet einen Mikrokosmos davon, wie Wissenschaftler sorgfältig lernen, das globale Wetter zu prognostizieren.

Teil I des Buches beschreibt, wie El Niño zuerst identifiziert wurde und wie die Prozeßanalytiker seine Rolle in der globalen Wettermaschine definierten. Zum ersten Mal können wir, wenn auch nur grob, die Existenz klimatischer Anomalien in einem Teil der Welt von gleichzeitigen (aber nicht notwendigerweise ähnlichen) Anomalien auf der anderen Seite der Welt ableiten. Wenn also ein starker El Niño im tropischen Pazifik schwere Regenfälle an der peruanischen Küste hervorruft, dann können wir, mit recht großer Genauigkeit, eine gleichzeitige Dürre im Nordosten von Brasilien und sehr trockene klimatische Bedingungen in Südostasien vorhersagen.

Das ist für unser Verständnis der Weltgeschichte ein Vorgang von höchster Wichtigkeit. Es bedeutet, daß wir zum ersten Mal die wissenschaftlichen Daten und Werkzeuge besitzen, um die klimatische Geschichte der menschlichen Zivilisation zu erfassen, und das nicht nur in groben Umrissen. Wir wissen, daß kurzfristige klimatische Anomalien keine bloßen Zufälle oder Ausrutscher waren. Es gibt eine enge Beziehung zwischen ungewöhnlichen Klimaänderungen und ungewöhnlichen historischen Ereignissen. Der Untergang des Alten Reiches in Ägypten fiel zum Beispiel mit einer großen Dürre zusammen, die das Niltal 2180 v.Chr. heimsuchte. Diese Dürre wurde letztendlich wiederum von einem Wechselspiel zwischen der Atmosphäre und dem Ozean auf der anderen Seite der Erde ausgelöst.

Teil II dieses Buches dreht sich um eine zunehmend wichtiger werdende zentrale Frage: Wie beeinflussen klimatische Ereignisse den Lauf der Zivilisation? Wie beeinflussen Dürreperioden, Hungersnöte und Überschwemmungen das Vertrauen der Menschen in die Institutionen ihrer Gesellschaft und in die Legitimation ihrer Herrscher? Die neu entdeckten historischen Fakten legen nahe, daß solche Klimaschwankungen eine harte – und manchmal entscheidende – Prüfung darstellen. Woran liegt es, ob eine Gesellschaft diese Prüfung besteht, oder ob sie versagt?

Es gibt nur eine begrenzte Anzahl an Möglichkeiten, mit der eine Gesellschaft auf angesammelte klimatische Belastungen reagieren kann: Ortsveränderung oder soziale Kooperation; sich von Krise zu Krise durchwursteln; entschlossene zentralistische Führerschaft einiger weniger Individuen; oder die Entwicklung von Innovationen, die die Versorgungskapazität des Landes erhöht. Die Alternative zu all diesen Möglichkeiten ist der Zusammenbruch. Die Kapitel in Teil II untersuchen verschiedene Variationen und Kombinationen dieser vier Antworten. Über Jahrtausende haben sich unzählige Steinzeitmenschen in der Ur- und Frühgeschichte für ihr Überleben auf Mobilität und gut entwickelte soziale Netzwerke verlassen (siehe Kapitel 5). In Afrika leben die Wildbeuter der San in der südlichen Kalahari noch heute so. In anderen Fällen hat sich eine entschlossene Führerschaft ausgezahlt. Die Ägypter um 2100 v. Chr. überlebten grausame Dürren und den Zusammenbruch der Zentralregierung, weil die lokalen Führer mit engen Bindungen zum Land ihre Leute ernährten. Dann formten sie die alte Doktrin von der königlichen Unfehlbarkeit aus der Zeit der Gottkönigschaft um, um die Herrscher der Oasen zu Hirten ihrer Bevölkerung zu machen (siehe Kapitel 6).

Andere Zivilisationen waren weniger anpassungsfähig, da ihr Denken zu starr für ihre Umwelt war. Vor fünfzehnhundert Jahren haben die Krieger-Priester der Moche in den Flußtälern der Küste des trockenen Nordperus auf ihren Feldern Bewässerungstechniken eingeführt (siehe Kapitel 7). Sie herrschten mittels strenger zentralisierter Kontrolle und unflexiblen religiösen Ideologien. Ihre glanzvolle Kultur ging angesichts der Dürre und der unvermeidlichen El Niño-Überschwemmungen unter. Die Maya der mittelamerikanischen Ebenen entwickelten vor zweitausend Jahren eine hochentwickelte Kultur; ein Flickenteppich von Waldstaaten, die miteinander um Macht und Ansehen konkurrierten (siehe Kapitel 8). Die Maya beherrschten die Gebiete des Tieflandregenwaldes mit seinem verletzlichen Boden und den unberechenbaren Regenfällen. Als die Bevölkerungsdichte wuchs, steigerten die starrsinnigen Herrscher ihre Ansprüche an das Volk maßlos, das eine zu Grunde gerichtete Landschaft beackern mußte. Dann kam eine Dürreperiode und versetzte einer ohnehin schon am Rande des Zusammenbruchs stehenden Zivilisation den Todesstoß.

Die Ägypter, Moche und Maya zeigen uns, daß es eigentlich nur zwei brauchbare Optionen gibt: Ortsveränderung oder Innovation – den Ertrag der Ländereien erhöhen, oder die Zelte abbrechen und sich woanders niederlassen. In Kapitel 9 beschreibe ich die Anasazi, „die Alten", des Südwestens der USA, die keinerlei Illusionen über ihre trockene Umwelt hatten. Sie entwickelten bemerkenswerte Fähigkeiten, trockene Ländereien zu bearbeiten, und sie zögerten nicht, sich in weiter auseinanderliegende Siedlungen zu zerstreuen, wenn Dürreperioden die Ernteerträge schrumpfen ließen. Ihre Nachfahren leben noch heute in ihrem angestammten Gebiet.

In Teil III zeige ich, wie dieselben Beziehungen zwischen Versorgungskapazität, Bevölkerung und der Legitimation von Herrschern und Regierungen auch heute noch funktionieren. Genau wie die Tiere leben alle Menschen, seien es Wildbeuter in der Arktis, Ackerbauern in Zentralafrika oder Städter in einer Industriestadt Brasiliens, nach den Regeln einer fundamentalen Gleichung, die die Bevölkerungsdichte mit der Versorgungskapazität des Landes austariert. Anders als die Tiere können wir die Ertragsgrenzen umgehen, indem wir die Nahrungsvorräte durch Technologien erhöhen, sei es durch Harpunen mit Elfenbeinspitzen für die Seehundjagd, den Pflug des Bauern, oder durch schädlingsresistenten Mais, der gentechnisch entwickelt wurde. Aber so sehr wir diese fundamentale Gleichung auch verbiegen können, wir können ihr nicht entkommen. Kurzfristige klimatische Anomalien, ob sie nun ein paar Jahrhunderte dauern oder nur ein Jahr, zeigen, ob wir ihren Folgen gewachsen sind. Oft waren wir das nicht. Man denke an die Millionen von Toten, die im 19. Jahrhundert in Indien starben, als der Monsun ausblieb. Oder an die vier Jahrhunderte währende Kleine Eiszeit (siehe Kapitel 10), die in Europa periodische Nahrungsengpässe verursachte, denen Tausende zum Opfer fielen. Manchmal haben die menschlichen Innovationen gesiegt, so wie bei der Einführung der unscheinbaren Kartoffel in die europäische Landwirtschaft im 17. Jahrhundert. In einigen Kreisen ist es Mode geworden, zu denken, daß die menschliche Innovation stets den Sieg davontragen wird und die Bevölkerung daher unbegrenzt weiterwachsen könne, mit all ihrem unvermeidlichen Bedarf an Nahrung, Raum und Abfallbeseitigung. Sollte dies wahr sein, wäre die Menschheit in eine neue und nie dagewesene Ära eingetreten. Zukünftige Archäologen könnten diesen Glauben an den grenzenlosen Segen der Technik jedoch als ebenso pittoresk und rührend empfinden wie den magischen Glauben an Gottkönige.

Inzwischen hat die Gleichung von Versorgungskapazität und Bevölkerung globale Ausmaße angenommen. Die Sahelzone in Afrika (siehe Kapitel 11) bietet ein Beispiel dafür, wenn ein halbtrockener Landstrich mit einer Überpopulation von Menschen und Vieh von einer schweren Dürre getroffen wird. Die Menschen der Sahelzone können weder fortziehen, noch haben sie das erforderliche Geld und die Technologie, um das Vierfache ihrer einstigen Bevölkerungszahl auf derselben alten trockenen Grassteppe zu ernähren. Sie sind extrem anfällig für Hungersnöte und kleinere klimatische Anomalien. Selbst wenn es in ihrer Nähe ausreichend Nahrung gibt, verhindern die politischen Umstände oft deren Verteilung.

Die großen El Niños von 1982–1983 und 1997–1998 haben uns eine Vorstellung davon gegeben, welches Ausmaß an Verwüstung solche Ereignisse weltweit anrichten können (siehe Kapitel 12). Die materiellen Schäden allein sind keine große Bedrohung für die Menschheit. Aber die archäologischen Befunde zeigen, daß ein El Niño in Gesellschaften, die durch unklugen Umgang mit der Umwelt bereits stark belastet sind, den Druck immer weiter erhöhen kann, manchmal bis über die Belastungsgrenze hinaus. Unter solchen Umständen können Hunger, Zerstörung und Entwurzelung den Glauben der Leute an die Legitimation ihrer Anführer und an die Fundamente der Gesellschaft erschüttern. Die Überbevölkerung und ihre Konsequenzen, die globale Erwärmung oder ein abrupter Klimawechsel alleine werden unsere Zivilisation nicht zerstören. Aber die Kombination von allen dreien macht uns gegenüber den klimatischen Kräften verletzlich wie nie zuvor.

ANMERKUNG DES AUTORS

Alle Meßwerte in diesem Buch werden in metrischen Einheiten angegeben. Daten sind entweder von der Gegenwart zurückgerechnet oder treten in der gängigen Form n. Chr./v. Chr. auf. Sämtliche Radiocarbondatierungen nach 6000 v. Chr. wurden durch Baumringchronologien abgesichert.

Um einer möglichen Verwirrung des Lesers vorzubeugen, soll an dieser Stelle folgendes festgehalten werden: Winde werden in diesem Buch, der üblichen Konvention folgend, durch die Richtung bezeichnet, aus *der sie kommen. Ein Westwind weht also* aus *dem Westen und ein Nordost-Passat* aus *dem Nordosten. Meeresströmungen hingegen werden hier wie gemeinhin durch die Richtung bezeichnet,* in *die sie fließen. Daher gehen ein Westwind und eine westliche Strömung in entgegengesetzte Richtungen.*

Geographische Namen werden in der meistgebrauchten Form wiedergegeben und archäologische Stätten in der, in der sie am häufigsten in der wissenschaftlichen Literatur auftreten.

TEIL I

DAS CHRISTKIND

Wieder zum hohen Olympos, der Götter ewigem Wohnsitz,
Nie von Orkanen erschüttert, vom Regen nimmer beflutet,
Nimmer bestöbert vom Schnee; die wolkenloseste Heitre
Wallet ruhig umher und deckt ihn mit schimmerndem Glanze:
Dort erfreut sich ewig die Schar der seligen Götter.
HOMER, ODYSSEE VI

1 DIE GROSSE HEIMSUCHUNG

Die verschiedenen Klimazonen dieses Planeten stehen durch die Winde alle miteinander in Beziehung. Diese unsichtbaren Fäden des Klimateppichs verweben die Wüsten und Dschungel, die Steppen und Tundras zu einem zusammenhängenden Ganzen.

GEORGE S. PHILANDER, IS THE TEMPERATURE RISING?

Im späten Februar wird mit der Ankunft des Frühlings die Sonne über Indien stärker. Zuerst vertrocknen die Blumen in den Gärten. Dann schlagen wild blühende Bäume in Scharlachrot und Orange aus, der Kapokbaum, die Korallen- und Flammenbäume. Ein prächtig blühender Glanz flankiert die Seiten schmutziger Straßen und trotzt der immer heißer werdenden Sonne. Bis zum späten März haben die widerstandsfähigsten Arten ihre Blüten und Blätter verloren, selbst der gelbblühende Goldregen, der so viele Gärten im Punjab ziert. Mit den länger werdenden Tagen trocknet die sengende Hitze der Sonne den Tau, noch bevor er sich setzt. Unterholz und Waldstücke so trocken wie Zunder gehen in Flammen auf und erfüllen die staubige Luft mit dicker Holzasche. Die ausgetrocknete Erde platzt auf und wird rissig, während die flirrende Hitze Luftspiegelungen über den verdörrten Feldern erzeugt.

Jeder wartet und wartet auf Regen. Drohende dunkle Wolkenbänke bauen sich jeden Nachmittag im Mai bei leicht fallender Temperatur am südlichen Horizont auf. Dichte Massen von Heuschrecken verdecken die Sonne. Feiner Staub fällt vom Himmel. Die Wolken lösen sich in gewaltigen Winden auf, die Bäume umknicken und Dächer abdecken. So schnell, wie sie aufkamen, vergehen die Winde auch wieder, die Hitze stellt sich unbarmherzig ein. Rudyard Kipling schrieb in „Two Months“:

Fall herab, der Donner brüllt ihre Verzweiflung
Zur widerhallenden Erde, so verdörrt. Die Blitze zucken
Vergebens. Keine Hilfe, die die aufgetürmten Wolken gewähren,
Sondern das erschöpfendere Gewicht von drückender, brennender Luft.
Ein Ende bei der Dämmerung? Schau, vom schmerzenden Himmel
Schreitet der Tag einher, ein Tyrann mit flammendem Schwert![1]

Der schmerzende Himmel – Kiplings Beschreibung ist angemessen. Die stehende Hitze eines Glutofens erzeugt Hitzblattern und einen leblosen diesigen Himmel aus verwaschenem Blau. Dann tauchen im Mai oder Juni plötzlich die schwarz-weißen Bülbüls auf, Kuckucke mit buntgeschecktem Kamm und langem Schwanz (*Clamator jacobinus*), die am Vorabend des Monsun gerade aus Afrika gekommen sind. Wieder bilden sich schwarze Wolken am Horizont, die von Blitzen durchzogen werden. Donnerschläge hallen. Große Regentropfen besprenkeln die lechzende Erde und trocknen, sobald sie auf dem Boden aufkommen. Dann bricht ein ungeheures Donnern los, während ein Wolkenbruch auf die nach oben gewandten Gesichter der Menschen niederprasselt. Sie laufen wild durcheinander ins Freie, winken mit den Händen und heißen die Abkühlung und den Regen willkommen.

Ein Monsunregen ist kein gewöhnlicher Sturm, der in wenigen Stunden vorüber ist. Stattdessen regnet es und regnet es. Dunkle Wolken treiben über die Ebenen und Gebirge und bringen den August und September hindurch Niederschlag auf Niederschlag, während der Monsun seine letzte Kraft auf den fernen Himalaya entlädt, bis er sich im Herbst südwärts zurückzieht. Die Erde, die zuvor eine Wüste war, wird zu einem Meer aus schlammigen Lachen. Brunnen und Seen füllen sich. Flüsse treten über ihre Ufer. Die Wände der Lehmhütten lösen sich auf, und Häuser fallen in sich zusammen. Das Land wird lebendig. Fast über Nacht wird die Landschaft grün, das Gras sprießt, das Getreide gedeiht, und die Bäume bekommen neue Blätter. Frösche quaken Tag und Nacht, Tiere paaren sich, Bauern pflanzen ihr Korn, und das Leben beginnt aufs neue.

Der Sommermonsun faßt das Leben in Indien zusammen, er ist eine so tief persönliche wie spirituelle Erfahrung, die Quelle der menschlichen Existenz selbst. Jedes Jahr bringt der Monsun nicht nur die Fülle der Ernte, sondern schafft auch Leben aus Verwüstung, Hoffnung aus Verzweiflung. Der Monsun ist der Geruch von frisch bewässerter Erde, der Hall von Donner, die Zeit, wenn Pfauen ihr prächtiges Gefieder spreizen, die Zeit für Fröhlichkeit und Liebesspiel. Die dunklen Wolken des Südwestmonsun sind ein Symbol der Hoffnung, deren Erscheinen von indischen Schriftstellern seit Jahrhunderten erwähnt wird. Im späten sechsten Jahrhundert n. Chr. schrieb der Schriftsteller Subandhu: „Pfauen tanzten zur Abendstunde. Der Regen überwand die Weite aus Staub, wie ein großer Asket den Strom der Leidenschaft überwindet.“[2] Und achthundert Jahre später schrieb der Dichter Vidyapati:

Donnernd brechen die Wolken auf
Und Regen fällt
Die Erde wird zum Meer.[3]

Tausende von Jahren schwitzten sich indische Bauern durch den Frühling und Frühsommer und warteten auf den klimatischen Augenblick, in dem die Monsunregen hereinbrachen. Eine Masse volkstümlicher Literatur dreht sich um den unvorhersagbaren Monsun, Verse und Sprichwörter reden über die Formierung von Regenwolken, die Ankunft von Zugvögeln und die feinen Veränderungen in der Vegetation. Vom Kuckuck mit dem buntgescheckten Kamm heißt es, daß er ein oder zwei Tage vor dem Regen die Westküste erreicht, dann in gemächlichem Tempo landeinwärts fliegt und schließlich etwa zwei Wochen, nachdem der Monsun über das Gebirge der Westghats in Küstennähe hereinbricht, in Delhi auftaucht.

Sprichwörter vom einen Ende des Monsungürtels bis zum anderen bieten volkstümliche Anzeichen für bevorstehenden Regen und drücken die Hoffnung auf diese Wohltat aus. Nach Ghagh, einem Brahmanen-Dichter aus dem siebzehnten Jahrhundert: „Wenn Wolken wie Rebhuhnfedern auftreten und über den ganzen Himmel verteilt sind, werden sie nicht vergehen, ohne Regen vergossen zu haben." Er teilt uns auch mit: „Wenn Wolken am Freitag erscheinen und bis Samstag bleiben, kann man sicher sein, daß das Regen bringen wird."[4] Die Sprichwörter verkleiden die Qual des langen Wartens in sengender Hitze, die hoffnungvolle Suche nach einer Formation von Regenwolken, die Extase des ersten Regens. Der Schmerz und die Erwartung hatten ihre Grundlage in der harten Realität. Bis zum zwanzigsten Jahrhundert war ein Großteil Indiens nur einen Monsun von der Katastrophe entfernt.

Ich erinnere mich dunkel daran, wie mein Vater und mein Großvater über den Sommermonsun sprachen. Mein Großvater, groß, schlank, das Ebenbild eines besonnenen Kolonialbeamten, hatte zu Anfang des zwanzigsten Jahrhunderts als Finanzminister des Punjab gedient. Er hatte es in der verschlungenen Hierarchie der britischen Herrschaft in Indien weit gebracht und war Mitglied der gesetzgebenden Versammlung des Generalgouverneurs mit einer entsetzlichen Verantwortung, wenn der Monsun ausblieb. Die meiste Zeit des Jahres wachte er über den regelmäßigen Ablauf des Steuereinzugs und teilte wertvolle Fonds größeren Kapitalaufwendungen zu, etwa Eisenbahn- und Bewässerungsplanungen. Der Sommermonsun jedoch beherrschte sein Leben, und das Gespenst der Hungersnot überschattete immer seine Arbeit. Jedes Jahr sah er dem Monsun mit einer Mischung aus eifriger Erwartung und tiefer Besorgnis entgegen. Der Monsun brachte ein anderes Land mit sich, das mein Vater mir einmal beschrieb, indem er E. M. Forsters *The Hill of Devi* zitierte: „Nun ist ein neues Indien da – feucht und trübe, und wenn die ungewöhnlichen Tiere nicht wären, könnte ich mich in England glauben."[5]

Selbst im hohen Alter erinnerte sich mein Großvater der angespannten Wochen des Wartens, der erdrückenden Hitze, der schrillen Schreie der Kuckucksvögel, der geballten Wolken am fernen Horizont. Wie die Bauern in den Dörfern auf dem Land hielt er nach der Ankunft des Monsun Ausschau und wartete – auf Überfluß oder Hunger. Er verwaltete das Leben von Tausenden von Dorfbewohnern, aber er konnte die natürliche Maschinerie ihres Daseins nicht kontrollieren oder vorhersehen.

Das Wort *Monsun* leitet sich von dem arabischen Wort *mausim* (Jahreszeit) her. Der Monsun ist eine Jahreszeit der Niederschläge, die von den dunklen Regenwolken des Sommers aus dem Südwesten ins Land getragen werden. Eine gewaltige Luftströmung bestimmt seine Stärke. Wie die Neigung der Erdachse mit Sommer und Winter variiert, so verändert sich auch die Richtung der Monsunströmung – weiter nördlich im Sommer, weiter südlich im Winter. Im Sommer grenzt der nördliche Rand des Monsun an den Himalaya. Winde wehen übers Arabische Meer und den Bengalischen Golf und tragen im Mai feuchtigkeitsschwere Luft nach Sri Lanka und bis zur ersten Juniwoche zu den südlichsten Teilen der indischen Halbinsel. Der Regen zieht gleichmäßig nordwärts nach Bombay. Bis Mitte Juni breitet er sich normalerweise über ganz Gujarat aus, mit heftigen Niederschlägen entlang der Westküste und den Küsten des Bengalischen Golfs. In einem guten Monsunjahr setzen sich die Regenschauer den September hindurch über West-Indien und Pakistan fort; weniger gewiß dauern sie dort durch den sich südwärts zurückziehenden Monsun bis in den November hinein an. Das Leben von Millionen Bauern hängt von diesem Kreislaufmodell ab – von Süden nach Norden und wieder zurück. Wenn dieses Modell unterbrochen wird, erreicht den Punjab oder Rajasthan weniger Feuchtigkeit, manchmal fast gar keine. Weiter südlich wehen die gewöhnlich starken Winde des Südwestmonsun mit geringerer Kraft und verursachen spärlichen Niederschlag im Landesinneren. Selbst in guten Jahren können unregelmäßige Niederschlagsmuster eine Verwüstung unter Getreide aller Arten anrichten.

Was geschah, wenn die unvorhersagbaren dunklen Wolken sich nicht am Horizont ballten und der Monsun ausblieb? Mit nahezu starrer Regelmäßigkeit starben die indischen Bauern zu Zehntausenden, ja manchmal Millionen. Die Geschichte des wissenschaftlichen Verständnisses von El Niño und anderer globalen Wetterphänomene beginnt mit Hungersnöten und dem indischen Monsun.

„Die Hungersnot ist eine Besonderheit Indiens. Überall sind Hungersnöte unzusammenhängende Ereignisse; in Indien sind sie verheerende Umwälzungen", schrieb ein viktorianischer Reisender, der Zeuge der Schrecken der Hungersnot von 1896 in Süd-Indien wurde. Tausende von Jahren suchten Hungersnöte Indien wie Seuchen heim, bis ein Eisenbahnnetz und eine Verbesserung des Kommunikationssystems die Versendung von Korn und anderer Nahrungsvorräte an hungernde Dörfer zu einer praktischen Hilfsstrategie werden ließ. 1344–1345 wurde Indien von einer so schweren Hungersnot heimgesucht, daß selbst die Angehörigen des Königshauses dadurch den Tod fanden. Die Hungersnot von 1631, die dem Ausbleiben des Monsunregens 1629 und erneut 1630 folgte, verheerte das gesamte asiatische Monsungebiet. Ganze ländliche Regionen entvölkerten sich, als die Menschen wegzogen, um dem Hunger zu entkommen, und am Straßenrand starben. Millionen von Rindern und Kühen verendeten. Cholera-Epidemien rafften ganze Dörfer dahin. Viele Gebiete erholten sich über ein halbes Jahrhundert nicht wieder. Eine andere große Dürre trat 1685–1688 auf. Ein Jahrhundert später ließ die Hungersnot von 1770 ein Drittel des Gebiets von Bengalen für zwanzig Jahre „wüst und brach" zurück. Ein Armeeoffizier aus Indien, Colonel Baird Smith, beschrieb, wie die Nahrungsmittelpreise unerbittlich in die Höhe stiegen, als die Niederschläge in den zwei vorausgehenden Jahren Schwankungen unterlagen. Bis Januar 1770 starben im nördlichen Bengalen fünfzig Menschen am Tag den Hungertod. Smith sah, wie die Toten „unbestattet blieben; Hunde, Schakale und Geier waren die einzigen Totengräber". Der Geschichtsschreiber Thomas Babington Macaulay beschrieb, wie „zarte, empfindliche Frauen, deren Schleier niemals vor dem Blick der Öffentlichkeit gehoben worden waren ... sich vor dem Vorübergehenden zu Boden warfen und unter lautem Klagen eine Hand voll Reis für ihre Kinder erflehten".[6] Die Straßen von Kalkutta wurden durch Tote und Sterbende blockiert.

1789 blieb der Monsun in Süd-Asien wieder aus. Ein Jahr später brachen auch über Australien Dürreperioden herein, über Mexiko, die Insel Sankt Helena im Süd-Atlantik und über das südliche Afrika. Der

Nil fiel auf einen Rekordtiefstand. In Indien hielt die Dürre bis 1792 an, durchsetzt von verheerenden Regengüssen. So fielen innerhalb von drei Tagen im späten Oktober 1791 650 Millimeter Regen auf Madras. Ein Jahr später verhungerten mindestens 600.000 Menschen in der Region nördlich dieser Stadt, als die Dürre zurückkam.

Niemand brachte die Hungersnöte in Indien und im südlichen Afrika und die sommerlichen Mißernten im fernen Europa in den Zusammenhang eines globalen Klimaereignisses. Es fehlte an den Beobachtungsinstrumenten, um das tun zu können.

Die britische Verwaltung in Indien mußte die Gefahr von Hungersnöten und die Notwendigkeit entsprechender Hilfsmaßnahmen sehr ernst nehmen. Offizielle Kommissionen studierten das Phänomen und legten sorgfältige Statistiken an. Sie stellten fest, daß große Hungersnöte etwa alle zwölf Jahre aufgetreten waren und über einen vierzigjährigen Zeitraum der Regierung Königin Viktorias fünfzehn Millionen Menschen getötet hatten. Während der Hungersnot 1896–1897, als Hilfsprogramme der Regierung etwas besser organisiert waren (teilweise dank eines verbesserten Eisenbahnsystems), erhielten nicht weniger als viereinhalb Millionen Menschen in irgendeiner Form vorübergehende Regierungsunterstützung. Weitere Hunderttausende starben an Hunger und Epidemien. Wie jede Kommission und jede einbezogene humanitäre und missionarische Organisation wußte, standen die ewig unbeständigen Monsunregenfälle hinter diesen periodischen Hungersnöten. Der Monsun war Indiens Erlösung und Plage, und er war vollständig jenseits menschlicher Kontrolle.

Die Hungersnot 1899–1900, die nur zwei Jahre nach der vorhergehenden katastrophalen Dürre ausbrach, war die schlimmste, die überliefert ist. Der Niederschlag blieb mindestens um 27 Prozent unter der Norm von über 1.000 Millimetern jährlich. Die Toten lagen in Dörfern und an Straßenrändern verstreut, und die Gebeine von Opfern bleichten in der Sonne. Vaughan Nash, der Indienkorrespondent des *Manchester Guardian* schrieb am 4. Mai 1900 von „zum Skelett abgemagerten Müttern … darum bemüht, das Leben in ihren Babies zu halten – nur noch eher Gerippe als lebende Wesen; Reihen von ausgezehrten Kindern saßen still da, einige bargen den Kopf mit fest geschlossenen Augen in den Händen, andere schliefen im Staub“.[7]

Über eine Million Quadratkilometer Zentral-, West- und Süd-Indiens waren betroffen. Ein Telegramm der Nachrichtenagentur Reuters nach London beschrieb das fruchtbare Ackerland des Punjab als „gewaltige, leere, braune, einsame Wüste“. Von den 62 Millionen Menschen, die von der totalen Mißernte getroffen wurden, lebten 41,7 Mil-

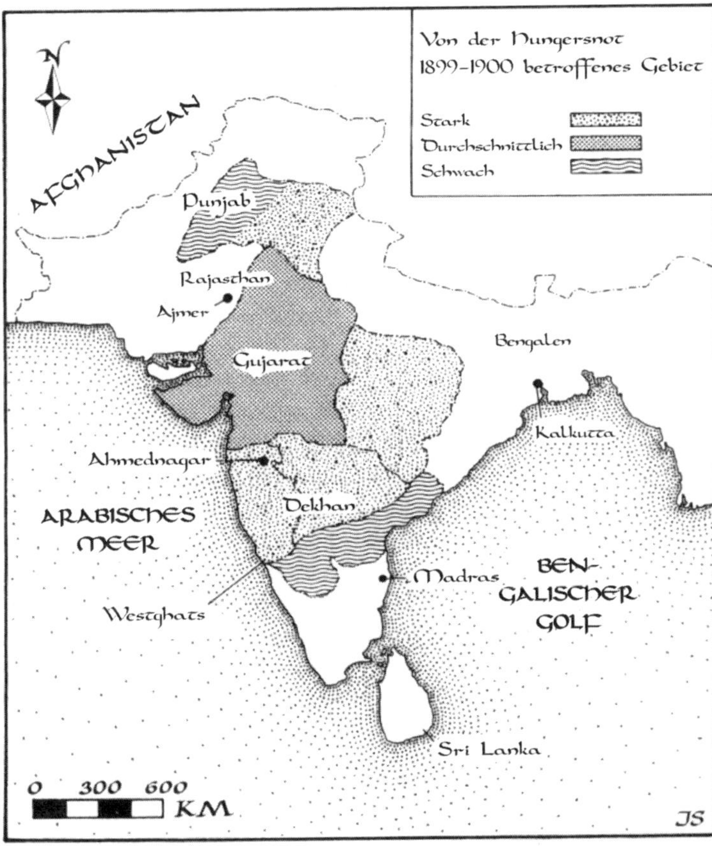

ABB. 1.1 Geographische Gebiete und Orte in Süd-Asien, die im 1. Kapitel erwähnt werden, und das Ausmaß der großen, durch den Monsun verursachten Hungersnot von 1899–1900.

lionen nicht in einheimisch regierten Staaten, sondern unter britischer Herrschaft. Futtermangel verursachte den Tod von einer Millionenstückzahl von Vieh, vor allem in Gujarat, wo über 70 Prozent verendeten. Im März des folgenden Jahres berichtete der Vizekönig von Indien, daß das Ackerland der Ebenen des Dekhan im Süden sich rapide zu einer öden Wildnis entwickelte, von „elender, von der Sonne aufgebrochener, wüstenverbrannter Erde, … die Wolken von stechendem Staub herbeiwehte. Kein Wasser in den Brunnen; kein Wasser in den

Flüssen". Vaughan Nash begegnete einer großen Anzahl von Familien, die zu von der Regierung unterstützten Workcamps zogen, zu denen sie Handarbeiten trugen, um im Austausch Grundnahrungsmittel zu erhalten. Die Flüchtlinge gingen durch „den brennenden Staub, mit zu trockenen Lippen und Kehlen, um zu sprechen, mit oft zerfetzten Gewändern und vom Hunger ausgehöhlten Augen".[8] Bei einem Dorf in Gujarat trocknete die grausame Hitze den Fluß so schnell aus, daß Hunderte von Fischen in seichtem Gewässer umherschnalzten. Aus dem Umkreis von Kilometern sammelten hungernde Menschen den Fisch mit den Händen auf und aßen ihn. Irgendjemand aus der Menge brachte die Cholera mit. Noch am ersten Tag starben zweihundert Menschen. Die Dorfbewohner gerieten in Panik, flohen und ließen die Toten und Sterbenden zurück. „Die Luft wurde von dem Gestank faulender Körper erfüllt ... Menschen setzten sich mitten im Sprechen plötzlich nieder und sanken unmittelbar zur Seite ... Wohin wir uns auch immer wenden, wir entdecken diese grausigen Leichname, verdreht und aufgedunsen, in fast jeder Haltung, die der Todeskampf hervorrufen kann."[9]

Die Schrecken der Hungersnot von 1899 hallen über die Jahre wider. Der presbyterianische Missionar James Inglis bereiste Ajmer und sah, wie Hunde am Straßenrand um den Leichnam eines Kindes kämpften. „Bis zum Abend einer Tagesreise zählte ich vierzig tote Körper auf der Straße, am nächsten Tag zweiunddreißig und am darauffolgenden Tag fünfundzwanzig."[10] Ein Regierungsarzt nannte 1897 halb Indien „ein großes Leichenhaus, in dem viele Tausende bereits an der Cholera, der Pest, der Ruhr und am Hunger gestorben sind ... Zwanzigtausend Cholerafälle wöchentlich verweisen bei einer Sterblichkeitsrate von fünfundsiebzig Prozent auf 15.000 Tote alle sieben Tage".[11] 1899 war die Lage sogar noch schlimmer.

Die „große Hungersnot" von 1899 wurde dokumentiert wie keine Hungersnot in Indien zuvor, zum einen durch Photographien und zum anderen wegen eines anhaltenden Streits über Hilfsmaßnahmen von Regierung und Mission. Lord Curzon, Vizekönig und Generalgouverneur, stellte sich an die Spitze des öffentlichen Aufrufs zu humanitärer Hilfe, aber seine eigene Verwaltung war darum bemüht, so wenig Geld wie möglich für Hilfsaktionen auszugeben. Curzon sagte: „Wenn irgendein Mensch irgendeinen Zweifel darüber hegt, ob er unterschreiben sollte, würde ich ihm gerne ein Billet für eine Eisenbahnfahrt in eines der von der Hungersnot betroffenen Gebiete geben ... Er könnte harten Herzens hingehen, würde aber mit einem gebrochenen zurückkommen."[12] Die Initiativen seiner Regierung waren jedoch in hohem Maße unangebracht, vor allem da die Verwaltung sich weigerte, in den freien Markt einzugreifen und die Kornpreise zu kontrollieren, die bei Mißernten in die Höhe schossen. Schließlich erhielt die *Indian Famine Relief Commission* Millionen von Pfund und Kornrationen aus privaten Quellen, die bis nach Kansas reichten, aber viele Anstrengungen kamen zu spät.

Zu einer Zeit, als die Menschen sowohl physisch als auch ökonomisch durch die Hungersnot von 1896 geschwächt waren, war die Hilfspolitik der Regierung im allgemeinen bar jeder humanitären Überlegung. Hilfsmaßnahmen setzten erst im Oktober ein, lange nachdem die Hungersnot begonnen hatte; die Mißernte war schon im Juni absehbar gewesen. Wegen der hohen Schulden, die Indien bei der Kolonialmacht hatte, setzte Curzon eine strenge Wirtschaftspolitik um. Etwa ein Viertel der Gesamtausgaben der indischen Regierung wurde auf die Bezahlung des britischen *India Office*, der Pensionen britischer Beamter und auf die Zinsen an einer schnell wachsenden nationalen Verschuldung verwandt. Die übermäßigen laufenden Forderungen, die der indischen Regierung von der britischen Kolonialverwaltung auferlegt waren und somit den Dorfgemeinschaften, verbrauchten einen Großteil von Indiens Getreideüberschuß in den Jahren, die unmittelbar dem Ausbleiben des Monsuns 1896–1897 und 1899–1900 vorausgingen. Viele Getreidesendungen kamen zu spät und waren kaum mehr als eine Beruhigung für das britische Gewissen. Niemand kann mit Sicherheit sagen, wie viele in der großen Hungersnot starben, aber es können bis zu viereinhalb Millionen Menschen gewesen sein. Zwischen 1895 und 1905 ging die Gesamtbevölkerung Indiens zehn Jahre lang zurück, als Ergebnis wirtschaftlicher Depression, wiederholter Hungersnöte und der Pest.

Missionare nannten die Hungersnot von 1899 „die große Heimsuchung". Sie predigten, daß das Los der Menschheit Elend und Leiden sei. Die Lektion, so sagten sie, lautete, daß „das Naturgesetz in seiner normalen Bewegung" unabänderlich und unerbitterlich sei; die Menschen waren angesichts solcher Ereignisse wie des Ausbleibens des Monsun hilflos. Jenseits jedes Dogmas waren viele Regierungsbeamte, etwa mein Großvater, in Sorge über das ständig drohende Gespenst der Hungersnot. Wie konnte Indien in die Zukunft planen, um solchen fürchterlichen Heimsuchungen begegnen und sie mildern zu können?

Unter britischer Herrschaft blieb das ländliche Indien weitgehend auf sich allein gestellt, außer wenn rasch expandierende landwirtschaftliche Projekte, die auf die Märkte in Übersee zielten, billige Arbeitskräfte benötigten. Die kolonialen Machthaber gaben sich damit zufrieden, Steuern einzuziehen und die Verwaltungskontrolle auszuüben, während sie wenig in die ländliche Entwicklung investierten. Über viele Jahrzehnte bevorzugten die Verwaltungsorgane des späten neunzehnten Jahrhunderts eine zurückhaltende Politik, Hungersnöte eher im Vorhinein zu verhindern, als sie zu lindern. In dieser Absicht stellten sie beträchtliche Mittel für den Bau der Eisenbahn bereit (der auch dazu beitrug, Indiens Nahrungsmittelexport zu unterstützen) und für die Verbesserung des Bewässerungssystems, auf der Grundlage, daß einmalige Kapitalausgaben sich in langfristigem Gewinn bezahlt machen würden, ebenso wie sie Einkünfte aus Billets, Frachtgebühren und Steuern einbrächten und auch den Export antreiben könnten. 1869 verband ein Schienennetz von achttausend Kilometern die indischen Städte. Bis zum Ende des Jahrhunderts war es auf vierzigtausend Kilometer angewachsen; Teile davon, die strategischen Zwecken dienten – und manchmal Hilfsmaßnahmen bei Hungersnöten –, hatte man stark bezuschußt. Beispielsweise garantierte die Regierung einer Privatfirma, die die Eisenbahnlinie *Southern Maratha* in den achtziger Jahren des neunzehnten Jahrhunderts errichtete, einen Rückgewinn ihrer Investitionen; die *Southern Maratha* war speziell zum Getreidetransport in hungersnotgefährdete Gebiete gedacht. Die Strategie machte sich bezahlt, als die Sammlung und der Transport von Nahrungsmitteln nach 1900 besser organisiert war, denn die Regierung war dann fähig, Getreideüberschuß aus nicht betroffenen Gebieten mit beträchtlicher Wirksamkeit in Landstriche zu bringen, in denen Hungersnot herrschte, ein Unternehmen, das die Behörden eine Hungersnot „bearbeiten" nannten.

Dank einer sorgfältig abgestimmten Hilfspolitik und einer langsamen wirtschaftlichen Expansion wurde aus Hungersnöten der bürokratische Euphemismus „Nahrungsmittelkrisen". Seit dem frühen zwanzigsten Jahrhundert hat es nur eine Hungersnot mit einem größeren Verlust an Leben gegeben – die von 1943–1944; diese resultierte unmittelbar aus dem kriegsbedingten Zerfall der Infrastruktur des Transportsystems und der wirtschaftlichen Möglichkeiten und Hilfsprogramme der Regierung, die gewöhnlich eine Hungersnot in eine Nahrungsmittelkrise verwandelten.

Während Regierungsbeamte sich um Hilfsstrategien für Hungersnöte bemühten, wandten Wissenschaftler der britischen Regierung ihre Aufmerksamkeit der Ursache all des Leidens zu – dem Monsun, der nahezu für den gesamten jährlichen Niederschlag in Indien sorgt. Sie nahmen Bezug auf jahrhundertealte einheimische Kenntnisse und wissenschaftliche Untersuchungen.

Seefahrende Händler sind seit fünftausend Jahren auf dem Indischen Ozean gesegelt. Schon 2300 v. Chr. rühmte sich König Sargon von Agade in Mesopotamien, dem „Zweistromland" des heutigen Irak, daß Schiffe aus einer solchen Entfernung wie Tilmun (Bahrain) und Meluhha (das Industal, Sitz der alten Harappa-Kultur) am Kai von Agade festmachten. Seeleute dieses Fernhandels den Persischen Golf hinunter und hinüber nach Süd-Asien mußten die jahreszeitlichen Veränderungen in den Meereswinden beobachtet und ihre Reisen dementsprechend festgelegt haben. Tontafeln aus Mesopotamien geben fesselnde Hinweise darauf, daß um 2000 v. Chr. jährliche Fahrten nach Indien in den Monaten se-KIN-kud (Februar bis März), wenn günstige Winde eine leichte Passage nach Südosten erlauben, durchgeführt wurden. Tausend Jahre später verkehrten mit Lateinsegeln aufgetakelte südarabische Schiffe regelmäßig zwischen dem Roten Meer und Indien, wobei sie sich zunächst tagelang gegen den Nordost-Monsun entlang der arabischen Küste hielten. Einmal gut zur Windrichtung liegend, pflegte der Kapitän aufs Meer hinaus zu steuern und mit dem Nordost-Monsun bis zur indischen Küste zu segeln, um mit den Südwestwinden des Sommers wieder zurückzukehren. Das wohlgehütete Wissen über die Monsunwinde übertrug sich für Hunderte von Jahren vom Vater auf den Sohn.

Das Geheimnis des Monsunkreislaufs blieb in den Mittelmeerländern unbekannt, bis ein indisches Schiff gestrandet war und der Kapitän nach Alexandria in Ägypten gebracht wurde. Mit seiner Hilfe unternahm ein griechischer Abenteurer namens Eudoxus von Cyzicus um 115 v. Chr. zwei Reisen vom Roten Meer nach Indien und wieder zurück. Es geschah entweder auf diesen Expeditionen oder bald danach, daß ein griechischer Kapitän namens Hippalus eine Strategie für eine viel schnellere direktere Reise ausarbeitete: Er machte sich den heftigen Wind des August-Monsun zunutze, um unmittelbar von der Insel Sokotra an der Mündung des Roten Meeres nach Indien und wieder zurück innerhalb ein und derselben zwölfmonatigen Periode zu segeln, anstatt eine viel längere Reiseroute entlang der Küste einzuschlagen. Die westliche Entdeckung verband Indien mit Rom und die ostafrikanische Küste mit Hindus und Buddhisten, mit Sri Lanka und selbst dem fernen China. Die Zyklen der Monsunwinde wurden zur Seidenstraße der südlichen Breiten, ein Katalysator für die Entwicklung eines weltweiten Wirtschaftssystems, das schließlich die Portugiesen, Briten und Franzosen nach Indien brachte.

„Der *basadra* [Wind des Sommer-Monsuns] schenkt den Menschen des Landes Leben, denn der Regen macht es fruchtbar, und würde es nicht regnen, würden sie Hungers sterben", schrieb der arabische Geograph Abu Zayd 916 n. Chr.[13] Arabische Gelehrte waren sich sehr wohl der Rhythmen der Monsunwinde bewußt. Aber die arabische Physik vermochte es nicht, die jahreszeitlichen Wechsel in Wind und Niederschlag zu erklären, denn dazu war sie zu abhängig von einer Mischung aus Aristotelischer Naturphilosophie, islamischem religiösem Glauben, Astrologie und volkstümlichem Wissen. Selbst der große Geograph des zehnten Jahrhunderts al Mas'udi sah sich dazu bewegt, anzumerken, daß „der Engel, dessen Sorge die Meere anvertraut sind, die Ferse seines Fußes am äußersten Ende von China ins Meer senkt, und die Flut sich ereignet, wenn das Meer dadurch angestiegen ist".[14]

Siebenhundert Jahre später stellten neue Anforderungen der westlichen Nationen an die Seeschiffahrt das Studium der Monsunströmung auf eine fundiertere wissenschaftliche Basis und brachten die ersten vorläufigen Studien zu globalen Klimamodellen hervor. 1666 stellte die Royal Society von London die *Directions for Sea-Men, Bound for Far Voyages* auf, die genaue Anweisungen zur Datensammlung über Winde und Strömungen enthielten. Der große Astronom Edmund Halley (1656–1742) zog Beobachtungen von Dutzenden von Seeleuten heran, um die erste meteorologische Seekarte der tropischen Ozeane der Welt zu erstellen. Seine Karte erfaßte die Passatwindzonen und Monsunströmungen, allerdings nur in den allgemeinsten Formen. 1686 brachte er als erster die Idee vor, daß die globalen Winde einem feststehenden Muster folgen, als Teil einer allgemeinen Luftströmung über der Erde. Halley vertrat die Ansicht, daß eine unterschiedliche Erhitzung von Land und Meer die Passatwinde und Monsunströmungen hervorruft. Er entwickelte die Theorie, daß der indische Monsun aus solchen Erhitzungswirkungen resultiert und eine regionale Abwandlung der Zirkulation des Passatwindes darstellt. Er schrieb: „Wenn im *April* die Sonne beginnt, diese Länder nach Norden hin zu erwärmen, setzt der Südwest-*Monsun* ein und weht durch die Zeit der Hitze bis *Oktober*."[15]

Halley vermutete eine physikalische Beziehung zwischen dem Luftdruck, der Temperatur und dem Wind. Aber weder er noch andere Wissenschaftler seiner Zeit untersuchten die Wege, auf denen der Luftdruck und Druckveränderungen die Windzirkulation beeinflussen. 1746 ging die Berliner Akademie der Wissenschaften so weit, einen Preis für die beste Untersuchung über die Gesetze, die die Luftbewegung regeln, auszuschreiben, aber die sich von daher ergebenden Gleichungen wurden bis Mitte des neunzehnten Jahrhunderts nicht auf allgemeine Luftströmungen angewandt, die um die Erde in ihrer Rotation vorhanden sind.

Im frühen neunzehnten Jahrhundert näherte sich der deutsche Forscher und Wissenschaftler Alexander von Humboldt dem Monsunproblem aus einer anderen Perspektive. Von Humboldt war ein innovativer Kopf und einer der ersten Gelehrten, die über Fragen der natürlichen Umwelt auf einer weltweiten Ebene nachdachten. Er prüfte Temperaturen an verschiedenen Orten in Europa und Nordamerika und stellte bedeutende Unterschiede entlang derselben Breitengrade fest. Anders als frühere Wissenschaftler vertrat er die Meinung, daß die Verteilungen von Land und Wasser eine wesentliche Rolle in der Veränderung globaler Windzirkulationen spielten, die er als die hauptsächlichen Kräfte des Weltklimas ansah. 1817 begann von Humboldt, weit voneinander entfernte Temperaturverteilungen zu registrieren, indem er Isothermen benutzte, Linien, die Punkte mit ähnlichen Temperaturen miteinander verbinden. Er bearbeitete diese Methode der Registrierung nach dem herkömmlichen Gebrauch von Isoklinen, die die magnetische Mißweisung in nautischen Karten bezeichnen. Humboldts Karte zeigte, daß „die vorrangigste Einwirkung auf das Klima eines Ortes von der Konfiguration der Kontinente, die den Ort umgeben, stammt. Diese allgemeinen Ursachen werden durch Berge, die Oberflächenbeschaffenheit, usw. abgeändert, ... die lediglich ortsbedingte Ursachen sind“.[16]

1830 entwarf der deutsche Meteorologe Ludwig Kämtz eine globale Temperaturkarte. Er griff auf vollständigere Beobachtungen als Humboldt zurück und behauptete, daß der Monsun von unterschiedlichen Erhitzungen und Abkühlungen von Land und Meer kontrolliert wird und, ebensowichtig, von der ablenkenden Kraft der Erdrotation.

Das Tempo von Untersuchungen und Forschungen beschleunigte sich, als die Wissenschaftler erkannten, daß eine latent vorhandene Hitze in Konvektionsströmungen feuchter Luft Wolkenbrüche freisetzen konnte. Der amerikanische Meteorologe Matthew Fontaine Maury (1806–1873) widmete sein Leben der Erstellung von Wind- und Segelkarten für die Meere der Welt. Seine *Explanations and Sailing Directions to Accompany the Wind and Current Charts* von 1854 banden Hunderte von Beobachtungen von Schiffen mit ein, um das Strömungsmuster des indischen Monsun darzulegen, und bezeichneten einen riesigen Fortschritt zu Halleys Pionierforschung von vor fast zweihundert Jahren. Als ein Ergebnis von Maurys Arbeit entwickelten mehrere seefahrende Nationen Segelhandbücher, die dazu entworfen waren, die Länge von Hin- und Rückreisen nach Indien zu verkürzen. Maury zog auch 11.697 Beobachtungen heran, die entlang der Küste des Bengalischen Golfs gemacht worden waren, um daraus zu schließen, daß sich der Südwest-Monsun im Sommer mit einer Geschwindigkeit von etwa vierundzwanzig bis zweiunddreißg Kilometern am Tag südwärts bewegte.

Maury und seine Zeitgenossen erkannten, daß das Studium des Monsun von sorgfältigen Beobachtungen abhing, die von vielen Orten aus über zeitlich lange Perioden durchgeführt werden mußten. Doch waren die Beobachtungen indischer Wetterbedingungen bis 1875 unsystematisch und nicht vertrauenswürdig, abgesehen von den zielgerichteten Anstrengungen von einigen wenigen Wissenschaftlern und Armeeoffizieren. Mit Recht um die Sicherheit ihrer Handelsschiffe besorgt, richtete die *East India Company* vom späten achtzehnten Jahrhundert an einen Großteil ihrer Forschung auf das Studium der tropischen Wirbelstürme, die jeden Sommer den Bengalischen Golf heimsuchten. Der Monsun wurde ignoriert, bis eine katastrophale Hungersnot 1866 zur Gründung des *Indian Meteorological Service* neun Jahre später führte. Der erste Direktor Henry Blanford organisierte ein wirkungsvolles, sich über den Kontinent erstreckendes Beobachtungsnetz, das zum großen Teil mit dem Bereich des Südwest-Monsun übereinstimmte. Er und seine Nachfolger versuchten in ihrer Arbeit mit einem Stammkader die Ursachen des Südwest-Monsun und die Faktoren, die seinen wolkenbruchartigen Regen auslösten, festzustellen. Von Anfang an war die Meteorologische Abteilung danach bestrebt, jahreszeitliche Vorhersagen des Monsunniederschlags zu entwickeln, damit man sich auf Hungersnöte einstellen konnte. Blanford organisierte ein System von täglichen Wetterberichten, die via Telegramm aus allen Teilen Indiens an Hauptquartiere geschickt wurden. Um 1888 lieferte die Abteilung tatsächlich tägliche Wetterberichte.

Die frühen Meteorologen waren ganz vom dramatischen Einbruch des Sommer-Monsun in Anspruch genommen, einer denkwürdigen Erfahrung für jeden, der sich durch Wochen brennender Hitze gelitten hatte. So schrieb Colonel Edward Tennant von der *East India Company* 1886: „Der Himmel nimmt anstatt seines strahlenden Blau eine bleigraue Farbe an … die Tage werden trübe und heiß, über dem Ozean bauen sich nach Westen hin Wolkenbänke auf … Auf einmal zucken endlich die Blitze über den Hügeln und schießen durch die Wolken, die über dem Meer hängen, und mit einem Donnerschlag bricht der Monsun über das dürstende Land herein.“[17]

Da dieses überwältigende Spektakel die Aufmerksamkeit der Meteorologen zum Himmel lenkte, bedienten sie sich zweier Zugänge, um die Monsunniederschläge vorherzusagen – der Wechselbeziehung zwischen Variationen im Niederschlag und dem Sonnenfleckenzyklus, und der atmosphärischen Zirkulation. Zunächst schien die Forschung über Sonnenflecken in Indien eine unmittelbare Beziehung zwischen dem Niederschlag des Monsun und dem Sonnenfleckenzyklus aufzuzeigen. Blanford selbst analysierte den Wert von Niederschlagsmessungen von sechs Stationen in Indien über einen Zeitraum von vierundsechzig Jahren und stellte fest, daß ein minimaler Niederschlagsstand Zyklen von niedriger Sonnenfleckenaktivität „einigermaßen vorwegnahm“ und umgekehrt. Der britische Astronom Sir Norman Lockyer, berühmt für seine exzentrische Forschung über die Pyramiden Ägyptens, war so beeindruckt von diesem Untersuchungsansatz, daß er schrieb: „Gewiß ist in der Meteorologie wie in der Astronomie die Sache, die zu erfassen ist, ein Zyklus.“[18] Viele Forscher stimmten zu, daß Veränderungen in der Sonnenaktivität die Stärke des Monsun insgesamt beeinflußten. Sie meinten aber, daß dieselbe Aktivität keine Auswirkung auf die geographische Verteilung von Niederschlag hätte, einen Schlüsselfaktor in der Ausbreitung von monsunbedingten Dürren also unberührt ließ.

Wie andere Wissenschaften kann auch die Meteorologie sehr leicht ganz von lokalen Beobachtungen in Anspruch genommen werden, was der österreichische Meteorologe Julius Hann im neunzehnten Jahrhundert die „Kirchtumpolitik“ der wissenschaftlichen Observation nannte – die geringe Entfernung betreffend, die man von der Spitze eines Kirchturms überblicken kann. Die Erfindung des Telegrafs von 1843 erlaubte Beobachtern jedoch, einander Messungen von Temperatur, Niederschlag und Luftdruck innerhalb weniger Stunden zu übermitteln und Stürme größeren Ausmaßes zu verfolgen, die sich über Europa hinzogen. Viele Länder fingen an, ein Netz von Beobachtungsstationen einzurichten, nachdem ein Sturm 1854 eine französische Flottenabteilung im Schwarzen Meer zerstört hatte. Die Tragödie hätte vermieden werden können, hätte der Telegraf die Flottenkommandanten vor einem Sturm gewarnt, der schon weiter westlich Unheil angerichtet hatte.

In den achtziger und neunziger Jahren des neunzehnten Jahrhunderts fanden viele Wissenschaftler Interesse an globalen Modellen der atmosphärischen Zirkulation, als immer mehr von ihnen erkannten, daß die Kirchturmobservationen einen viel größeren Kontext hatten. In diesen zwei Jahrzehnten studierten europäische Meteorologen die jahreszeitlichen Bewegungen der großen Hoch- und Tiefdruckzentren des Atlantischen Ozeans und gaben ihnen Namen wie Azorenhoch und Islandtief. Wissenschaftler aus Norwegen, die die Bewegungen von Luftmassen verfolgten, führten den Begriff „Front" ein, um die Zonen zu bezeichnen, in denen warme und kalte Luft aufeinanderstoßen. Auf der anderen Seite der Welt weitete auch Henry Blanford seine Interessen auf die atmosphärische Zirkulation aus. 1880 zeigte er, daß es im Winter einen Ausgleich des durchschnittlichen Luftdrucks über Indien und Rußland gab. Blanford weitete diese Hypothese dann noch weiter aus, indem er behauptete, daß „ungewöhnlich heftigem und vor allem spätem Schneefall im nordwestlichen Himalaya im Sommer ungenügender Niederschlag auf den Ebenen" folgen würde. Die untere Schneegrenze in den Bergen, so mutmaßte er, kondensierte die niederen Schichten der Atmosphäre und kühlte das Land ab, wobei es zu einer Schwächung des Monsun käme.[19]

Vorhersagen, die auf dieser Behauptung beruhten, stellten sich 1883 als ziemlich genau heraus, so daß diese Forschung in den Händen von Blanfords Nachfolger Sir John Eliot fortgesetzt wurde. Letzterer studierte die Beziehung zwischen dem Niederschlag des indischen Monsun und dem sich verändernden Luftdruck über dem südlichen Indischen Ozean. Er vertrat die Ansicht, daß der „Ausbruch" des Monsun durch das Vordringen einer feuchten Strömung aus der Zone der südöstlichen Passatwinde ausgelöst wurde, die südlich des Äquators verläuft. „Die Regen des Monsun sind dem Eindringen dieser Strömung zuzuschreiben", schrieb er. Trotz seitenweiser detaillierter Rechtfertigung ihrer Vorhersagen hatten Eliot und seine Kollegen nach 1883 nur wenig Erfolg. Dies erreichte seinen Höhepunkt, als sie darin versagten, die schreckliche Dürre von 1899 vorherzusagen. Als Ergebnis eines Aufschreis in der Presse wurden ihre Vorhersagen nicht mehr in den Medien veröffentlicht.

John Eliots Nachfolger war Sir Gilbert Walker, der bedeutendste aller Direktoren von Observatorien in Indien. Im Unterschied zu seinen Vorgängern war Walker kein Meteorologe. Von 1895–1902 entwickelte er sich zum besten Absolventen in mathematischer Physik an der Universität Cambridge, wo sein Spezialgebiet die Elektrodynamik war. Seine Interessen und Publikationen reichten vom Elektromagnetismus über Sport und Spiel bis hin zum Flug der Vögel. Dieser bescheidene und liberale Mann war das Ebenbild des englischen Gentleman.

Walker wurde 1903 in den Auslandsdienst berufen, diente sechs Monate lang als Eliots meteorologischer Assistent und bekam dann später in diesem Jahr die Verantwortung über den stark unterbesetzten Wetterdienst übertragen; das geschah zu einer Zeit, als genaue Vorhersagen über den Niederschlag des Monsun das wichtigste Interesse des Direktors waren.

Walkers Mangel an meteorologischer Erfahrung stellte sich als ein wahrer Segen heraus. Er war ein Experte in Statistik und glaubte, daß das, „was im Leben gebraucht wird, die Fähigkeit ist, Prinzipien auf tatsächlich auftretende Fälle anzuwenden". Dieser bemerkenswerte Wissenschaftler nutzte über zwanzig Jahre in Indien und über weitere drei Jahrzehnte in seinem Ruhestand statistische Methoden und Tausende von lokalen Beobachtungen, um die Beziehungen zwischen den komplizierten atmosphärischen und sonstigen Bedingungen zu klären, die den Niederschlag des Monsun beeinflussen. Als glänzender Verwalter und Organisator dehnte Walker seine Tätigkeit bald weit über Indien hinaus aus. Er erkannte, daß die Dürren des Monsun nicht aus menschlich bedingten Umweltveränderungen wie etwa der Abholzung resultieren. In einer denkwürdigen Schrift, veröffentlicht 1910, prüfte er Niederschlagsdaten aus Indien und dem Niltal und schloß, daß es keinen Beweis dafür gab, daß Indiens katastrophale Dürren durch einen ständigen Klimawandel verursacht worden waren. Im selben Jahr schrieb er in den *Memoirs* des *Indian Meteorological Service*: „Die Unterschiede im Niederschlag des Monsun ... treten in so breiter Abstufung auf, [daß wir annehmen können, daß ihnen] unnormale Bedingungen in einiger Entfernung vorausgehen und folgen."[20] Mit diesen Worten wandte er seine Aufmerksamkeit den komplizierten wechselseitigen Beziehungen zwischen dem Monsun und der globalen atmosphärischen Zirkulation zu. Drei Jahre später war es ihm möglich, zu zeigen, daß eine erhöhte Aktivität von Sonnenflecken bestehende Bedingungen des Monsun verstärken konnte, beim Ausbleiben des Monsun aber keine wesentliche Rolle spielte.

Gilbert Walker war ein unermüdlicher Wissenschaftler mit einer Leidenschaft fürs Detail und für statistische Berechnung, behandelte dabei aber einen weiten Bereich von vielen großen Problemen. Wie sein Vorgänger Sir John Eliot blickte er auf der Suche nach weltweiten Wetterboten – komplizierte Zusammenhänge weit voneinander entfernter Ereignisse in Atmosphäre und Wetter, die eine Dürre in Indien verursachen konnten – weit über Indien hinaus. Um 1908 hatte er eine Formel zur Vorhersage in Form einer Regressionsgleichung entwickelt, die jahrelange Niederschlagsobservationen ebenso einbezog wie weltweite Phänomene, die von anderen Wissenschaftlern beobachtet worden waren. Die britischen Astronomen Norman und William Lockyer hatten 1902 eine komplexe Druckschwankung zwischen Südamerika und Indien ausgemacht. Walker war sich auch darüber bewußt, daß

H. H. Hildebrandsson in seiner Forschung einen Gegensatz im Luftdruck zwischen Buenos Aires und Sydney in Australien beobachtet hatte und daß es jüngere statistische Studien über Wetteranomalien in der nördlichen Hemisphäre gab. In einer Reihen von Schriften (seine wichtigsten), „*Correlations in Seasonal Variations of Weather*", veröffentlicht in den *Memoirs* 1923–1924, identifizierte Walker das, was er „strategische Punkte des weltweiten Wetters" nannte. Er schrieb: „Wir können die ... Situation am besten zusammenfassen, wenn wir sagen, daß es zwischen dem Pazifischen Ozean und dem Indischen Ozean eine Schwankung des Drucks großen Ausmaßes gibt, die sich vorwärts und rückwärts bewegt, und daß es Schwankungen viel kleineren Ausmaßes zwischen den Azoren und Island gibt und zwischen den Hoch- und Tiefdruckgebieten im Nordpazifik."[21]

Walker nannte die wichtigste dieser Schwankungen die Südliche Oszillation. „Südliche Oszillation meint die ansteigende Tendenz des Drucks an Standorten im Pazifik ... und die des Niederschlags in Indien und Java (mutmaßlich auch in Australien und Abessinien), während der Druck in der Region des Indischen Ozeans ... abfällt."[22] Als er sich 1924 aus dem *Indian Meteorological Service* zurückzog, um Professor für Meteorologie am Imperial College in London zu werden, veröffentlichte Walker Sommer- wie Winterkarten der Südlichen Oszillation, die auf den Daten eines enormen Netzwerks von Observationsstationen zwischen Afrika und Südamerika beruhten. Seine Karten zeigten ganz klar Beziehungen zwischen Druck, Temperatur und Niederschlag im Pazifischen und Indischen Ozean und zwischen der Monsunstärke und vorhergehenden sich verändernden Druckzuständen Tausende von Kilometern entfernt. Und dennoch, Walker konnte das Ausbleiben des Monsun nicht vorhersagen. Wie er selbst zugestand, würden solche Vorhersagen nur in Jahren starker statistischer Beziehungen erfolgreich sein. Einsichtig wie er war, bevorzugte er den Begriff „vorahnen" statt „vorhersagen", worunter er eine „vagere Voraussage" verstand. Wie sein Nachfolger Sir Charles Normand 1943 prophetisch feststellte, boten Walkers weltweite Übersichten eher das Versprechen einer Wettervorhersage für andere Gebiete als einer des Niederschlags des Monsun, worin seine Forschung ihren Anfang nahm.

Sir Gilbert Walker entdeckte die Beziehung zwischen der Südlichen Oszillation und dem Niederschlag des indischen Monsun, seine Regressionsformeln jedoch waren, wenn auch erheblich besser als Mutmaßungen, nur wenig besser als die, die auf Wahrscheinlichkeitstabellen basierten.[23] Charles Normand überprüfte die Richtigkeit von Monsunvorhersagen aus achtzehn Jahren (1931–1948), die auf den Formeln von Walkers Forschung aufbauten. Allein für die Jahre ungenügenden Niederschlags waren sechsundsechzig Prozent der Vorhersagen falsch. Normand warf die Frage auf, ob diese Vorhersagen im einzelnen überhaupt von irgendeinem Nutzen waren. Und doch bevorzugte er ihre Weiterführung, „und sei es nur, um den Gegenstand am Leben zu halten, und in der Hoffnung, daß fortschrittliche Ideen entstehen könnten".[24]

Walkers Versuche, Verknüpfungen zwischen Druckabweichungen, Niederschlag und Temperatur in weit voneinander entfernten Teilen der Erde festzustellen, wurden von vielen seiner Zeitgenossen in Frage gestellt oder ignoriert, obwohl sie durchaus ein Interesse an solchen Verknüpfungen hatten. Anders als Walker vertrauten viele von ihnen auf qualitative Schätzungen oder einfach reine Mutmaßungen. Sein Nachruf im *Quarterly Journal of the Royal Meteorology Society* für 1959 kommentierte, daß es „wahrscheinlich nicht nur Walkers Hoffnung war, für Vorhersagen nützliche Beziehungen ans Tageslicht zu bringen, sondern auch hinreichende und hinreichend wichtige Beziehungen zu entdecken, um einen produktiven Ausgangspunkt für eine weltweite Wettertheorie zu schaffen. In diese Richtung scheint es sich kaum zu entwickeln."[25]

Ein halbes Jahrhundert später erinnert man sich Gilbert Walkers als eines der großen Vertreter der Weltklima- und El Niño-Forschung. Die pazifische atmosphärische Zirkulation, die die Südliche Oszillation mit denTemperaturen der Meeresoberfläche verbindet, trägt heute seinen Namen: die Walker-Zirkulation.

2 GUANO – EL NIÑO UND DER VOGELMIST

Perus El Niño ist keine einzigartige Erscheinung, sondern eher nur ein schlagendes Beispiel einer weitverbreiteten Erscheinung.

WARREN S. WOOSTER, „EL NIÑO", VERGLEICHENDE MEERES-FISCHEREIFORSCHUNG, KALIFORNIEN, BERICHTE

An einem windigen Tag in den fünfziger Jahren des neunzehnten Jahrhunderts konnten die Einwohner von Pisco an Perus Südküste das Guano riechen, das an den steilen Hängen der vulkanischen Chincha-Inseln fünfzehn Kilometer vor der Küste verrottete. Nur wenige von ihnen hatten je einen dieser schrecklichen Orte besucht, an denen Millionen von Seevögeln nisteten und Berge von Exkrementen auf den hohen Klippen hinterließen. Aber ihnen konnte das Gerede von den Schrecken nicht entgangen sein oder der Anblick von Fremdarbeitern, die in überfüllte Boote getrieben wurden, zu einer kurzen Reise, von der nur wenige zurückkehrten. Auf den Inseln vor der Küste mußten sich Hunderte von vertragsgebundenen Arbeitern, Sträflingen, Armeedeserteuren und Kulis zu Tode schuften; unter den Augen erbarmungsloser Aufseher und grimmiger Hunde arbeiteten sie zwanzig Stunden am Tag ohne Unterbrechung. Sie gruben mit Spitzhacken und Schaufeln tiefe Gräben in das erhärtete Guano und verdienten sich ein paar Pesos für jede Tonne, die sie absonderten. Verfallene Schiffe waren längsseits der steilen Klippen vertäut. Hagere, erschöpfte Männer kippten schubkarrenweise Ladungen von versteinerten Vogelexkrementen über schmutzige Segeltuchbahnen in die Laderäume hinunter. Vom Festland aus konnte man an ruhigen Tagen Staub über den Inseln hängen sehen, der die Lungen verstopfte, während der giftige Geruch von Ammoniak die Luft erfüllte. Verletzte Hände und Beine entzündeten sich. Die Kranken und Verletzten mußten an der Schubkarre weiterarbeiten; sie litten unter chronischem Atemleiden oder krümmten sich unter Magen- und Darmbeschwerden. Jeden Morgen schaffte eine Begräbniseinheit die Toten weg und begrub sie.

Vogelguano war eine der wertvollsten Waren in der Welt Mitte des neunzehnten Jahrhunderts. Eine wohlhabende und politisch einflußreiche Gesellschaft von ausländischen und peruanischen Geschäftsleuten verdiente Millionen am Export dieses stickstoffreichen natürlichen Düngers nach Europa und Nordamerika. Gewissenlos brachten sie Tausende von Arbeitern in diesem Prozeß um.

Die Geschichte von El Niño beginnt auch mit dieser seltsamen Substanz – Guano. 1803 reisten Alexander von Humboldt und der französische Botaniker Aime Bonpland durch die Küstenwüste von Peru. Ihre Reise führte sie durch eines der trockensten Gebiete der Erde, in dem über Jahre ohne Ausnahme wenig oder überhaupt kein Regen fällt. Nur Gebirgsabflüsse aus den Anden bewässern die Flußtäler der Küste. Zu ihrer Verwunderung beobachteten die Forscher reiche Mengen an Getreide, das entlang der Flüsse wuchs. Sie entdeckten, daß die Küstenbauern Seevogelexkremente als Dünger verwendeten, um einen üppigen Pflanzenwuchs zu kultivieren, und zwar in einem Ausmaß, daß die Peruaner ein Sprichwort kannten: „Ist Guano auch kein Heiliger, so wirkt er doch viele Wunder."[1]

Tausende von Jahren waren zahllose Guanokormorane, Möwen, Pelikane und andere Seevögel über das kalte Küstenwasser des Pazifik geglitten, wo der Humboldtstrom (benannt nach unserem Forscher) nordwärts entlang der Küste Südamerikas verläuft. Die Vögel verspeisten wimmelnde Schwärme von Anchovis und andere Fischarten und hausten und nisteten auf kleinen felsigen Inseln, dicht vor der Küste des Festlands. Ihre Exkremente, auf fünfundvierzig Gramm pro Vogel täglich geschätzt, sammelten sich beständig auf den schroffen Felsen an. Vögel produzieren halbfesten Urin mit einer hohen Konzentration an der stickstoffhaltigen Zusammensetzung von Harnsäure – eine feste unlösliche Substanz. Das trockene Klima erhielt den Guano als stinkende, phosphatreiche gelbliche Ablagerung. Zur Zeit Humboldts bedeckte er einen Teil der Chincha-Inseln bis zu einer Höhe von über dreißig Metern, nachdem er sich über mehr als 2500 Jahre angesammelt hatte (siehe Karte S. 134).

Als Düngemittel hatten die peruanischen Seevogelexkremente eine lange und rühmliche Geschichte. Die Moche-Indianer des nördlichen Peru bauten schon um 500 n. Chr. auf den Chincha-Inseln Guano ab und zogen einen blühenden Agrarstaat auf seiner stickstoffhaltigen Basis heran. Einige Jahrhunderte später maßen die Inkas den Vogelexkrementen solchen Wert bei, daß sie Abschnitte der Inseln zwischen verschiedenen Familien und Gemeinschaften aufteilten. *Huano* wurde wie Gold für ein Geschenk der Götter gehalten. Die Todesstrafe erwartete jeden, der dabei gefaßt wurde, wie er nistende Vögel tötete.

Trotz Humboldts und Bonplands Entdeckung blieben die bemerkenswerten Besitztümer an peruanischem Guano dem Rest der Welt bis in die dreißiger Jahre des neunzehnten Jahrhunderts unbekannt. Einige wenige Fässer erreichten letztlich Europa und Nordamerika, aber es dauerte bis 1840, bis Feldforschungen belegten, daß Guano weit hochwertiger als Düngemist war. Außerdem war ein voller Sack Guano im Unterschied zu Mist leicht genug, um problemlos steile Hänge hinaufgetragen werden zu können.

In den Jahren 1840 und 1841 erwarb sich ein Konsortium von britischen, französischen und peruanischen Geschäftsleuten ein Monopol im Guano-Export und verlud fast achttausend Tonnen davon auf Schiffe nach Europa. Der Gestank der ersten Sendung soll so widerlich gewesen sein, daß die Einwohner von Southampton in England sich angeekelt auf die Hügel der Stadt zurückzogen. Wenn man die unterentwickelte sanitäre Situation in europäischen Städten jener Tage bedenkt, muß der Geruch wirklich gewaltig gewesen sein. Genau wie die Profite. Das Konsortium konnte eine Tonne für etwa 70 Mark nach England schaffen lassen und sie dort überall für über 200 Mark verkaufen. Fast übernacht wurde der Guanohandel zum großen Geschäft. In den kommenden vierzig Jahren nahm die peruanische Regierung den Großteil ihrer Auslandsdevisen über den Verkauf von Vogelexkrementen in Europa und Nordamerika ein. Mit seinem einmalig hohen Stickstoffgehalt hatte peruanisches Guano keine Konkurrenz, bis in den sechziger Jahren des neunzehnten Jahrhunderts künstlich hergestellte Düngemittel für Rüben und anderes Wurzelgemüse weitläufig in Gebrauch kamen. Die Bauern der Chesapeake Bay rühmten Guano als fünfunddreißigmal wirksamer als Stallmist, und die Rübenernte vervierfachte sich in einigen Teilen von Maine und Massachusetts, nachdem Guano als Dünger eingesetzt worden war.

Ein Vierteljahrhundert lang war der Handel mit den Exkrementen mit all seinen Schrecken die Haupteinnahmequelle Perus, erreichte 1855 einen Höhepunkt und fiel dann stetig ab, sehr zur Sorge der wohlhabenden Landbesitzer, die das Guano-Monopol fest im Griff hielten. Ihre unbarmherzigen Gewinnungsverfahren wirtschafteten die Inseln vor der Küste schnell herunter. In den späten sechziger Jahren des neunzehnten Jahrhunderts schwappten Gerüchte, daß die Guano-Vorräte Perus sich langsam erschöpften, nach Europa und Nordamerika über. Diese Gerüchte fielen mit lokalen Zeitungsmeldungen von mit Seevogelkadavern übersäten Stränden zusammen. Millionen von Vögeln starben innerhalb weniger Monate, als sich Wolkenbrüche über die normalerweise trockene Küstenzone ergossen. Ströme von Regenwasser wuschen kubikmeterweise Guano von den steil abfallenden Inseln, was verstärkt zu dem Gefühl drohenden Ruins beitrug. Die Guano-Verkäufer beeilten sich, ihren Kunden zu versichern, daß Vogelexkremente eine erneuerbare Ressource waren und daß die Seevögel zurückkehren würden. Wie in den vorhergehenden Jahren, als auch schon viele gestorben waren, kamen die Vögel tatsächlich zurück, der Guano-Export aber erreichte nie wieder den Boom der vierziger und fünfziger Jahre des neunzehnten Jahrhunderts. Nichtsdestotrotz wurden zwischen 1848 und 1875 über zwanzig Millionen Tonnen Guano von Peru nach Europa und in die Vereinigten Staaten verschifft, im Wert von etwa 460 Millionen Mark in heutiger Währung.

Zu der Zeit, als Guano eines der wirtschaftlichen Haupterzeugnisse Perus war, brüteten lokale Wissenschaftler über dem Rätsel der Seevögel. Niemand verstand damals die engen gegenseitigen Beziehungen zwischen Tieren und ihrer Umwelt noch wurden die komplizierten Wechselwirkungen zwischen Fischen und den Nährstoffen des Meeresbodens vor der Küstenwüste begriffen. Was man wußte war, daß es unerklärliche „Jahre des Überflusses" gab, mit ungewöhnlich warmen Meerestemperaturen und schweren Regenfällen an der Küste. Ein Reisender schrieb 1891 von einer völlig verwandelten Küste in einem solchen Jahr nach Hause: „Das Meer ist voller Wunder, das Land sogar noch voller davon. Als erstes wird die Wüste zu einem Garten ... Das Erdreich ist durchtränkt von dem heftigen Platzregen, und in nur wenigen Wochen ist das ganze Land über und über mit Grün bedeckt. Der natürliche Samenflug hat sich praktisch verdoppelt, und Baumwolle kann an Orten angebaut werden, wo in anderen Jahren eine Vegetation unmöglich scheint."[2]

Schließlich sprachen die Wissenschaftler mit den Fischern an der Küste und den Schiffskapitänen. Sie stießen dabei auf einige Kapitänslogbücher, in denen teilweise schon von 1795 an ungewöhnliche Strömungen und warme Meereswasserbedingungen vor der Küste vermerkt waren. Luis Carranza, Präsident der *Lima Geographical Society*, verfaßte 1891, in eben einem jener „Jahre des Überflusses", einen kurzen Artikel für das *Bulletin* seiner Gesellschaft, in dem er die Aufmerksamkeit auf eine gelegentliche Gegenströmung lenkte, die von Süden nach Norden entlang der Küste verlief. Sein Beitrag wurde nur geringfügig zur Kenntnis genommen. Im folgenden Jahr veröffentlichte der Schiffskapitän

Camilo Carrillo einen weiteren Artikel in demselben *Bulletin.* Er schrieb darin: „Die Seeleute von Paita, die häufig in kleinen Schiffen entweder nordwärts oder südwärts von ihrem Hafen aus die Küste entlang fahren, nennen diese Gegen-Strömung die Strömung des ‚El Niño' (das Jesuskind), denn es wurde beobachtet, daß sie unmittelbar nach Weihnachten auftritt."[3] 1895 entwarf der peruanische Geograph Victor Eguiguren die Theorie, daß schwere Regenfälle und Überschwemmungen um den nördlichen Teil der Stadt Piura mit der Gegenströmung El Niño zusammenhingen.

Dann hielt Frederico Alfonso Pezet im selben Jahr auf dem Sechsten Internationalen Geographiekongress in Lima einen Vortrag. Das Thema war El Niño. Vor einer großen und gebildeten Zuhörerschaft sagte er: „Zum gegenwärtigen Anlaß möchte ich gerne die hier versammelten hervorragenden Geographen auf dieses Phänomen aufmerksam machen, das unzweifelhaft einen sehr großen Einfluß auf die Klimabedingungen in diesem Teil der Welt ausübt."[4]

Damit trat El Niño in die Welt der internationalen Wissenschaft ein.

Über Jahre hinweg nahmen Wissenschaftler überall an, daß die peruanische Gegenströmung ein lokales Phänomen war, das lediglich den gleichmäßigen Fortgang des Meereslebens entlang der Pazifikküste unterbrach. Die *Años de abundancia* brachten Wolkenbrüche, fremde tropische Fischarten und sogar Wasserschlangen, Bananen und Kokosnüsse nach Peru, aber dies schien nur die Küstengewässer zu betreffen. So berichtete der amerikanische Biologe Robert Murphy während des El Niño von 1925, daß „ich, als ich eines Nachmittags den Strand entlangstieg, einen Alligator von anständiger Größe aufscheuchte, der seinen Schwanz hochzog und ins Meer schnellte".[5] El Niño wurde eine dieser unbedeutenderen meteorologischen Kuriositäten, die eine weit entfernte Wüstenlandschaft beeinflußte, und das in einem Ausmaß, das nicht mit der Verwüstung zu vergleichen war, die durch das Ausbleiben des Monsun in Indien hervorgerufen wurde.

Jedes Jahr bricht extremes Wetter über einen Teil der Welt herein. El Niño schien einer dieser unregelmäßigen, allein lokalen Zwischenfälle, der Jahr für Jahr auftrat und manchmal nur wenig mehr als eine kleine Welle in den Küstenfischereigebieten verursachte oder eine örtlich begrenzte Überschwemmung in den Flüssen an der peruanischen Nordküste. In manchen Jahren jedoch kam das Christkind mit grimmiger Rache herab: Die Meerestemperaturen stiegen so hoch an, daß sich alle Anchovis entfernten und Millionen von Seevögeln verendeten.

1925 spielte das Wetter verrückt. Im Januar berichteten Fischer aus Talara im äußersten Norden Perus von ungewöhnlich warmen Wassertemperaturen. Innerhalb von zehn Tagen stieg die Meerestemperatur um 6,6 Grad Celsius an und erhöhte sich noch weiter. Das erwärmte Wasser bewegte sich südwärts. Im März war die Temperatur des Pazifik in einiger Entfernung des Moche-Flusses auf achtundzwanzig Grad Celsius angestiegen, sechzehn Grad über Normaltemperatur; dann pendelte sie sich auf gleichbleibende zweiundzwanzig Grad über eine Strecke von mehr als 1100 Kilometern der peruanischen Küstenzone ein. Der April brachte etwas Abkühlung, aber ungewöhnlich warme Temperaturen sollten noch bis 1930 vorherrschen. Während die Meerestemperatur anstieg, unterlagen die östlichen Passatwinde Schwankungen und schlugen dann um. Mindestens vierundzwanzig Millionen Kormorane und andere Seevögel verhungerten, als die Anchovis in kühleres, nährstoffreicheres Gewässer zogen. Kadaver von Seevögeln übersäten Strände und vor der Küste gelegene Inseln. So viel Leben starb im Meer und zersetzte sich am Boden des Ozeans, daß widerlich riechendes Wasserstoffperoxid Schiffsrümpfe schwärzte und Häuser an der Küste verfärbte.

Inzwischen stiegen die Lufttemperaturen über dem Land an. Gewaltige schwarze Wolken türmten sich am westlichen Horizont in einiger Entfernung des Moche-Flusses auf, bewegten sich dann an die Küste und brachten massive Gewitter mit sich. Wolkenbrüche durchtränkten die Küstenebene und verwandelten ausgetrocknete Flußläufe und Schluchten in reißende Ströme. Im frühen März fielen 226 Millimeter Regen in drei Tagen. Bis Ende des Monats waren über der Stadt Trujillo, deren normaler Niederschlag bei 1,7 Millimetern lag, 396 Millimeter gefallen. Ganze Wände aus Wasser brachen den Moche-Fluß hinunter, überfluteten Straßen und rissen die Eisenbahnbrücke von Trujillo mit. Einige Tausend Hektar Ackerland und zahllose Bewässerungskanäle versanken in einem Meer aus Schlamm und Felstrümmern. Niemand weiß genau, wie viele Menschen im El Niño von 1925 umkamen, aber ihre Zahl muß in die Hunderte, wenn nicht in die Tausende gegangen sein.

Zu dieser Zeit war Trujillo ein abgelegenes ruhiges Bauernstädtchen, fünfhundert Kilometer südlich vom Regierungssitz in Lima. Die Fluten schnitten die Gemeinde über Wochen von der Außenwelt ab. Der Fischfang ging zurück, und die Guano-Industrie kam zu einem völligen Stillstand. Alles, was die Bauern tun konnten, war, ihr Land wieder urbar zu machen, ihre Bewässerungskanäle zu erneuern und auf eine gute Ernte in ein paar Monaten zu hoffen. Hunderte Menschen starben den Hungertod. Zweifellos litten viel mehr akut an Hunger oder Unterernährung.

Wie kann man eine solch plötzliche Wetterverwüstung erklären? Viele Jahre lang rätselten peruanische Wissenschaftler über die Unbeständigkeiten ihres Küstenklimas, das normalerweise doch so vorhersagbar und zuträglich war. Langsam setzten sie ein Bild zusammen: Es umfaßte die großen und kleinen El Niños und die lokalen Strömungen und Meeresauftriebswasser, die die Küste Perus zu einem der reichsten Meereslebensräume der Erde machten.

Die Küstenbewohner Perus haben seit mindestens zehntausend Jahren in einer einzigartigen Umgebung aus Küstenwüste, ergiebigem Meer und hohem Gebirge gelebt. Der Gebirgszug der Anden verläuft parallel zur langen Küste des Pazifik von drei Grad südlich des Äquator an über eine Entfernung von über fünfzehnhundert Kilometern südwärts. Abrupt erheben sich die Kordilleren aus der Küstenebene, einem der trockensten Gebiete der Erde. Einige von Perus großen Kulturen, etwa die Moche um 500 n. Chr., erblühten entlang diesem schmalen Küstenstreifen in Tälern, die eine Höhe von viertausend Metern erreichen, gerade einmal hundert Kilometer von der Küste entfernt. Die Höhenzüge und der kühle Humboldtstrom nahe vor der Küste bestimmen das Küstenklima. Der vorherrschende Südost-Passat trägt das Wasser des Pazifik größtenteils nordwärts, auf den Äquator zu. In den meisten Jahren erreicht nur wenig oder gar kein Regen die trockene Küstenebene. Das ganze Oberflächenwasser kommt von den Gebirgsabflüssen und strömt die Flußtäler hinunter ins Meer (siehe Abbildung 7.1 auf S. 134).

Die Anden erhalten einen Großteil ihres Niederschlags aus dem Amazonasbecken im Osten, während des Sommers der südlichen Hemisphäre, von November bis April. Der Wasserdampf des Amazonas kommt mit den vorherrschenden äquatorialen Ostwinden und regnet an den freiliegenden Windböschungen der Gebirgszüge ab. Nur ein geringer Teil dieses Regens erreicht die westlichen Hänge. Die peruanische Küste wird durch Niederschlag von der anderen Seite des Kontinents bewässert.

Eine relativ niedrige äquatoriale Tiefdruckrinne liegt zwischen den Windgürteln des Nordost- und Südost-Passat und wandert je nach Jahreszeit nordwärts oder südwärts. Im Sommer bewegt sie sich nach Süden. Zwischen den vorherrschenden östlichen Winden über dem Amazonasbecken und der schwankenden äquatorialen Tiefdruckrinne kommt es zu einer Wechselwirkung, die Regen ins Hochgebirge der Anden trägt. Diese regenbringenden Winde sind die Hauptquelle des Gebirgsabflusses für die Küstentäler des Pazifik. Während der Wintermonate halten äußerst starke Westwinde Feuchtigkeit an der Küste. Das

Innere des Gletschereises der Anden verrät uns, daß dieses jahreszeitliche Muster konstant geblieben ist, seit sich um 5000 v. Chr. die Meeresspiegel langsam stabilisierten, die im Anschluß an die Eiszeit gestiegen waren; möglicherweise besteht dieses Muster sogar schon seit dem Ende der Eiszeit zehntausend Jahre früher.

Dasselbe Niederschlagsmuster tritt über die gesamten fünfzehn tropischen Breitengrade auf, die sich von den peruanischen Bergen bis zu den trockeneren, hochgelegenen *altiplano*-Weiden um den Titicacasee im Süden Perus und in Bolivien ausdehnen. Der jahreszeitliche Rhythmus ist bemerkenswert beständig, ausgenommen in El Niño-Jahren.

Unvorhersagbar und von sehr veränderlicher Stärke ist das Christkind ein echter Gauner. Die meisten seiner Episoden sind verhältnismäßig folgenlos und bringen gelegentliche Perioden wolkenbruchartigen Niederschlags, weit wärmere Meerestemperaturen und unbekannte tropische Fische im Küstenwasser. Etwa einmal in jeder Generation jedoch verursacht eine außergewöhnlich starke El Niño-Episode drastische ökologische und klimatische Veränderungen entlang der Küste, mit potentiell katastrophalen Folgen für Bauern wie Fischer.

Die Fischgründe für Anchovis liegen nicht weit vor der trockenen Küstenzone, in einem Gebiet, in dem sich der Meeresgrund steil absenkt. Anders als vor der Küste Europas und des Ostens der Vereinigten Staaten existiert hier kein Festlandsockel zur Nährstoffabgabe. Die östlichen Passatwinde, die das Oberflächenwasser nach Westen drängen, bewirken, daß kaltes nährstoffreiches Wasser aus den Tiefen nach oben kommt. Dieses Profil – vorherrschende Landwinde, ein schmaler (oder kein) Festlandsockel und konsequent aus großer Tiefe an die Oberfläche drängendes Auftriebswasser – tritt nur noch an vier anderen Orten in der Welt auf: vor der kalifornischen Küste und an drei Orten in Afrika – Mauretanien, Namibia und Somalia. Auf diese fünf Gebiete, die gerade einmal 0,1 Prozent der Meeresoberfläche ausmachen, verteilt sich etwa die Hälfte des weltweiten kommerziellen Fischfangs.

Über mehr als zehntausend Jahre hat der peruanische Anchovi-Fischfang menschliches Leben entlang der Küste ermöglicht, vor allem durch proteinreiches Fischmehl, ein Haupterzeugnis seit Jahrtausenden. Bevor der kommerzielle Fischfang die Anchovischwärme erschöpfte, waren sie von einer fast unglaublichen Größe. Der Archäologe und Diplomat Ephraim Squier landete 1865 an der Nordküste. Sein kleines offenes Boot ruderte durch einen trägen Wellengang und kreuzte „eine nahezu feste Masse der kleinen Fischen ... die offensichtlich von großen und gefräßigen Feinden auf dem Meer zum Strand hin getrieben wurden ... Die kleinen Opfer wimmelten übereinander, bis ihre Köpfe, die über die Oberfläche ragten, den Ozean aussehen ließen, als sei er vom Mantel einer orientalischen Rüstung bedeckt. Wir konnten sie mit vollen Händen und zu Tausenden aus dem Wasser schöpfen". Squier beschrieb einen kilometerlangen Fischgürtel nahe der Küste. Frauen und Kinder schöpften sie aus dem Wasser, „mit Hüten, Schalen, Körben und dem Saum ihrer Röcke".[6]

Zwei kalte nordwärts fließende Meeresströmungen bestimmen das Wasser vor der Küste Perus. Der Humboldtstrom erreicht eine Breite von fünf- bis sechshundert Kilometern bei einer Tiefe von mitunter siebenhundert Metern. Dieser Meeresstrom kann mit einer solchen Stärke fließen, daß die Küstendampfschiffe im neunzehnten Jahrhundert einen zehn Prozent höheren Preis für eine nach Süden gehende Schiffspassage veranschlagten, um für das zusätzliche Heizmaterial aufzukommen, das sie verbrauchten. Die peruanische Küstenströmung, die keinen größeren Radius als ein-, zweihundert Kilometer erlangt, verläuft in geringer Entfernung zum Festland und überschreitet selten eine Tiefe von zweihundert Metern. Die nach Süden verlaufende peruanische Tiefenströmung bewegt das Wasser unter diesen beiden Strömen. Südöstliche Passatwinde herrschen über der Küste vor und wehen parallel zu ihr oder in einiger Entfernung. Die Erdrotation bringt die Coriolis-Kraft hervor, die das Oberflächenwasser in der südlichen Hemisphäre zur Linken der Windrichtung ablenkt. Daraus resultiert, daß das Oberflächenwasser sich entlang der gesamten peruanischen Küste aufs Meer hinaus bewegt. Während dieses Wasser von der Küste wegfließt, steigt Wasser aus der Tiefe langsam nach oben, um die sich verlagernde Masse zu ersetzen. Das steigende Wasser bringt eine dichte Konzentration an Nährstoffen mit sich, die eine wirklich bemerkenswerte biologische Produktivität anregen.

Diese Fülle scheint unerschöpflich, bis ein starker El Niño die normale Aktivität des Auftriebswassers an der Küste dramatisch verändert. Nun wandert warmes nährstoffarmes Wasser aus der Nähe des Äquators nördlich von Peru mit einer starken Gegenströmung die Küste entlang südwärts. Die Abweichung in der Meerestemperatur kann bis zu zehn Grad Celsius betragen. Dieses weniger salzhaltige Wasser von geringerer Dichte legt sich mit einer nährstoffarmen Schicht bis zu einer Tiefe von dreißig Metern über das viel kühlere Wasser der Küstenströmung. Wenn sich El Niño verstärkt, lassen die Küstenwinde nach und geben dem Oberflächenwasser einen geringeren Schub von der Küste weg. Das Auftriebswasser wird schwächer oder stellt sich sogar ganz ein. Auch wenn die Winde weiterhin wehen und das Auftriebswasser aktiv bleibt, sind die nährstoffarmen oberen Schichten so dick, daß das nach oben kommende Wasser auch von geringem Nährstoffgehalt ist.

Die Photosynthese nimmt nun im Strömungssystem der Küste dramatisch ab. Die Anchovischwärme konzentrieren sich entweder in Vertiefungen kalten Wassers sehr nahe der Küste, zerstreuen sich in tieferes kaltes Wasser viel weiter von der Küste entfernt und außer Reichweite der Kanus, oder sie sterben einfach. Tausende von Fischen werden auch von Warmwasser-Raubfischen wie dem Thunfisch verspeist, die mit der Gegenströmung näher an die Küste ziehen. In jedem Fall verringert sich der Anchovifang dramatisch. Andere Meerestiere wie Tintenfische und Schildkröten hungern ebenfalls. So geht es auch den fischfressenden Vögeln, den Kormoranen, Tölpeln und Pelikanen, die sich fast ausschließlich von Anchovis ernähren.

Wie es schon seit Tausenden von Jahren geschehen ist, trifft ein starker El Niño die wirtschaftlich schlechter gestellten Küstenbewohner an mehreren empfindlichen Punkten. Während vom Fischfang lebende Gemeinschaften sich über die unbekannten Arten, die das Küstenwasser belebten, versorgen konnten, gab es für die Menschen im Landesinneren weit weniger Nahrungsquellen. Die Fischmehlproduktion erlahmte und erbrachte nur einen Bruchteil an normalen Vorräten für das Landesinnere und das ferne Hochland. Zur gleichen Zeit verursachten Wolkenbrüche und Überschwemmungen gewaltige Auswaschungen im Landesinneren und zerstörten Bewässerungsanordnungen. Starke El Niños brachten Katastrophe und Leiden und zerstörten Dörfer, Städte und sogar ganze Kulturen.[7]

Während die Peruaner sich von dem El Niño von 1925 erholten, nahm Sir Gilbert Walker, Experte für den Monsun in Indien, einen Lehrstuhl als Professor für Meteorologie an der Universität London ein. Seine lange und bedeutende Karriere in Indien hatte ihn mit so vielen Statistiken zum Luftdruck in jedem Teil der Welt versehen, daß er mit ihnen ganze Räume füllen konnte. Obwohl er darin nicht weitergekommen war, den Monsun vorhersagen zu können, hatte er begriffen, daß dieser ein Teil eines viel größeren und immer noch geheimnisvollen weltweiten klimatischen Phänomens war.

In einer Ära lange vor Computern und E-Mails stellte er Hunderte von Klimakundlern und Schreibern für die mühselige Aufgabe ein, statistische Wechselbeziehungen zwischen den klimatischen Variablen zu errechnen, die von verschiedenen Observationsstationen auf der ganzen Welt gesammelt worden waren. Diese Variablen schlossen den Druck, die Temperatur, den Niederschlag und die Sonnenflecken ein.

In einer Reihe von straff argumentierenden Abhandlungen, die während der zwanziger Jahre des letzten Jahrhunderts veröffentlicht wurden, kam Walker zu der Schlußfolgerung, daß der Luftdruck im Indischen Ozean, zwischen Afrika und Australien, dazu neigte, niedrig zu sein, wenn er über dem Pazifischen Ozean hoch war und umgekehrt. Diese hin und her schwankende „Südliche Oszillation" veränderte sowohl über dem tropischen Pazifik als auch über dem Indischen Ozean Niederschlagsmuster und Windrichtungen.

Die Südliche Oszillation ist Gilbert Walkers dauerhafteste wissenschaftliche Hinterlassenschaft. Versehentlich entdeckte er den Vater von El Niño.

Walker war so fanatisch von statistischen Wechselbeziehungen weltweiter meteorologischer Phänomene besessen, daß er immer verbissener nach besseren Vorhersagen für das Ausbleiben des Monsun suchte, bis zu dem Punkt, daß er manchmal die Begrenzungen seiner Herangehensweise ignorierte. Er war dem Wohlwollen seiner Zahlen ausgesetzt, ohne einen Zugang zu den hochentwickelten, auf Computertechnik basierenden Entwürfen zu haben, die heute die Regel sind. Seine Ergebnisse waren von Anfang an strittig. Viele seiner Kollegen stellten zurecht die Dauerhaftigkeit seiner Druckschwankungen in Frage und argumentierten, daß seine Wechselbeziehungen von Beobachtungen stammten, die über relativ kurze zeitliche Phasen gesammelt worden waren. Diese Beziehungen könnten sich verändern, so argumentierten sie weiter, Walkers Berechnungen aber würden immer einige wenige wahrscheinliche Wechselbeziehungen hervorbringen, auch wenn die Daten aus nichts anderem als aus Zufallszahlen bestehen würden. Andere stellten seinen freien Gebrauch weit voneinander entfernter Wechselbeziehungen in Frage, etwa die zwischen dem Druck im Zentrum der Südlichen Oszillation und dem in Charleston, Süd-Carolina. Walker erwiderte seinen Kritikern in entwaffnender und prophetischer Weise: „Ich glaube, daß die weltweiten klimatischen Beziehungen so kompliziert sind, daß unsere einzige Chance, sie zu erklären, darin besteht, die Tatsachen empirisch zu erfassen."[8] Er machte auch darauf aufmerksam, daß ihm nur Oberflächenbeobachtungen zur Verfügung stünden, keine aus der Luft.

Am Ende gelang es Gilbert Walker nicht, den Monsun vorherzusagen. Seine größte Errungenschaft war die Erkenntnis, daß das Meer eine wichtige Rolle in den Mechanismen der Südlichen Oszillation spielt. Es fehlte ihm allerdings an Angaben zur Meeresoberflächentemperatur und an Daten zur Tiefsee, um diese überaus wichtige Beziehung verstärkt zu belegen. Mit der ruhigen Verzweiflung eines Gentlemans widmete er einen großen Teil seines Ruhestandes einer musikalischen Leidenschaft – der Verbesserung der Funktionsweise der Flöte.

Professor Sir Gilbert Walker starb 1958 im Alter von neunzig Jahren, gerade zu einem Zeitpunkt, als der tropische Pazifik ein ungewöhnlich mächtiges Zusammenspiel aus weit wärmeren Wassertemperaturen und schwachen östlichen Passatwinden erlebte. Die Jahre 1957–1958 brachten den gewaltigsten El Niño seit 1941 hervor. Durch einen glücklichen Zufall bezeichnete die Zeit 1957–1958 auch das Internationale Geophysikalische Jahr (AGI), das Wissenschaftler von beiden Seiten des Eisernen Vorhangs und aus allen Teilen der Welt in einer einzigartigen globalen Kooperation zum Studium der Erde zusammenbrachte. Die Meere spielten in diesen Aktivitäten eine hervorstechende Rolle.

Eine kleine Zahl von Wissenschaftlern des AGI ließ sich von dem deutlichen Anomalienmuster über dem tropischen Pazifik faszinieren, das sich 1957 sowohl in der Atmosphäre als auch im Meer zeigte. Ihre anfänglichen Analysen deckten einige ungewöhnliche Phänomene auf: Ein starker El Niño entwickelte sich entlang der peruanischen Küste. Die Meereserwärmung jedoch breitete sich über Tausende von Kilometern über den Pazifik zur Linie der Internationalen Datumsgrenze und darüber hinweg aus, nicht weniger als über ein Viertel der Strecke rund um die Erde. Konnte diese umfassende Erwärmung mit El Niño in Zusammenhang stehen? Darüberhinaus waren die östlichen Passat-Winde, die normalerweise über dem Zentralpazifik vorherrschen, ungewöhnlich schwach. Die schwachen Winde fielen mit außergewöhnlich heftigem Niederschlag im selben Gebiet zusammen. Im östlichen Nordpazifik resultierten stärkere Westwinde aus hervorstechenden Abweichungen in der Atmosphäre, während das Tiefdruckzentrum, das sich normalerweise über den Aleutischen Inseln ansiedelte, viel stärker als sonst war.

Unter diesen Wissenschaftlern befand sich der norwegische Meteorologe Jakob Bjerknes, der am Höhepunkt seiner Karriere an die *University of California* in Los Angeles gegangen war. Als junger Mann hatte Bjerknes die Theorie der Luftmassenströmung studiert, und sich dabei vor allem mit Fronten und Tiefdruckgebieten beschäftigt. Diese Studien führten ihn dazu, die allgemeine atmosphärische Zirkulation im Nordatlantik zu untersuchen. Aber der starke El Niño von 1957–1958 lenkte seine Aufmerksamkeit auf den tropischen Pazifik, mit bedeutenden Konsequenzen.

Bjerknes blickte aus einer globalen Perspektive auf die atmosphärische Zirkulation, und er hatte eine Neigung, jegliche Form einer klimatischen Anomalie vor einem sehr weiten Horizont zu betrachten. 1966 wies er mutig darauf hin, daß das scheinbar ungewöhnliche Modell von über dem Pazifik verteilten atmosphärischen Abweichungen nicht einmalig war. Genau dasselbe Modell hatte sich schon in früheren El Niño-Episoden wiederholt und würde auch in der Zukunft wieder auftreten. Zur gleichen Zeit hatte er auf der Grundlage dessen, was er „feine Beweisführung" nannte, die Theorie entworfen, daß die Meereserwärmung, die 1957 beobachtet worden war, mit den Abweichungen in der atmosphärischen Zirkulation im weit entfernten Nordpazifik verknüpft gewesen sein mußte. Zu diesem Zeitpunkt verfügte Bjerknes über Daten von zwei weiteren „analogen Ereignissen", wie er sie nannte, aus den Jahren 1963 und 1965. Aber anstatt nur von Messungen an der Oberfläche abzuhängen, konnte er sich auf Satellitenbilder berufen, um ein Gebiet mit ungewöhnlich hohem Niederschlag über dem tropischen Zentralpazifik auszumachen. 1969 markierte er einen Wendepunkt, indem er eine Synthese einer jahrelangen Zirkulationsforschung veröffentlichte, in der er überzeugend die enge Beziehung zwischen Walkers Südlicher Oszillation und diesen abweichenden Modellen im Pazifik demonstrierte.

Bjerknes Hypothese begann mit der Annahme, daß die normale Meeresoberflächentemperatur in ihrem Gefälle zwischen dem relativ kalten ostäquatorialen Pazifik und dem riesigen Warmwasserbecken im westlichen Pazifik bis nach Indonesien etwa im Bereich des Äquators eine gewaltige Ost-West-Zirkulationszelle hervorbringt. Trockene Luft senkt sich sanft über den kalten östlichen Pazifik. Dann strömt sie westwärts den Äquator entlang als Teil des südöstlichen Passatwindsystems. Der „Stoß" aus Westen, der diese Bewegung antreibt, stammt von einem Luftdruck, der im Osten höher und im Westen niedriger ist. Die Luft erwärmt sich und wird feuchter, während sie über das zunehmend wärmere Wasser zieht. Im westlichen Pazifik kondensiert die Feuchtigkeit in Form von sich auftürmenden Regenwolken. Ein Rücklauf nach Osten in den oberen Schichten der Atmosphäre vervollständigt das Zirkulationsmodell.

Bjerknes nannte seine neu entdeckte Zirkulation die Walker-Zirkulation, zu Ehren Sir Gilberts.

Bjerknes erkannte, daß dieser entscheidende Luftumlauf die Schlüsselverbindung zwischen der Südlichen Oszillation und den Veränderungen der Oberflächentemperaturen im äquatorialen Pazifik war. Er schloß, daß das Gefälle in der Meeresoberflächentemperatur zwischen Ost und West abfällt, wenn eine Erwärmung im östlichen Pazifik auftritt. Der Strom des Passatwindes, der den unteren Abschnitt der

Walker-Zirkulation bildet, schwächt sich ab. Aber ein schwächeres Gefälle im Ost-West-Druck muß die verminderten Passatwinde begleiten. Solche Wandlungen verlangten, daß sich Druckveränderungen zwischen dem östlichen und dem äquatorialen Pazifik schwankend verhielten – genau das, was mit der Südlichen Oszillation geschieht.

Die Bjerknes-Hypothese, veröffentlicht 1969, schuf das letzte Glied zwischen El Niño-Episoden und der Südlichen Oszillation. Der große Meteorologe beschrieb eine höchst komplizierte Anordnung von Wechselwirkungen, die die Verbindung zwischen El Niño und der Südlichen Oszillation ausmachen, gemeinhin als ENSO bekannt. Mit einer brillanten Eleganz und unterstützt durch ein überzeugendes dynamisches und thermodynamisches Denken, zog Bjerknes eine Anzahl entscheidender Elemente in einem neuen konzeptuellen Rahmen zusammen – die stetigen Schwankungsbewegungen der Südlichen Oszillation, die umfassenden Wechselwirkungen zwischen Luft und Meer, die die Erwärmung des Pazifik verursachen, und einige viel größere globale Telekonnektionen mit klimatischen Variationen in Nordamerika und dem Atlantischen Ozean. Die Bjerknes-Hypothese hat zwei wichtige Qualitäten: schwer widerlegbares, logisches Denken und eine Flexibilität, die es erlaubte, die rasche Erfassung neuer Daten einzubauen. Nur wenige Wissenschaftler haben je einen solch dauerhaften Beitrag in einem sich so schnell verändernden Bereich geleistet.

Sechs Jahrzehnte, nachdem Gilbert Walker seine statistischen Kenntnisse in Indien eingeführt hatte, zeigte Bjerknes, daß die ozeanische Zirkulation das Antriebsrad ist, das eine weitläufige klimatische Maschinerie betreibt. Bjerknes bewies auch, daß die Südliche Oszillation ein mächtiges und oft beherrschendes weltweites klimatisches Signal ist, das sich in kurzen und unvorhersagbaren zeitlichen Maßstäben zeigte, die von wenigen Monaten bis zu mehreren Jahren andauern konnten. Der Tod kam zu den hungernden Seevögeln aus den Händen eines Christkinds, das von einem klimatischen Kraftwerk Tausende von Kilometern entfernt erzeugt wurde.

3 ENSO

Die Partner dieses Tanzes sind die Atmosphäre und das Meer. Aber wer von beiden führt? Wer regt den östlichen Strom warmen Wassers an, der La Niña das Ende und El Niño den Anfang setzt? Obwohl sie so eng miteinander verbunden sind, bilden das Meer und die Atmosphäre kein vollkommen symmetrisches Paar. Während die Atmosphäre schnell und beweglich ist und behend auf die Zeichen des Meeres reagiert, ist dieses selbst massig und schwerfällig.

GEORGE S. PHILANDER, IS THE TEMPERATURE RISING?

Auf einem Segler im Nordost-Passat des Pazifik: Ein beständiger fünfzehn-Knoten-Wind blies mir über die rechte Schulter, Wärme strich um meinen bloßen Rücken, ein sanftes Rollen ließ sich vernehmen, wann immer unser Boot die Wellen des tiefblauen Meeres herabfiel. Ich hielt mich gegen die stetige Bewegung und starrte über Stunden auf einen leeren Horizont und einen Himmel vorbeiziehender böiger Wolken. Über zweitausend Kilometer von Land entfernt: Tag für Tag dieselbe unveränderliche Routine, kein Bedarf, ein Segel zu richten oder die automatische Steuerung auszuschalten. Jeden Tag bei Sonnenuntergang prüfte ich die Takelage auf Abnutzung. Nachts badete der glänzende Mond das Deck in silbrigem Licht, so hell, daß ich ein Buch hätte lesen können. Ich staunte über die reine Vorhersagbarkeit und Beständigkeit von all dem, auf einer Überfahrt, die mich aus dem Strom der Zeit nahm.

Nach wenigen Tagen waren die vorüberziehenden Sterne gute Bekannte. Ich erinnere mich, wie ich an die alten Seefahrer Polynesiens dachte, die in ihren Doppelrumpfbooten lange vor uns über diese selben Wasser gesegelt waren. Ich stellte mir vor, wie die Boote mit Hängeboden von Welle zu Welle glitten, ein schwellendes Mattensegel über sich ausgezogen, und wie die Besatzung am Rumpfboden schlief. Am Ruder steht breitbeinig ein alter Steuermann, der leicht mit dem Wellengang mitschwingt und den Lauf der Sterne beobachtet. Generationen von Seefahrern wie er lernten den Scheitelpunkt der Sterne kennen, die steigenden und fallenden Abfolgen, die feinen Zeichen des Wellengangs, die auf entfernte Inselklippen außer Sichtweite am Horizont verwiesen. Mit schlichtem Vertrauen segelten sie mit den einfachsten Mitteln und einem tiefen Wissen von dem, was sie umgab, über die leere See. Wie wir segelten sie über den Pazifik, auf einer Bahn völlig vorhersagbarer Winde, die Tag für Tag, Monat für Monat wehten.

Nach zwei Tagen tauchten die Höhen von Bora-Bora vor dem dämmernden Horizont auf, genau da, wo sie hätten sein sollen. Wie die Seefahrer der alten Zeit empfand ich die tiefe, demütige Befriedigung einer perfekten Landsichtung, die auf den Armen des Passats geschah.

Wir leben in einer Welt aufwallender Luft, die in einem Zustand ständiger Veränderung um uns herum strömt. Gewaltige Orkane, tropische Wirbelstürme, austrocknende Wüstenwinde und Monate beständigen Passats: Nur die Veränderung ist dabei konstant. Die Sonne ist eine andere Konstante, wie sie jeden Tag in einem endlos sich wiederholenden Kreislauf von Geburt, Leben und Tod auf- und untergeht und die Luft um uns abwechselnd erwärmt und abkühlt. Sonnenauf- und Sonnenuntergang rufen solch eine Einbildung von Beständigkeit hervor, von einer unveränderlichen Welt, daß viele alte Gesellschaften die Sonne verehrten. Aztekenpriester brachten dem Sonnengott Menschenopfer dar, indem sie ihnen das noch schlagende Herz mit einem Obsidianmesser aus dem Leib rissen, im Glauben, daß solche Opfer ihre endliche Welt fortbestehen lassen würden, die der Legende nach dazu bestimmt war, in einer unablässigen Folge von Erdbeben unterzugehen. Die Pharaonen des alten Ägypten waren die lebenden Verkörperungen des Sonnengottes auf Erden, Hirten ihres Volks, Herren des lebensspendenden Nil. Sie und ihre Untertanen lebten *ma'at* entsprechend, eines Geistes des Einklangs, der Gerechtigkeit, der Ordnung und des Friedens. *Ma'at* war Sphärenharmonie, eine Anerkennung der ewigen Formen des Daseins, wie sie von Erde und Himmel vorgeführt wurden.

Die ägyptische Welt konnte tatsächlich geordnet und vorhersagbar sein, ein Universum, in dem täglich die Sonne an einem wolkenlosen Himmel aufging und in die Hügel der Wüste versank, während sie sie in einem sanften rosigen Licht badete. Aber selbst die kleine ägyptische Sphäre war Dürren und Überschwemmungen ausgesetzt, die sich über das ganze Niltal zogen. Die Pharaonen lebten, offenbar ganz unbewußt, in einer Welt, die von den ineinandergreifenden Zyklen sich dauernd verändernder weltweiter Wetterbedingungen beherrscht wurde.

Die Sonne geht auf und unter, die Luft erwärmt sich und kühlt ab, Wasser verdampft, steigt auf, kühlt sich ab und fällt dann als Regen, bevor der endlose Kreislauf wieder von neuem einsetzt. Gewaltige Winde jagen unerbittlich um den Erdball. Tiefdruckgebiete bilden sich, saugen Hochdruckgebiete in ihr Vakuum auf und erzeugen wirbelnde Massen aus Wolken und Wind. Das Wetter durchläuft wieder und wieder seine Zyklen, prallt aufeinander und beruhigt sich – nur deshalb, weil die Sonne einige Teile des kugelförmigen Globus mehr erwärmt als andere. Ich war an Ausgrabungen alter afrikanischer Dörfer nahe dem Äquator beteiligt, wo die Sonne senkrecht über einem herabbrennt und die Arbeit um die Mitte des Tages unerträglich macht. Wir pflegten von der Dämmerung an den halben Vormitttag über zu graben, dann vor der Sonne geschützt zu ruhen, bis am Nachmittag die Schatten länger wurden und ein leichter Wind über die Grabungen pfiff. Wenige Monate später besuchte ich zufällig im Frühsommer Alaskas North Slope, wenn die Sonne fast nicht untergeht, aber immer nahe dem Horizont bleibt. Die Temperatur betrug nur ein paar Grad über Null, denn die Strahlen der Sonne waren schwach. Der Äquator ist warm, die Pole sind kalt, so daß solare Hitze von den Tropen aus auf die Arktik und Antarktik zuströmt. Sonnenenergie betreibt unsere globale Wettermaschinerie. Warme Luft verläßt die Tropen zu den Polen hin, und kalte Luft aus höheren Breiten bewegt sich auf den Äquator zu. Diese Bewegung in zwei Richtungen bildet weite Konvektionszellen, die den Wind wehen lassen.

Unser Planet dreht sich, während er sich um die Sonne bewegt. Die Erdrotation drängt die Luft in den Konvektionszellen seitwärts, während sie durch die Land- und Wasserreibung gezogen oder durch die Schwerkraft zusammengedrückt werden. Diese Coriolis-Kraft, nach dem französischen Mathematiker Gustave Gaspard Coriolis (1792–1843) benannt, resultiert aus der Erdrotation. Ihretwegen scheint die Bahn eines Gegenstandes in der nördlichen Hemisphäre nach rechts abgelenkt zu werden, in der südlichen nach links, eine Sache von einiger Bedeutung für Leute, die Artilleriegeschosse oder Raketen abfeuern. Der seitwärtige Schub, der den Winden durch die ständige Bewegung unserer Erde verabreicht wird, veranlaßt die Konvektionsströmungen, sich in großen Bahnen anzuordnen, wobei die Strömungsrichtung entsprechend der geographischen Breite variiert. Die starken Luftströme in der höheren Atmosphäre, sogenannte Strahlströme, und die am Boden vorherrschenden Winde ergeben sich beide aus der Coriolis-Kraft.

Ich hatte mir nie vergegenwärtigt, wie weit der pazifische Ozean wirklich ist, bis ich den Nordost-Passat entlangsegelte. Drei- bis vierwöchige Seereisen sind dabei normal. Der spanische Entdecker Ferdinand Magellan benötigte achtundneunzig Tage, um 1520/1521 von Patagonien zu den Marianen zu segeln. Magellan wurde vom Wohlwollen des äquatorialen Pazifik begünstigt, über dem die kühle Luft, die aus höheren Breiten zum Äquator hin sinkt, von der allgegenwärtigen Coriolis-Kraft zur Seite hin gedrängt wird, um die immer zuverlässigen nordöstlichen Passatwinde hervorzubringen.

Der nach Westen wehende Passat, der mich mühelos nach Bora-Bora trug, drückt auch auf die See und bläst das warme Oberflächenwasser immer weiter nach Westen. Es schichtet sich im fernen Westen auf und bildet ein Becken wärmeren Meerwassers mit einem Durchmesser von Tausenden von Kilometern. Während das warme Wasser sich westwärts bewegt, strömt kälteres Wasser aus den Tiefen des Meeres nahe Südamerika an die Oberfläche, um seinen Platz einzunehmen. Der östliche Pazifik ist ausgesprochen kalt, selbst ganz nahe an der Küste. Nur geringe Mengen Feuchtigkeit verdampfen, so daß sich selten Regenwolken bilden. Die Galapagos-Inseln und die peruanische Küste erhalten übers Jahr fast keinen Niederschlag. Die Halbinsel Baja California und die kalifornische Küste erleben lange trockene Jahreszeiten und sogar Jahre von fast völliger Dürre.

Weit entfernt im westlichen Pazifik ist das Wasser viel wärmer. Feuchte Luft, die durch das warme Meer erhitzt wird, steigt auf, kondensiert und bildet gewaltige Regenwolken. Tag für Tag bauen sich die drohenden Wolken am fernen Horizont auf, manchmal unter grollendem Donnern oder durchzogen von Wetterleuchten. Hitze und Feuchtigkeit erreichen ein fast unerträgliches Maß. Tier wie Mensch erwarten fiebernd den kommenden Regen. Eines Tages schließlich öffnen sich die Wolken, erst mit vereinzelten Niederschlägen, dann mit einer Flut an Regen, während der Monsun über Südost-Asien und Indonesien hereinbricht. Lebensspendende Nässe bewässert die Felder und füllt die Bewässerungskanäle für ein weiteres Jahr.

Die nach oben steigende warme Luft schafft ein Vakuum, das kühlere Luft aus dem Osten in sich aufnimmt, um die warme zu ersetzen. Als Reaktion darauf verstärkt sich der Nordost-Passat und drängt noch mehr warmes Wasser nach Westen. In einem weiten, sich selbst fortsetzenden Kreis strömt eine Konvektion zwischen Südamerika und dem Südwestpazifik in zwei Richtungen, die den Osten trocken hält und den Westen feucht und einfachen Seefahrern wie mir erlaubt, das große Meer wie eine Autobahn zu befahren.

Als Jakob Bjerknes – der erste Wissenschaftler, der die Walker-Zirkulation nachwies, die die klimatischen Muster des Pazifischen Ozeans über Tausende von Jahren beherrscht hat – 1969 seine berühmte Hypothese veröffentlichte, machte er darauf aufmerksam, daß jede ENSO (El Niño-Südliche Oszillation)-Episode einen einzigartigen Charakter hat: Manche sind von intensiver Stärke, andere sind schwächer und kurzlebiger. Aber alle zeigen bemerkenswerte Ähnlichkeiten in ihrer Entwicklung, Reifephase und ihrem Verschwinden.

Nur eine kleine Schicht von Wissenschaftlern nahm bis 1972/1973 Notiz von Bjerknes Theorien. In diesem Jahr suchten katastrophale Dürren Mittelamerika, West-Afrikas Sahelzone, Indien, Australien und China heim. Die weltweiten Fischfänge gingen deutlich zurück. Die Sowjetunion hatte eine solch vernichtende Ernte, daß sie sich gezwungen sah, große Mengen an Korn und Weizen aus den Vereinigten Staaten einzuführen, woraus ein Getreidemangel auf den Weltmärkten resultierte. Die weltweite Nahrungsmittelproduktion pro Kopf ging zum ersten Mal in mehr als zwei Jahrzehnten zurück und gab Anlaß zur Sorge, daß einige Nationen unfähig werden könnten, die eigenen Angehörigen zu ernähren.

Der neue El Niño traf Peru besonders hart. In den frühen sechziger Jahren des zwanzigsten Jahrhunderts hatte die Anchovi-Fischerei einen Boom erlebt. Zum Ende des Jahrzehnts brachte Fischmehl etwa ein Drittel der Auslandseinnahmen des Landes ein. Den Warnungen nationaler wie internationaler Meeresbiologen zum Trotz unternahm die Regierung nichts, um der Überfischung Einhalt zu gebieten. Jetzt brach der Fischfang zusammen und setzte wirtschaftliche Schockwellen über die wohlhabenden Nationen frei. Die amerikanische Geflügelzüchtung stand plötzlich ohne Fischmehl da. Auf den Ratschlag von Experten hin zogen sie als Ersatz Sojamehl heran. Dadurch stiegen die Preise für Sojamehl höher als die für Weizen, so daß die nordamerikanischen Bauern fast logischerweise anstelle von Weizen Tausende Hektar Sojabohnen zur Tierfütterung anbauten. Mittlerweile stieg die weltweite Nachfrage nach Weizen, gerade als die Vorräte ihren niedrigsten Stand seit Jahrzehnten erreicht hatten, und die durchaus reale Bedrohung einer ernsthaften weltweiten Nahrungsmittelknappheit war geschaffen.

Der El Niño von 1972/73 diente als Warnung für Regierungen und Wissenschaftler auf der ganzen Welt, ebenso wie die Hungersnot von 1899 die indische Regierung dazu gebracht hatte, sich ernsthaft mit der Monsunvorhersage zu befassen. Die Bedrohung durch weltweiten Hunger warf drängende Fragen über die Gefahren auf, vor die man durch künftige El Niños und andere weitgreifende Klimaphänomene gestellt würde. Waren El Niños vorhersagbar, indem Klimaabweichungen im Pazifik und und weiter entfernt verfolgt wurden? Konnten weitreichende Vorhersagen, die auf Beobachtungen dieser Abweichungen beruhten, Regierungen zu der Chance verhelfen, sich auf unmäßigen Niederschlag oder schwere Dürreperioden vorzubereiten? Zum ersten Mal fingen Meteorologen auf der ganzen Welt an, das Christkind als einen Klimaverwüster erster Größenordnung zu erkennen.

Jakob Bjerknes und seine Vorgänger erreichten bemerkenswerte Ergebnisse mit Instrumenten, die wir heute für reichlich unangebracht halten würden. Ihre scharfsinnigen Hypothesen haben ein Viertel Jahrhundert intensiver Forschung überlebt. Mehr als ein Jahrhundert, nachdem Alfonso Pezet El Niño einer internationalen Zuhörerschaft vorgestellt hat, können wir nun schließlich ein ziemlich überzeugendes Porträt seiner Geburt, seines Lebens und seines Todes anfertigen.

Heutzutage verzeichnen eine Armee von Wissenschaftlern und ein außergewöhnliches Aufgebot an Satelliten und wissenschaftlichen Gerätschaften jede Bewegung El Niños. Wagenladungen von Daten stellen sein aktuelles Bild zusammen, von denen viele auch aus Quellen ausgesprochen geringen technischen Aufwands stammen. Hochleistungsrechner beherbergen ungeheure Datenbanken von Einträgen zur Meeresoberflächentemperatur, die schon seit mehr als einem Jahrhundert von Handelsschiffen nahe dem Äquator vorgenommen wurden. Einige vom Land aus gemachte Beobachtungen der Meerestemperatur von Orten wie Puerto Chicama an der peruanischen Küste datieren bis in die dreißiger Jahre des letzten Jahrhunderts zurück. Tägliche Beobachtungen zu Luftdruck und Niederschlag fließen von Hunderten von Wetterstationen ein, gerade wie sie auch Sir Gilbert Walkers Angestellte nach 1920 erreichten, aber jetzt werden sie automatisch in Computer heruntergeladen. Manche Orte wie Darwin in Australien verfügen über Messungen, die über ein Jahrhundert zurückgehen. Die Forscher nehmen Fischfangberichte aus Kalifornien und Südamerika auf, und selbst schriftliche Aufzeichnungen über Wetterbedingungen von spanischen Kolonisten in Ecuador und Peru aus dem fünfzehnten Jahrhundert.

Bei all ihrem Vertrauen auf diese Angaben, die mit minderen technischen Mitteln gewonnen wurden, haben sowohl Wissenschafler wie Regierungsbeamte doch die Wichtigkeit des Rückgriffs auf höhere Technologien erkannt, um alle Arten an Phänomenen der Atmosphäre, des Landes und des Meeres Jahr für Jahr und über einen langen Zeitraum zu überwachen. Im Lauf des letzten Vierteljahrhunderts wurde die Welt mit Beobachtungsinstrumenten übersät, in der Bestre-

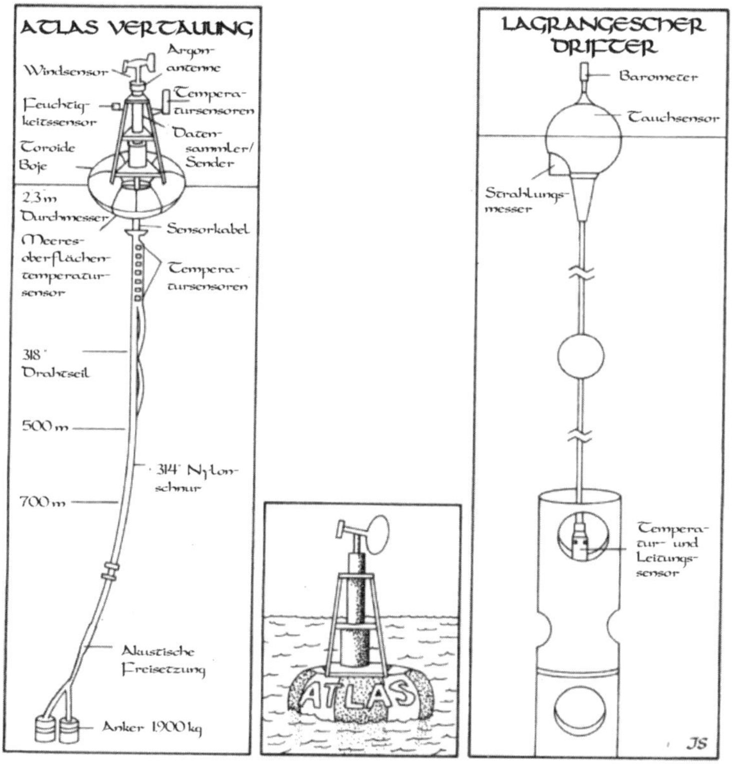

ABB. 3.1 Fünf Länder – die Vereinigten Staaten, Frankreich, Japan, Korea und Taiwan – unterstützen das Projekt TAO, dessen Kürzel für Tropische Atmosphäre und Ozean steht. Dieses komplexe System zur Datensammlung umfaßt etwa siebzig vertäute Bojen, die, über den Pazifik verteilt, Messungen vornehmen und sie via Satellit aufs Festland übermitteln.

TAO, speziell entwickelt, um das Erkennen und die Vorhersage von El Niños zu verbessern, bringt zwei Arten von Bojen zum Einsatz: ATLAS-Bojen (links) messen Meeres- wie Lufttemperaturen, Oberflächenwinde und relative Feuchtigkeit. Ein 525 Meter langes Sensorkabel, das mit einem Drahtseil verbunden ist, hängt unter der Boje und ist mit einem Gewicht von 1.900 Kilogramm beschwert, um die Temperaturen tieferer Wasserschichten zu messen.

Die Anordnung der TAO wird durch eine große Anzahl freischwimmender „Lagrangescher Drifter“ (rechts) unterstützt. Sie verfügen über Barometer und Temperatur- und Leitungssensoren unter Wasser. Seit 1990 sind Daten von etwa 2.500 TAO-Bojen an eine Empfangsstation in Seattle geflossen.

bung, El Niño und andere weitgreifende Wechselwirkungen zwischen Atmosphäre und Meer voraussagbar zu machen. Die Zusammenstellung der Instrumente umfaßt ein Netzwerk an Gezeitenmessern; treibende und befestigte Wetterbojen, viele davon weit vom Land entfernt; und Vorrichtungen, um die Menge des Wasserdampfs über den Meeren zu messen, eine wichtige Überlegung in der Wetterprognose. Satelliten übermitteln die Bojendaten und messen die Höhe des Meeresspiegels, denn ansteigende Meeresspiegel sind ein Zeichen für den Anstieg der Temperatur des Oberflächenwassers des Meeres.

Forscher auf beiden Seiten des Pazifik und in anderen Teilen der Welt studieren die Baumringe in alten Wäldern, Korallen unter Wasser und selbst das Eisinnerste von Gletscherflächen in Grönland und den Anden, um Beweise für große El Niños in der Vergangenheit zu finden. Sie suchen nach Antworten auf fesselnde Fragen. Seit wann bilden sich El Niños schon im Pazifik? Gibt es irgendeinen Grund zu glauben, daß El Niños unlängst häufiger auftraten oder stärker wurden?

In verschiedenen Teilen der Welt fließen all diese Daten in Hochleistungsrechner und tragen dann zum Entwurf von Modellen zur Klimavorhersage bei, die genutzt werden, um längerfristige Wetterprognosen zu erstellen. Diese Modelle basieren auf den fundamentalen Gesetzen der Physik, die die Bewegung, die Thermodynamik und das Verhalten von Wasser betreffen. Computer-Codes im Umfang von Zehntausenden von Zeilen beschreiben den Einfluß von Faktoren wie Bergen, Wolken und Meerestemperaturen. Sobald sich die Meerestemperaturen, die von den Bojen in einiger Entfernung vor der Küste registriert werden, dramatisch verändern, weil sich Bedingungen eines El Niño entwickeln, unterscheiden sich die weltweiten Vorhersagen, die durch diese Modelle hervorgebracht werden, radikal von normalen Klimamustern.

Die Luft am Ankerplatz vor Huahine in Französisch-Polynesien ist drückend und still, das Wasser ein dunkles durchsichtiges Grau. Träge Wellen brechen sich am Strand nahe der Stadt und bringen sekundenlang ein weißes Leuchten in die Monotonie. Winzige Insekten schwärmen vom Land aus, summen und suchen nach menschlichem Fleisch. Ich sitze still schwitzend unter dem Sonnensegel, warte auf Wind und danke der glücklichen Fügung, daß wir sicher vor Anker liegen. Ich hatte mir schon ausgemalt, wie wir im offenen Meer umherschwappen würden, kilometerweit weg von allem, mit schlaffen Segeln im trägen Seegang. Dicke Schichtwolken bedecken den Himmel und drücken aufs Land hinunter. Die Welt wartet auf Regen. Selbst die Vögel sind still, die Palmen stehen starr wie Statuen. Wir schwitzen und warten darauf, daß der Regen fällt, der Passat wieder einsetzt.

Die Winde kehren bald zurück und blasen Depression und Schwermut weg. Doch haben wir einen Geschmack von dem bekommen, was passiert, wenn der Kreislauf der Walker-Zirkulation Schwankungen unterliegt. Aus irgendeinem unbekannten Grund verzögert sich alle paar Jahre irgendetwas im Perpetuum Mobile des Pazifik. Der immer vorhandene Nordost-Passat läßt nach und hält manchmal sogar ganz inne. El Niño ist auf dem Weg.

Während die Passatwinde in eine träge Geschwindigkeit wechseln, brechen die unerbittlichen Gewalten der Schwerkraft herein. Die Westwinde erheben sich nun über der Meeresoberfläche östlich von Neu-Guinea und bringen Kelvin-Wellen hervor, Tiefwasserwellen unterhalb der Meeresoberfläche, die Oberflächenwasser quer über den tropischen Pazifik drängen. Das warme Wasser, das die Passatwinde im Westpazifik aufgestaut hatten, fängt an, zurück nach Osten zu fließen.

Das Becken warmen Wassers im Westpazifik dehnt sich etwa zweihundert Meter unter die Oberfläche in eine Zone aus, die als die Thermokline bekannt ist und in der die Meerestemperatur abrupt umschlägt. Weiter unten schichtet sich das viel kältere Wasser der Tiefsee. Im östlichen Pazifik verläuft die Thermokline weit näher an der Oberfläche, so daß die Meerestemperaturen kälter sind. Wenn die Kelvin-Wellen warmes Wasser ostwärts drängen, dann sinkt die Thermokline im Osten, manchmal um bis zu dreißig Metern. Unter einem Passat, der Wasser nicht länger westwärts drängt, steigen zur gleichen Zeit die Meeresspiegel vor den Küsten des amerikanischen Kontinents um mehrere Zentimeter. Kelvin-Wellen verursachen denselben Effekt im Pazifik, den man erzeugt, wenn man sich in einer Badewanne hin- und herbewegt. Satellitendaten zeigen, daß eine einzelne Kelvin-Welle etwa zehn Wochen braucht, um über das Pazifikbecken zu ziehen – über eine Strecke eines Drittels des Erdumfangs, so daß sich das ganze auf eine Durchschnittsgeschwindigkeit von etwa sieben bis acht Kilometern die Stunde beläuft.

Wenn die Nordost-Passatwinde wehen, erhitzt das warme Meer die darüber liegende Atmosphäre im westlichen Pazifik. Die Konvektion verursacht, daß die Luft ansteigt und sich regenschwere Wolken bilden. Die kühleren Meerestemperaturen im östlichen Pazifik hindern die Wolkenbildung und den Niederschlag in Gebieten wie dem der peruanischen Küste. Sobald der Passat Schwankungen unterliegt, verändert sich das Zirkulationsmodell. Die Kelvin-Wellen, die durch die Westwinde erzeugt werden, erhöhen die Meeresoberflächentemperatur in einem Großteil des tropischen Pazifik und tragen Gewitter in den zentralen und östlichen Pazifik. Der Luftdruck auf Höhe des Meeresspiegels fällt in Tahiti und steigt in Darwin, Australien. Zwischen dem Meer und der Atmosphäre entwickelt sich eine positive Rückwirkung, die letztendlich El Niño-Bedingungen herbeiführt.

Der ruhigere Passat verändert Windmodelle und Strömungen in den Tropen. Die Walker-Zirkulation kehrt ihren Lauf um, und zunehmendes warmes Wasser im Osten nimmt Luft aus dem Westen in sich auf. Der Passat kann seine Richtung sogar vollständig ändern und Seeleuten einen seltenen günstigen Wind von den Fiji-Inseln nach Tahiti bescheren. Jetzt befindet sich das erhitzte Wasser im Osten und das kühlere Wasser vor Australien und Südost-Asien. Ein klarer Himmel und eine geringe Verdampfung bringen Dürren nach Australien und Indonesien, während sich Regenwolken über den Galapagos-Inseln und der trockenen peruanischen Küste bilden. Der Regen von hundert Jahren kann innerhalb weniger Tage fallen.

1982–1983 gingen 2770 Milimeter Regen über den Galapagosinseln nieder, fast das Sechsfache der Normalmenge. Die Zahl der flugunfähigen Kormorane fiel um 45 Prozent, während 78 Prozent der seltenen Galapagos-Pinguine verendeten. Auf manchen Inseln verhungerten 70 Prozent der Meerechsen, weil rote Algen, die in dem viel wärmeren Wasser gedeihen, die grünen Algen ersetzten, die die Hauptnahrung der Echsen bilden. Die normalerweise kargen Inseln erblühten in einem unbekannten Pflanzenwuchs, der die Verbreitung eingeführter Schädlinge wie der Feuerameisen und Ratten förderte. Nach dem Ereignis von 1983 erholten sich die meisten eingeborenen Arten, doch wird eine solche Regenerierung in künftigen Zeiten viel schwerer sein, denn die Zahl fremder Arten steigt mit jedem Jahr.

Kelvin-Wellen sind schwer zu ermitteln. Sie ziehen etwa dreißig Meter unter der Oberfläche dahin, mit „einem eigenartigen verdeckten Effekt“, wie es der Ozeanograph Nicholas Graham vom Scripps-Institut nennt. Die einzige Methode, mit der Wissenschaftler diese Wellen identifizieren können, ist die, mit Satelliten die feinen Wellenschwingungen am Meeresspiegel aufzunehmen, die durch ihr Vorbeifließen erzeugt werden. Früh im Jahr 1997 ermittelte der NASA-Ozeanograph Anthony Busalacchi zum Beispiel eine Menge solcher Tiefwasserwellen, die über den Pazifik auf die peruanische Küste zu zogen. Schließlich trafen sie auf den Festlandsockel und zweigten dann nach Norden und Süden ab, auf Chile und Alaska zu, wobei sie Massen von warmem Wasser mit sich trugen, das eine winterliche Hitzewelle nach Santiago, Chile, brachte und tropische Fische unter die Golden Gate Bridge in San Francisco.

Mit der plötzlichen Hitzezufuhr im östlichen Pazifik schwillt das weite Reservoir warmer, feuchter Luft über Südamerika dramatisch an, schlägt sich dann nach außen hin nieder und stört die großen Luftströme, die die Erde umkreisen. Die Strahlströme verlagern sich nach Norden und bringen schwere Regenfälle und heftige Stürme nach Mexiko, Kalifornien und sogar in den pazifischen Nordwesten. Dann kreuzen dieselben Ströme die Rocky Mountains und halten arktische Luft aus dem fernen Norden von den Vereinigten Staaten ab, so daß Chicago und New York sich eines ungewöhnlich milden feuchten Winters erfreuen. Starke Ostwinde wehen in der Karibik, während versetzte Auswirkungen von Strahlströmen Stürme in den Golf von Mexiko tragen und einen ungewöhnlich kalten Winter im Süden hervorbringen. Gewaltige Ostwinde und Winterstürme ziehen auch über Brasilien, Chile und Argentinien auf.

Weit davon entfernt auf der anderen Seite des Pazifik erleiden die australischen Schafzüchter Monate unwirtlicher Dürre. Riesige Waldbrände bedecken einen Großteil von Indonesien in erstickendem Rauch und Ruß, wie es 1983 und 1997 geschah. Sehr oft, aber nicht immer, fällt ein starker El Niño mit dem Ausbleiben des Monsun in Indien zusammen. Unterdessen richtet das Christkind weit in Windrichtung Verwüstung an und beeinträchtigt letztlich das Wetter in Afrika, dem Nordatlantik und selbst dem östlichen Mittelmeer.

Wenn sich das wärmere Wasser erst einmal in den zentralen und östlichen tropischen Pazifik ausgebreitet hat, beginnen die Oberflächentemperaturen auf Veränderungen in der Geschwindigkeit und Richtung des Windes zu reagieren. Einige der Kelvin-Wellen prallen vor Südamerika zurück. Die nach Westen gerichtete Rossby-Welle bildet sich, wenn eine Kelvin-Welle vor der Küste von Südamerika abprallt, und benötigt um die neun Monate, um westlich über den Pazifik nach Asien zu ziehen. Die zurückgeworfenen Wellen treffen letztendlich wieder Asien und prallen erneut zurück. Dieses Mal hat der doppelte Rückprall die gegenteilige Auswirkung auf die Thermokline und vertieft sie noch einmal im Westen, während sie im Osten aufsteigt. Das Warmwasserbecken wird im westlichen Pazifik umfangreicher, während sich der östliche Passat wieder verstärkt. Das Auftriebswasser erneuert sich, kühlt das Oberflächenwasser im Osten ab, und El Niño wird zu La Niña (spanisch: „junges Mädchen“), seinem kühlen Gegenteil. Immer noch wissen wir wenig über diese „kalten“ Ereignisse, die wir oft einfach für normales Klima halten, als ob El Niño mit seinen vielen Abweichungen einfach verschwindet, bis Jahre später eine Wiedergeburt erscheint. Es würde einem schwer fallen, irgendeinen Punkt

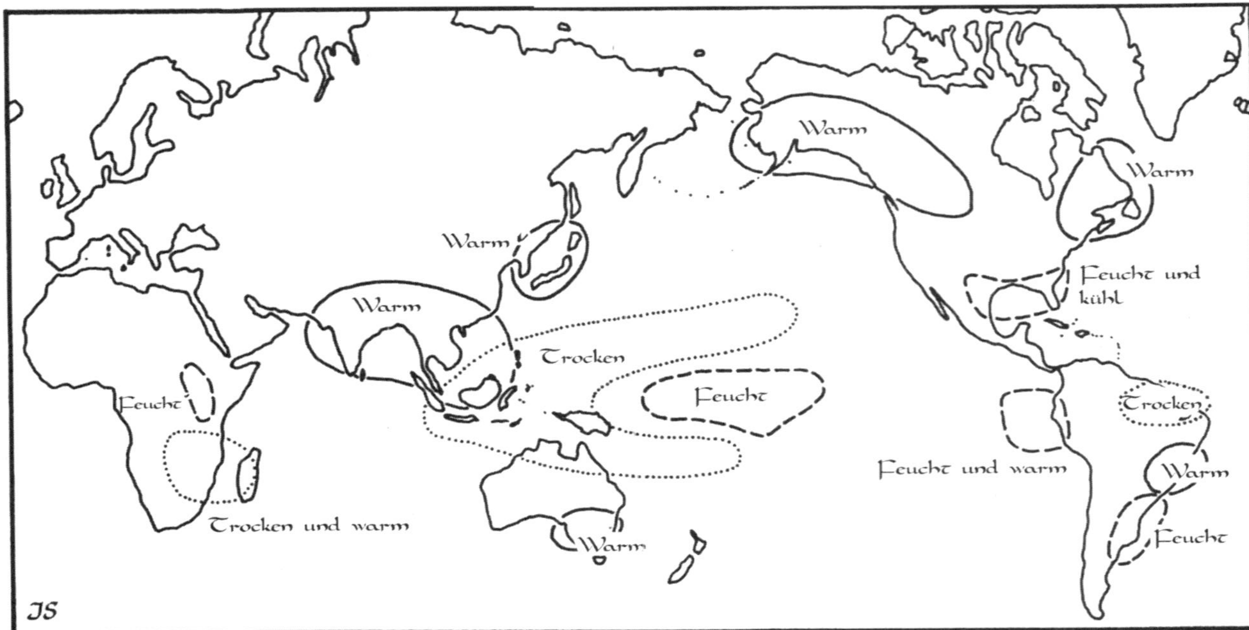

ABB. 3.2 Typische El Niño-Bedingungen für ENSO-Ereignisse im nördlichen Winter. Nach C. F. Ropelewski, „Predicting El Niño Events“, Nature *356 (1992): 476–477; Nachzeichnung mit Erlaubnis von* Nature*; Copyright © 1992 Macmillan Magazines Ltd.*

in diesen endlosen Schwankungen als „normales“ Pazifik-Wetter zu bestimmen. Der nicht endende Kreislauf der Veränderung jedoch stellt sicher, daß jeder El Niño die Saat seiner eigenen Zerstörung in sich trägt.

El Niño verhält sich wie ein chaotisches Pendel mit vielgestaltigen launenhaften Schwingungen, die Monate, Jahrzehnte, ja selbst Jahrhunderte oder Jahrtausende andauern können. Das Pendel folgt nie genau derselben Bahn, denn selbst geringfügige Variationen im Windmuster können im weiteren dramatische Veränderungen verursachen. Den Schwingungen unterliegt jedoch ein Rhythmus, so wie eine Reihe musikalischer Variationen endlos um ein Hauptthema kreisen kann. Computersimulation über Computersimulation erzeugt dieselben allgemeinen Arten virtueller El Niños, aber nie sind sie identisch. Sie treten auch nicht in regelmäßigen Intervallen auf. Baumringstudien an Teakbäumen aus Java, Tannen aus Mexiko und Kiefern aus dem amerikanischen Südwesten dokumentieren Jahre höheren Niederschlags, die durch dickere Wachstumsringe angezeigt werden und bis 1880 etwa alle 7,5 Jahre auftraten, als sich die Häufigkeit auf etwa alle 4,9 Jahre erhöhte. Vor 1880 traten La Niñas alle 10,0 Jahre auf, seitdem aber in Intervallen von 4,2 Jahren. Durch Forschungen an Meereskorallen und dem Eisinnersten von Berggletschern wissen wir, daß ENSO seit mindestens fünftausend Jahren einen Faktor im Weltklima dargestellt hat, und vielleicht schon seit viel längerer Zeit.

Der ENSO-Kreislauf ist eine mächtige Maschinerie weltweiter klimatischer Muster und schwankt vom einen Extrem ins andere, von El Niño zu La Niña, und wieder zurück. Viele Wissenschaftler glauben jedoch, daß er nur von Sommer, Herbst, Winter und Frühling als eine Ursache periodischen klimatischen Wandels übertroffen wird.

1935 benutzte der schwedische Meteorologe Anders Ångström als erster das Wort *Telekonnektion*, um Verknüpfungen zwischen klimatischen Abweichungen in weit voneinander entfernten Teilen der Welt zu beschreiben. Seitdem ist es in den Wissenschaften, die sich mit der Atmosphäre beschäftigen, zu einer Art Schlagwort geworden. Bjerknes Bestimmung der Walker-Zirkulation erhöhte das Interesse an den klimatischen Verknüpfungen zwischen ENSO und solchen Katastrophen wie Dürren in Afrika und Überschwemmungen in Chile und Kalifornien.

Zwei deutsche Wissenschaftler, Hermann Flohn und Heribert Fleer, packten 1974 in einem Artikel in der Zeitschrift *Atmosphere* den wissenschaftlichen Stier bei den Hörnern. Sie begannen im äquatorialen

Pazifik und entwarfen eine Karte, die mögliche Telekonnektionen zwischen klimatischen Abweichungen in tropischen Gebieten auf der ganzen Welt zeigte. Flohn und Fleer setzten bei erwärmten Meerestemperaturen im Pazifik ein und stellten fest, daß diese fast konstant mit El Niños vor Südamerika verknüpft waren, ebenso wie mit wiederauftretenden Dürren im Nordosten Brasiliens. Die Reifungsphasen eines El Niño betreffen die Temperaturen der Meeresoberfläche so stark, daß sich ein Hochdruckgebiet (eine Antizyklone) in der oberen Troposphäre des Zentralpazifik entwickeln kann. Dabei verstärken sich die subtropischen Strahlströme auf der Nordseite des Hochdruckgebiets und bringen dann außergewöhnlich heftigen Niederschlag in den Süden Brasiliens, nach Paraguay und in den Norden Argentiniens, ebenso wie Überschwemmungen und Stürme an die kalifornische Küste und den Golf von Mexiko.

Steigende Meeresoberflächentemperaturen im äquatorialen Atlantik bringen eine Dürre nach West-Afrika. Der Wasserstand entlang den Ufern des Tschadsee am südlichen Rand der Sahara geht zurück. Weiter im Osten ist das Hochwasser des Nil in Aswan, Ägypten, niedriger als gewöhnlich, und Indien kann von Dürren betroffen werden. Noch weiter östlich fallen anhaltende Dürreperioden in Australien oft mit dem Ausbleiben des Monsun in Indien zusammen und weisen eine enge Verbindung zu den Schwankungsbewegungen der Südlichen Oszillation auf.

Der Artikel von Flohn und Fleer läutete eine neue Ära in der Forschung über die weltweiten Auswirkungen des Christkinds ein – ein Großteil davon basierte sowohl auf Computerentwürfen als auch auf international gestützten Beobachtungen im Meer, vom Land aus und aus dem Weltraum –, die uns nicht in Zweifel darüber ließ, daß ENSO eine Hauptantriebskraft in der weltweiten Klimamaschinerie ist. Während die Meeresoberflächentemperaturen beispielsweise während eines El Niño-Ereignisses einen Höhepunkt erreichen, steigen die Temperaturen über dem größten Teil der Tropen um etwa ein Grad. Während kalter Ereignisse kühlen sich die Lufttemperaturen leicht ab. Diese Schwankungen sind groß genug, um die durchschnittlichen weltweiten Temperaturen bedeutsam zu beeinträchtigen. Bis zu welchem Ausmaß aber werden diese Fluktuationen in der Temperatur eher von El Niño verursacht als andere Veränderungen in der Atmosphäre? Wir wissen es nicht.

Es gibt eine klare Verbindung zwischen El Niños und Stürmen. Wenn die Passat-Winde des Pazifik schwächer werden, kreuzen tropische Wirbelstürme mit einer manchmal dramatischen Häufigkeit über Französisch-Polynesien. Im Dezember 1982 traf der Wirbelsturm Lisa die Tuamotuinseln mit Winden einer Geschwindigkeit von 160 Kilometern in der Stunde. Ein anderer Wirbelsturm, Nano, peitschte mit Winden von 225 Kilometern in der Stunde und neun Meter hohen Wellen im Januar gegen die Marquesasinseln und brachte mehr als zehn ganze Tage voller Regen, der gewaltige Schlammlawinen auslöste, Straßen und Häuser zerstörte und den Großteil des Viehs ertränkte. Bald darauf fegte der Wirbelsturm Reva, vor Ort als „der Drescher" bekannt, im Umkreis von 120 Kilometern von Papeete, Tahiti, dahin, entwurzelte Bäume oder ließ nur ihren Stumpf übrig, deckte Dächer ab und verwandelte den Hafen in schäumendes weißes Wasser.

Eine normale Nord-Süd-Zirkulation, bekannt als die Hadley-Zirkulation, verbindet entlang dem Äquator die tropische Atmosphäre mit der der nördlichen Breiten. Die Hadley-Zirkulation trägt Winterstürme nordwärts nach Alaska. El Niño sprengt dieses Muster. Während die Sturmaktivität sich mit erwärmtem tropischen Wasser ostwärts entlang dem Äquator verlagert, beginnen starke Westwinde zu wehen, dann stößt die Sturmbahn nach Osten und trifft die kalifornische Küste.

El Niño ist ein Phänomen der Tropen. Seit mindestens fünftausend Jahren, eventuell länger, hat er eine gewaltige Macht über Millionen tropischer Wildbeuter und in ihrer Existenz von der Landwirtschaft abhängige Bauern ausgeübt, ebenso wie über große Kulturen in Flußtälern, in Regenwäldern und hoch im Gebirge der Anden. Wie wir sehen werden, waren diese Gesellschaften immer anfällig für Dürren und Überschwemmungen. Heute leben über 75 Prozent der Weltbevölkerung in den Tropen, und zwei Drittel von ihnen sind für ihren Unterhalt auf den Ackerbau angewiesen. Es gibt Millionen mehr Bewohner dieser tropischen Welt, als es noch vor einem halben Jahrhundert der Fall war. Allein in der Sahelzone in West-Afrika ist die Bevölkerung seit 1900 um das Dreifache gestiegen. Die Anfälligkeit hat sich überall noch erhöht, während die Versorgungskapazitäten der tropischen Umwelt unter steigenden Druck geraten sind.

Bis vor kurzem konnten die Menschen nur blindlings in dem reisen, was der deutsche Staatsmann Otto von Bismarck einmal den „Fluß der Zeit" nannte, und dabei mit mehr oder weniger Geschick und Erfahrung von einer ENSO-Episode in die nächste steuern. Keine menschliche Gesellschaft, wie hochentwickelt oder befähigt sie in der Landwirtschaft auch war, konnte die klimatischen Stromschnellen vorhersagen, die sie bedrohte. Jetzt hingegen können unsere Computer und klimatischen Modelle El Niños ganz gut im voraus prognostizieren, wenigstens auf allgemeine Weise. In einer überbevölkerten Welt, in der Millionen von Menschen am Rande des Hungertods leben, ist dieses Wissen von unbezahlbarem wirtschaftlichen, politischen und sozialen Wert – wenn wir den Willen haben, die richtigen Entscheidungen zu fällen, um die Katastrophe abzuwenden.

Obwohl El Niño das am gründlichsten studierte Klimaphänomen in der Welt ist, wissen wir immer noch wenig über seine komplizierten Beziehungen zu klimatischen Veränderungen in gemäßigteren Zonen, in denen das Wetter durch wechselnde oder zusammenstoßende tropische und polare Luftmassen bestimmt wird. Die Walker-Zirkulation lehrt uns, daß Atmosphäre und Meer entscheidende Elemente im weltweiten Klima darstellen. Es gibt allen Grund anzunehmen, daß beide ebenfalls in den klimatischen Verhältnissen der Eiszeit eine wichtige Rolle gespielt haben. Der Geowissenschaftler George Philander vergleicht das globale Klima mit dem Konzert eines riesigen Orchesters: „In einem Zusammenspiel wie bei einem Konzert sind Meer und Atmosphäre zu einer Musik fähig, die keines von beiden für sich allein hervorbringen könnte. El Niño ist ein Beispiel solcher Musik. Ein immer größerer Umfang klimatischer Fluktuationen wird möglich, wenn die Wechselwirkungen einmal nicht nur die Atmosphäre und Hydrosphäre mit einbeziehen, sondern auch die Kryosphäre [die Eismassen der Erde] und die Biosphäre.“[1] Wir haben gerade erst angefangen, die komplexen klimatischen Kräfte zu verstehen, die die nacheiszeitliche Welt außerhalb der Tropen formten. Wie wir im nächsten Kapitel sehen werden, könnten einige von ihnen tief unten im Nordatlantischen Ozean liegen.

4 DIE NORDATLANTISCHE OSZILLATION

Die weite Einsamkeit eines großen Meeres erzeugt eine Demut, die der Seele gut tut.

PETER PYE, RED MAINS'L

1931 holte ein Fischkutter, der in der *Leman and Ower Bank* der Nordsee arbeitete, einen Klumpen Torf aus einer Tiefe von sechsunddreißig Metern empor. Die Fischer fluchten. Ihre Netze gingen regelmäßig zuschanden und zerrissen an voll Wasser gesogenem Holz und Schlammklumpen, während sie in der Tiefe nach Fisch suchten. Ermüdet beugten sie sich hinunter, um den dunklen Brocken über Bord zu hieven. Da riß der Klumpen auf, und ein brauner, gezackter Gegenstand, an dem immer noch etwas Torf klebte, fiel aufs Deck. Zum Glück der Wissenschaft war die Neugier des Kapitäns erregt, und so brachte er den Fund zusammen mit seinem Fang in den Hafen zurück.

Diese Entdeckung kam einem jungen Archäologen der Cambridge-Universität namens Grahame Clark zu Ohren, einem glänzenden Forscher, der gerade seine Dissertation über die Steinzeitbewohner Britanniens am Ende der Großen Eiszeit abgeschlossen hatte. Er identifizierte den Gegenstand als eine aus Hirschgeweih fein gearbeitete Speerspitze aus der Steinzeit, die mit ähnlichen Fundstücken beiderseits der Nordsee identisch war.

Clark war weit durch Skandinavien gereist, wo er die dramatischen Umweltveränderungen studierte, die auftraten, als sich die großen Eisflächen des Nordens zurückzogen, um die Ostsee zu bilden, ein Ereignis, das vor etwa fünfzehntausend Jahren einsetzte. Wie hatten sich menschliche Populationen der massiven globalen Erwärmung angepaßt? Er wußte, daß die ansteigenden postglazialen Meere die südliche Nordsee überflutet hatten, die einst eine tiefliegende Sumpfebene war, die Britannien mit den Niederlanden verband, und so stellte er die gewagte Theorie auf, daß die Menschen der Steinzeit zu Fuß in den Südosten Englands gezogen waren, mit dem heutigen Kontinent als Ausgangspunkt. Das Hirschgeweih der *Leman and Ower Bank* bestärkte seine Hypothese, aber noch weit interessierter war er an dem feuchten Torf, der der Speerspitze anhaftete, denn dieser hatte das Potential, unbezahlbare Informationen über die frühere Landbrücke preiszugeben. Clark übergab das kostbare Artefakt und die dazugehörende Matrix einem befreundeten jungen Botaniker aus Cambridge, Harry Godwin, einem der ersten Wissenschaftler, der sich auf fossile Pollenanalyse spezialisierte. Godwin und seine Frau Margaret schrieben den Torf an der Geweihspitze der, wie Pollenexperten sie nennen, Boreal-Phase zu, in der sich zum ersten Mal Eichenwälder aus südlicher Richtung ins nördliche Europa verbreiteten, etwa 7500 v. Chr.[1]

Die berühmte Speerspitze der *Leman and Ower Bank* dramatisiert die außergewöhnlichen Veränderungen in der Welt des Nordatlantik im Verlauf der letzten fünfzehntausend Jahre. Zu Anfang dieser Zeitspanne bedeckten gewaltige Eisflächen Nordamerika, von Alaska bis nach Labrador und Grönland. Skandinavien lag unter riesigen Gletschern, ebenso die Alpen und die Pyrenäen. Die Meeresspiegel waren mindestens neunzig Meter niedriger als heute. Der Nordatlantik war ein viel kälteres Meer, und die Meeresoberflächentemperaturen am Äquator waren kühler. Die Strömungszirkulationen, Meeresauftriebswasser, atmosphärischen Bedingungen und Klimamuster waren aller Wahrscheinlichkeit nach von den heutigen verschieden. Dann setzte eine massive globale Erwärmung mit atemberaubender Geschwindigkeit ein. Die Welt der späten Eiszeit verschwand innerhalb weniger Jahrtausende. Eisflächen schrumpften, die Meeresspiegel stiegen rasch an, und die Temperaturen im Sommer und Winter erhöhten sich dramatisch.

Wir leben immer noch inmitten der Eiszeit. Mindestens acht große Eiszyklen haben die Welt im Verlauf der letzten Millionen Jahre in Abständen von etwa hunderttausend Jahren überzogen, mit schwächeren Wellen alle dreiundzwanzig- und alle einundvierzigtausend Jahre. Der letzte Eiszyklus endete ganz abrupt vor etwa fünfzehntausend Jahren. Wenn nicht eine durch Menschen verursachte globale Erwärmung dazwischentritt, werden wir unzweifelhaft in eine weitere Kälteperiode eintreten, möglicherweise innerhalb der nächsten dreiundzwanzigtausend Jahre.

Kurzzeitdenken bedeutet den Forschenden der Eiszeit wenig, da sie klimatische Veränderungen in Jahrtausenden messen. Wir wissen nicht, was das Fortschreiten von Eisperioden antreibt, aber wahrscheinlich werden sie durch langsame zyklische Veränderungen in der Exzentrizität der Erdbahn und in der Neigung und Ausrichtung ihrer Achse verursacht. Diese Wandlungen haben sowohl Verdunstungs- und Niederschlagsmuster verändert als auch die Intensität der sich abwechselnden Jahreszeiten. Der Geochemiker Wallace Broecker glaubt, daß diese jahreszeitlichen Veränderungen das gesamte Atmosphäre-Wasser-System dazu gebracht haben, sich plötzlich von einer Gegebenheit während einer Eisperiode in eine völlig andere während einer wärmeren Periode umzukehren. Er behauptet, daß jede Umkehrung der „Weiche“ die Meereszirkulation tiefgehend verändert hat, so daß Hitze ganz unterschiedlich um die Welt getragen wurde. Mit anderen Worten waren die Klimamuster der Eiszeit von denen der vergangenen zehntausend Jahre sehr verschieden.

Wenn Broecker richtig liegt, dann resultiert die heutige klimatische Erscheinungsform aus dem, was er den „Großen Transmissionsriemen“ nennt. Gewaltige Transportzellen zirkulieren Wasser durch die Meere der Welt. Im Atlantik strömt warmes Wasser aus den oberen Schichten nach Norden, bis es die Umgebung von Grönland erreicht. Abgekühlt durch die arktische Luft, senkt sich das Oberflächenwasser und bildet eine Strömung, die enorme Entfernungen in großer Tiefe zurücklegt, bis zum Südatlantik und der Antarktis, und von dort in den Pazifik und den Indischen Ozean. Eine Südwärtsbewegung des Oberflächenwassers im Indischen und Pazifischen Ozean wirkt dem nördlichen Fluß kalten Bodenwassers entgegen. Im Atlantik wird der nördliche Gegenstrom von dem schnelleren nach Süden gerichteten Transmissionsriemen weitergezogen, der mit stark salzhaltigem Wasser versorgt wird, das von der Oberfläche nördlicher Meere herabsinkt.

Die Transmissionsriemen-Zirkulation des Atlantik hat eine enorme Kraft, gleichwertig, so sagt Broecker, mit der von einhundert Amazonasflüssen. Große Mengen Heißluft strömen nordwärts und steigen in die arktischen Luftmassen über dem Nordatlantik auf. Diese Übertragung von Hitze ist für Europas relativ warmes Meeresklima verantwortlich, das mit Wechselfällen seit zehntausend Jahren Bestand hat.

Wir verstehen den Großen Transmissionsriemen bisher nur in den allgemeinsten Begriffen. Der Nordatlantik bleibt eine geheimnisvolle Mischung aus wirbelnden Luftströmen, Abwärtsströmungen von der Oberfläche und wechselnden Meeresströmungen. Die chaotischen Gleichungen von Atmosphäre und Meer haben ähnlich wie El Niño Tausende Kilometer von der offenen See entfernt ein unauslöschliches Zeichen in der Menschheitsgeschichte hinterlassen. Vorrangig unter diesen Gleichungen ist die Nordatlantische Oszillation.

Von 1770 bis 1778 diente der dänische Missionar Hans Egede Saabye auf einer entlegenen Station in Claushaven in Grönland und erlitt eine Reihe bitter kalter Winter. 1775 schrieb er: „In Grönland hat es den ältesten Menschen hier zufolge in den letzten dreißig, vierzig Jahren

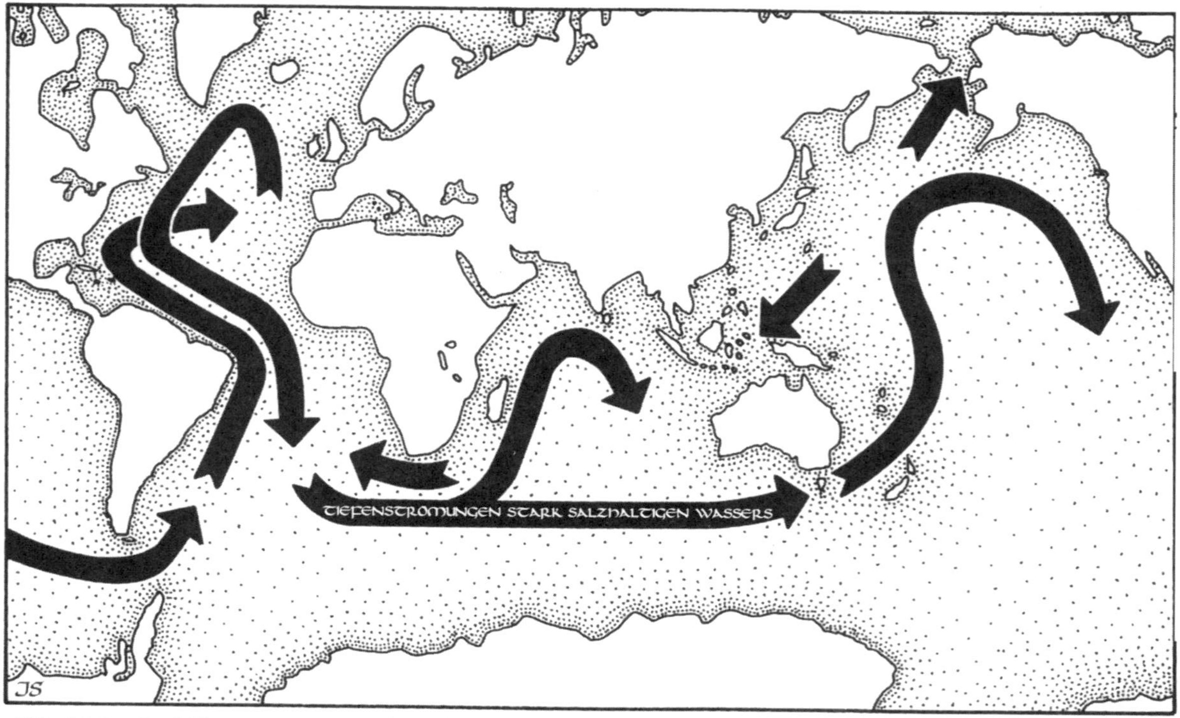

ABB. 4.1 Der Große Transmissionsriemen, der stark salzhaltiges Wasser tief unter der Oberfläche der Weltmeere zirkuliert. Die Abwärtsströmung salzhaltigen Wassers im Nordatlantik spielt eine entscheidende Rolle in dieser Zirkulation.

keinen Winter wie den vergangenen gegeben." Die Grönländer hungerten, weil das Eis früh auftrat und sich sehr lange hielt. Viele von ihnen waren „ganz grau vor Hunger und so geschwächt, daß sie kaum fähig waren, ihre Boote hinauszurudern, als das Wasser endlich frei war".[2] Saabye fand Interesse am Wetter und achtete auch auf die Winter in seiner Heimat. Es überraschte ihn, zu entdecken, daß „in Grönland alle Winter streng sind und sich doch nicht gleichen. Die Dänen haben bemerkt, daß der Winter in Grönland für seine Verhältnisse mild war, wenn er in Dänemark für unsere Empfindung hart war, und umgekehrt". Auch andere kommentierten diese unerwartete Polarität winterlicher Bedingungen, wenn man vernünftigerweise bitterkaltes Wetter in beiden Regionen hätte erwarten können. Einhundertzwanzig Jahre später zogen Wissenschaftler Angaben der durchschnittlichen Monatstemperaturen aus Jakobshavn an Grönlands Westküste und aus Wien heran, die einen Zeitraum von zweiundvierzig Jahren abdeckten, um zu belegen, was Saabye vermutet hatte. Bald schon stellten sie eine ähnliche Schwankung zwischen Jakobshavn und Oslo fest.

1924 nutzte Sir Gilbert Walker einige seiner statistischen Korrelationsdaten, um die Tendenz zu beobachten, daß sich der Druck im Nordatlantik nahe Island im Winter niedrig erweist, wenn er gleichzeitig nahe den Azoren und dem Südwesten Europas hoch ist. Er nannte dies die Nordatlantische Oszillation (NAO). Ebenso wie seine Südliche Oszillation im Pazifik den Unterschied im Luftdruck zwischen Darwin und Tahiti widerspiegelte, wurde Walkers Nordatlantische Oszillation zu einem Schwankungsindex, der den Druck zwischen einem anhaltenden Hoch über den Azoren und einem gleichermaßen vorherrschenden Tief über Island vergleicht. Der Luftdruck über beiden Zentren schwankt beständig und resultiert in einem unterschiedlichen Druckgefälle zwischen Norden und Süden. Gleichzeitig befindet sich der Meeresspiegel in Island unter dem Normalstand, wenn er in den Azoren über dem Normalstand liegt, und umgekehrt. Viele Jahre lang war es Wissenschaftlern bekannt, daß die Nordatlantische Oszillation die beherrschende Erscheinungsform für das Verhalten der Atmosphäre in der Nordatlantischen Region ist – vor allem in den Wintermonaten, wenn sie für ein ganzes Drittel der Gesamtveränderung im Druck über dem Meeresspiegel verantwortlich sein kann.

Die Nordatlantische Oszillation schwankt beständig, allerdings in einem größeren zeitlichen Umfang als die jährlichen Veränderungen bei El Niños. Ein hoher Index für die NAO verweist auf Tiefdruck um

Island und entsprechenden Hochdruck vor Portugal und den Azoren; dieser Zustand läßt starke Westwinde aufkommen. Im Winter, wenn die NAO am stärksten ist, tragen heftige Westwinde Wärme von der Oberfläche des Atlantik neben mächtigen regnerischen Stürmen ins Herz Europas. Dieselben Westwinde halten die Temperaturen im Winter gemäßigt, zum Glück der britischen und nordeuropäischen Bauern. Eben diese milden Winter erzeugen jedoch trockene Bedingungen in Südeuropa. Nach 1990 klagten spanische und portugiesische Olivenzüchter bitter, als Jahre hoher Indizes ihre Ernten vernichteten. Gstaad und andere alpine Skiurlaubsorte litten zur gleichen Zeit unter ungewöhnlich schlechten Schneefallbedingungen.

Im Gegensatz dazu bedeutet eine geringe Stärke der NAO ein schwächeres Druckgefälle, flauere Westwinde und viel kältere Temperaturen über dem europäischen Festland. Vom Nordpol und aus Sibirien zieht kalte Luft aus Norden und Osten herbei. Schnee bedeckt Europa, und vereiste Straßen verursachen Auffahrunfälle und weiteres Chaos auf deutschen Autobahnen. Manchmal schneit es sogar in Nizza an der französischen Riviera. Skifahrer in den Alpen und Rodler in vielen Gegenden verbringen hingegen eine wunderbare Zeit.

Die Schwankungen der Nordatlantischen Oszillation sind der Hauptantriebsmotor, der das Wetter Jahr für Jahr vom Osten Nordamerikas nach Sibirien und von Grönland bis zum Äquator und vielleicht noch darüber hinaus beeinflußt. David Parker vom *Hadley Center for Climatic Prediction and Research* in Bracknell in England sagt, daß die winterlichen Schwingungen der NAO für etwa die Hälfte der Variabilität der monatlichen Temperaturen in Mittelengland zuständig sind.

Die NAO schwankt in Mustern, die ein Jahrzehnt anhalten, und manchmal sogar noch länger. Wir verfügen über genaue Eintragungen einer langfristigen Veränderlichkeit, die bis 1864 zurückgehen. Untersuchungen am Eisinnersten in Zentral-Grönland haben gezeigt, daß ähnliche Schwankungen mindestens siebenhundert Jahre zurückreichen.

In ihren Extremen erzeugt die NAO denkwürdige Wetterverhältnisse. Die turbulenten achtziger Jahre des neunzehnten Jahrhunderts brachten extrem kalte Winter über das viktorianische England, gerade zu einer Zeit beträchtlicher sozialer Unruhen. In Londons überfüllten Slums starben Hunderte vor Kälte. Etwa zwischen 1900 und 1930 war das Islandtief ausgeprägter, so daß starke Westwinde die Temperaturen in Europa gemäßigt hielten, ausgenommen die Jahre 1916 bis 1919, als am Höhepunkt des Ersten Weltkriegs Millionen in den Gefechten an der Westfront starben. Mein Vater diente in der britischen Infantrie an der Somme. Sein Tagebuch enthält Eintrag über Eintrag, in denen er sich über bitter kalte Ostwinde beklagt, die unerbittlich über die Front fegten. Am 13. Februar 1916 vermerkte er beispielsweise: „Heute mein Geburtstag, bemerkenswert wegen eines willkommenen Schlückchens, das aber kaum das ewige Frieren unterbrechen konnte. Alles ruhig auf der deutschen Seite. Ich glaube, uns ist allen zu kalt, um irgendetwas anderes zu tun, als nur zu überleben." Und vier Tage später: „Rekrut Williams ist vor der Dämmerung erfroren. Der Dummkopf schlief auf Posten ein und wachte nie wieder auf. Wir mußten seine angefrorenen Hände von seinem Gewehr abbrechen. Immer noch bläst der eisige Wind, Stunde für Stunde."

Fünfundzwanzig Jahre später, in den vierziger Jahren des letzten Jahrhunderts, umschloß inmitten des Zweiten Weltkriegs ein Kreislauf niedrigen Indexes Europa in harscher winterlicher Kälte. Extrem kalte Ostwinde und Schneestürme brachten der russischen Front Temperaturen weit unter Null. Hitlers Armeen gerieten ins Stocken, als das Öl in deutschen Panzern fror und Tausende hungernder Soldaten vor Kälte starben. Die Kälte und die Heftigkeit des sowjetischen Widerstands brachten die Invasion des „Führers" zum Scheitern. 1944 begann die Schlacht von Bulge in den Wäldern und Bergen der Ardennen, als deutsche Panzer inmitten eines plötzlichen Kälteeinbruchs angriffen, in der Hoffnung, die Alliierten zu überraschen. Fast hätten sie Erfolg gehabt. Der vielleicht schlimmste Winter ereignete sich 1947, als die Rationierung von Nahrung und Brennstoff die durchs Mark gehenden Winde noch schwerer zu ertragen machte.

Die fünfziger Jahre des letzten Jahrhunderts waren etwas freundlicher, die Sechziger hingegen brachten die kältesten Winter seit den achtziger Jahren des neunzehnten Jahrhunderts nach Großbritannien. Ich erinnere mich daran, wie ich auf dem zugefrorenen River Cam in Cambridgeshire kilometerweit Schlittschuh lief, nur wenige Tage nachdem ich mit dem Boot über sein Wasser gefahren war, das so kalt war, daß Spritzer auf unseren Rudern gefroren. Im Lauf des letzten Vierteljahrhunderts lag der Index hoch und brachte wieder wärmere Winter. Diese hohen Stärken haben als die ausgeprägtesten Anomalien, die je verzeichnet wurden, in den letzten zwanzig Jahren viel zu der beobachteten Erwärmung der nördlichen Hemisphäre beigetragen. Zur gleichen Zeit haben die Indizes jüngerer Jahre eine erhöhte Zahl von Winterstürmen im Nordatlantik ausgelöst, höhere Windgeschwindigkeiten und eine größere Wellenhöhe, darunter eine gigantische Welle, die die *Queen Elizabeth 2* 1996 mitten auf dem Meer überflutete. Das Passagierschiff überstand es, aber die Wellen schlugen bis zur Höhe seiner Brücke hinauf. Ein Anstieg der winterlichen Niederschläge über Skandinavien hat der Regierung Norwegens erlaubt, Elektrizitätsüberschüsse in andere europäische Länder auszuführen, die ausschließlich mit Wasserkraft erzeugt werden. In den letzten Jahren betrug die Vegetationsperiode in Skandinavien bis zu zwanzig Tage mehr als normalerweise. Man kann sich die Bedeutung vergegenwärtigen, die diese zusätzlichen Tage während vergleichbarer Zyklen eines niedrigen Index für Bauern vor Tausenden von Jahren hatten.

Wir leben in einer Welt ständiger klimatischer Übergänge, aber die anhaltende Erwärmung der letzten Jahre hat neue Sorgen geweckt: Hat unsere Erschöpfung der Ozonschichten und der starke Gebrauch fossiler Brennstoffe einen Prozeß menschlich verursachter globaler Erwärmung in Gang gebracht, der die Welt in fremde klimatische Gewässer steuert? Niemand kann das mit Sicherheit sagen.

Jeder Meteorologe stimmt zu, daß die NAO einen primären Faktor in der Orchestrierung hemisphärenweiter klimatischer Schwankungen über dem Nordatlantischen Ozean und dem angrenzenden Festland darstellt. Während die Bewegungen der Südlichen Oszillation und der Walker-Zirkulation im Pazifik wenigstens in allgemeinen Begriffen relativ leicht zu rekonstruieren sind, vereitelt die NAO einfache Erklärungen, zum Teil weil sich die Atmosphäre über dem Nordatlantik dauerhaft chaotisch verhält. Computermodelle beweisen das. Der Kreislauf des Zusammenhangs El Niño-Südliche Oszillation (ENSO) agiert vornehmlich als Ergebnis wechselnder Meerestemperaturen. Versucht man seine Schwingungen bei gleichbleibender Meerestemperatur, die als Faktor ins Programm aufgenommen wird, zu simulieren, dann bricht die ENSO zusammen. Versucht man dasselbe mit der NAO, dann funktioniert die Oszillation. Das legt nahe, daß die sich immer verändernde Atmosphäre eine Hauptrolle im unvorhersagbaren Verhalten der Nordatlantischen Oszillation spielt. Doch verändern sich die atmosphärischen Zustände mit jeder Stunde und mit jedem Tag, während die Fluktuation der Nordatlantischen Oszillation sich über Jahrzehnte erstreckt. Wissenschaftler, die Modelle der NAO entworfen haben, vermuten, daß noch irgendeine andere zwingende Kraft am Werk ist, wahrscheinlich in den Tiefen des Atlantik. Sie wissen, daß ENSO aus gewaltigen Wechselwirkungen zwischen Atmosphäre und Meer resultiert. Vielleicht ist die NAO das Produkt derselben Doppelwirkung, die entsprechend weit komplizierterer Regeln ausgeübt wird, die tief im Wasser des Meeres gründen.

Amerikanische Forscher haben eine Reihe von Jahren mit NAOs ähnlich hoher Indizes studiert. Sie überprüften die NAO einer Jahresfrist im Herbst, dann im folgenden Frühling, Sommer und Herbst und stellten fest, daß sie während der wärmeren Abschnitte des Jahres ziellos umherschweifte. Mit beginnendem Winter aber schien sie sich auf den Stand zurückzuversetzen, auf dem sie sich auch im vorhergehenden Jahr um diese Zeit befand. Manche Ozeanographen glauben, daß das Meer die Atmosphäre daran erinnert, was jedes Jahr zu tun ist. Welches wären die möglichen Kandidaten, um solche Erinnerungsstützen zu geben? Einen wichtigen Mitspieler müssen die Meeresströmungen darstellen, vor allem der Golfstrom und sein Verwandter, der Nordatlantische Strom, die eine entscheidende Komponente in Broeckers Großem Transmissionsriemen bilden.

Das warme Wasser des Golfstroms bewegt sich nordostwärts die Floridastraße hinauf zum Kap Hatteras und trägt die Seefahrer in angenehmer Weise nach Norden. Vor fünfhundertfünfzig Jahren nutzten die Steuermänner spanischer Galeonen diese strömungsbetriebene Wasserstraße, um zunächst nordwärts zu segeln, bevor sie sich auf den Schwingen der vorherrschenden Westwinde ostwärts hielten und an den Azoren vorbei ihre Heimat erreichten. Die Spanier lernten aus Erfahrung am eigenen Leib, was die *Ocean Passages for the World* der britischen Admiralität Seeleuten heutiger Tage bekanntgeben, die aus der Karibik oder von Florida nach Europa unterwegs sind: „Das große Ziel für Segelschiffe ist es, so schnell wie möglich nordwärts in die Westwinde zu gelangen.“[3] So besegelt man den Golfstrom. Mit etwas Glück und günstigen Winden ist man schon bald zu Hause.

Unmittelbar nördlich von Kap Hatteras unternimmt der Golfstrom eine gradweise Wendung nach Osten in den Atlantik, um südlich der Georges Bank und der Nova Scotian Banks vorüberzuziehen. Seine nördliche Grenze wird ziemlich klar durch den kalten Labradorstrom bezeichnet. Östlich des sechsundvierzigsten westlichen Längengrads verbreitert sich der Golfstrom und wird gleichzeitig schwächer, indem er sich entlang der Ostseite der Grand Banks auffächert. Das warme Wasser bewegt sich dann nordöstlich und wird zum Nordatlantischen Strom. Schon bald teilt sich dieser in nördliche und südliche Zweige. Der nördliche Teil strömt auf die britischen Inseln und die angrenzenden europäischen Küsten zu, wobei er vor den nordwestlichen Inseln Schottlands und entlang der norwegischen Küste vorbeizieht und sich ein Zweig auf Island zubewegt und Grönlands südliche Spitze erwärmt. Um den neunundsechzigsten nördlichen

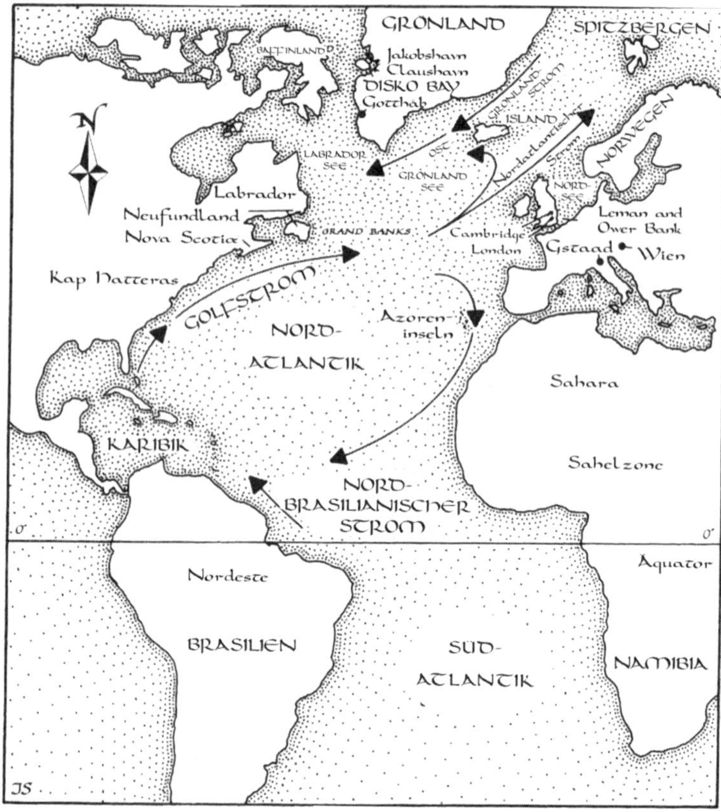

ABB. 4.2 Nordatlantische Strömungen und geographische Gebiete und Orte, die im 4. Kapitel erwähnt werden. Diese Strömungen zirkulieren Oberflächenwasser im Atlantik, und der Nordatlantische Strom trägt warmes Wasser nach Norden, wo es zu Abwärtsströmungen kommt.

Breitengrad oberhalb der Lofotinseln verzweigt sich das warme Wasser erneut, und der westliche Arm richtet sich nach Norden aus, auf Spitzbergen zu, wo er ins Arktische Becken eintritt.

Hier wird das Bild der Strömung nun komplizierter. Der Ostgrönlandstrom wirbelt aus dem Arktischen Becken kommend um die Küste Grönlands herum in die Labradorsee, wo er sich mit anderen Strömen aus Norden und Westen vermengt, um den kalten südwärts fließenden Labradorstrom zu bilden. Dies ist der Zerstörer, der Eisberge östlich der Grand Banks auf transatlantische Schiffsrouten trägt.

Ein vom Labradorstrom getragener Eisberg versenkte 1912 die *Titanic*. Im Winter setzt das kalte Wasser seinen Lauf südwärts entlang der Ostküste der Vereinigten Staaten bis zur Chesapeake Bay fort. Zwischen den Ausläufern der Grand Banks und der südlichen Grenze des Labradorstroms treffen Seefahrer auf die Kalte Wand, wo die Meerestemperaturen sich innerhalb weniger Kilometer bis um die elf Grad verändern. Der Atlantik wechselt seine Farbe vom tiefen Indigoblau des Golfstrom zum dunklen Olivgrün kälterer Breiten.

Im zentralen Atlantik, östlich des fünfundvierzigsten westlichen Längengrads (der nahe am westlichen Island vorbeiläuft) richtet sich der südliche Zweig des Nordatlantischen Stroms erst nach Südost aus, dann nach Südwest, wo er sich mit dem Azoren- und dem Portugiesischen Strom verbindet, während diese aus nördlicher Richtung die südeuropäische Küste entlang ziehen. Um den vierzigsten nördlichen Breitengrad, gerade südlich von Madrid, werden diese Strömungen zu einem Teil einer weitläufigen, sich im Uhrzeigersinn bewegenden Zirkulation, einer ovalen Zelle der äquatorialen Strömung, die das gesamte Gebiet zwischen den afrikanischen und iberischen Küsten und den Atlantikküsten West-Indiens und Nordamerikas einnimmt. Tief im Westen vervollständigt die äquatoriale Strömung die sich über das Meer erstreckende Zirkulation, indem sie warmes Wasser nordwestwärts auf die Karibik zuträgt, aus der sie erneut als Golfstrom hervortritt.

Der Nordatlantische Strom ist gewaltig. Er trägt dazu bei, Hitze vom Äquator in der gemäßigten Nördlichen Hemisphäre neuzuverteilen, und er liefert eine große Menge an Wärme in die Regionen um Norwegen und Island. Das wärmere Oberflächenwasser des Nordens erhitzt sich aber regelmäßig, sinkt zum Grund hin und trägt atmosphärische Gase und übermäßig viel Salz mit sich. Zwei dieser großen abwärtsströmenden Stellen sind bekannt, eine direkt nördlich von Island, die andere in der südlichen Labradorsee, südwestlich von Grönland. An diesen beiden Stellen sinken große Mengen schwereren stark salzhaltigen Wassers tief unter die Oberfläche hinab. Tiefenströmungen tragen das Salz dann auf dem Großen Transmissionsriemen südwärts.

Während das Salz von abwärtsströmenden Stellen im weiten Nordatlantik nach Süden zirkuliert, fließt wärmeres Wasser zum Ausgleich nach Norden. In den nördlichen Meeren sinkt so viel Salz, daß sich eine riesige Hitzepumpe bildet, die durch die ständige Zufuhr wärmeren Wassers hervorgebracht wird, das das Meer um volle 30 Prozent über die Temperatur hinaus erhitzt, für die in diesen Breiten die direkte Sonneneinstrahlung sorgt. Was geschieht, wenn die Erhitzung ausbleibt? Der Pumpeneffekt verlangsamt sich, der Nordatlantische Strom wird schwächer, und im Nordwesten Europas fallen die Temperaturen schlagartig. Sobald sich der abwärtsströmende Effekt wieder einstellt, beschleunigt sich die Strömung, und die Temperaturen steigen wieder.

Das Verständnis der Bewegungen der Nordatlantischen Oszillation wird Jahre langfristiger Beobachtungen mit Schiffen, Wetterbojen und Computermodellen erfordern. Die momentane Folge von Daten und elektronischen Entwürfen zeigt, wie Wandlungen in der Stärke der NAO mit Veränderungen in der Grönland-, Labrador- und Sargassosee zusammenfallen. Jede Region erzeugt große Mengen an ausgeglichenem Wasser, das das Meer über große Bereiche hin beeinflußt. Die warme Sargassosee des zentralen Atlantik ist zum Beispiel für ihr Golfkraut berühmt. Christoph Columbus schrieb im September 1492, daß „es Sternengras ähnlich sieht, abgesehen davon, daß es lange Stengel und Schößlinge hat und mit einer Frucht überladen ist wie der Mastixstrauch. Einiges dieser Pflanzen sieht aus wie Flußgras, und die Besatzung fand eine lebende Krabbe in einem Teil davon“.[4]

Columbus glaubte sich schon nah an Land, als er noch ein ordentliches Stück von der Küste entfernt war. Die Sargassosee brachte in den sechziger Jahren des letzten Jahrhunderts große Mengen warmen Wassers hervor, zu einem Zeitpunkt, als der Index der NAO niedrig war. Die Labradorsee lag ruhig, aber in der Grönlandsee kam es zu einer abwärtsströmenden Aktivität. In den frühen neunziger Jahren des letzten Jahrhunderts war der Index der NAO sehr hoch. Die Labradorsee war sehr aktiv, und in der Grönland- und Sargassosee war alles ruhig. Starke Westwinde kühlten das Oberflächenwasser über der Labradorsee ab. Zur selben Zeit erwärmte die nach Norden fließende warme Strömung die Grönlandsee, machte sie weniger salzig und verringerte die Konvektion. Kehrt sich der Index um, dann tritt das Gegenteil auf. Starke trockene und kalte Winde vom Nordpol kühlen die Grönlandsee ab und erhöhen die Konvektion. Unterdessen fehlen der Labradorsee die kühlenden Winde, so daß die Abwärtsströmung nachläßt.

Diese Zirkulationsschwankung könnte einer der Auslöser sein, der die Nordatlantische Oszillation verändert. Momentan tritt die Labradorsee aus einer Phase starker Abwärtsströmung der frühen neunziger Jahre letzten Jahrhunderts heraus, die mit gemäßigten Wintern in Europa zusammenfiel. In der Zeit von 1995–1996 wandelte sich der Index abrupt von hohen zu niedrigen Werten und brachte einen kalten Winter in seinem Kielwasser. Seitdem sind die Zeichen verschwommen. Wenn wir gerade Zeugen eines längerfristigen Wandels zu einer geringeren Stärke sind, dann kann sich Europa für eine Weile auf kältere Winter einstellen. Aber die Wandlungen gehen nur sehr langsam vonstatten, denn das sinkende Wasser bewegt sich nur allmählich nach Süden. Das kalte Wasser, das in der Labradorsee in den späten achtziger und frühen neunziger Jahren letzten Jahrhunderts erzeugt wurde, zieht jetzt gerade einmal unterhalb des Golfstroms südwärts und am östlichen Rand des nordamerikanischen Festlandsockels entlang. Mit der Zeit könnten kältere Oberflächentemperaturen Abweichungen hervorbringen, die für viele Jahre über den Atlantik wandern werden.

Vielleicht stellt die NAO einen weiteren großen geschlossenen Kreislauf dar, unendlich komplexer als die ENSO, der durch Veränderungen seiner eigenen Auswirkungen gespeist wird, die durch Atmosphäre und Meer fließen, bis sie wiederum verursachen, daß sich das System in sein gegenteiliges Extrem verkehrt. Wenn solch ein geschlossener Kreislauf existiert, wird er nicht sehr wahrscheinlich in enger Harmonie funktionieren, einfach deswegen, weil die zeitlichen Abstände von Abwärtsströmungen, Veränderungen im Meeresspiegel und Abweichungen in Meeresoberflächentemperaturen selten zusammenfallen. Sogar die Häufigkeit der Umschwünge der NAO scheint erheblich zu variieren, von einer Phase von ein, zwei Jahren vor einem Jahrhundert zu einer zeitlichen Abstufung von Jahrzehnten heutzutage.

Meere und Wüsten sind starke Motoren in den Belangen der Menschen. Die Sahara stellt eine weitere gewaltige Pumpvorrichtung dar, die von ständigen Veränderungen in der Atmosphäre und globalen Klimawandlungen gespeist wird. Für zehntausende von Jahren isolierte ihre trockene Einöde die anatomisch gesehen ersten modernen Menschen vom Rest der Welt. Vor etwa 130.000 Jahren aber ging mehr Regen über der Sahara nieder als heute, und die einsame Landschaft unterhielt flache Seen und halbtrockenes Grasland. Die Wüste zog menschliche Populationen aus dem Süden an und drängte sie nach Norden und Westen hin wieder aus ihrem Gebiet heraus. Der *Homo Sapiens Sapiens* wurde durch die Pumpvorrichtung der Sahara nach Europa und Asien gebracht, und von dort aus hatte er sich bis zum Ende der Eiszeit über die ganze Welt verbreitet. Aber die Pumpe stellte ihre Tätigkeit wieder ein. Als eisige Kälte über den nördlichen Breiten niederging, trocknete die Wüste einmal mehr aus und bildete eine gewaltige Barriere zwischen dem tropischen Afrika und der mediterranen Welt. Vor fünfzehntausend Jahren brachte die globale Erwärmung erneut Niederschlag in die Sahara, und die Pumpvorrichtung setzte wieder ein. Auf den freien Ebenen der Wüste und an gewaltigen flachen Seen, darunter der heutige Tschadsee in ungeheuerer Ausdehnung, entwickelten sich zunächst Wildbeuter und anschließend Viehzüchter. Nach 6000 v. Chr. trocknete die Wüste aus, und die Pumpvorrichtung drängte mit ihren letzten Bewegungen die menschlichen Populationen in die Sahelzone hinaus, wo sie bis heute leben. Wie bei der Nordatlantischen Oszillation handelt es sich auch bei der Sahara um einen Antrieb mit der Kapazität, die Menschheitsgeschichte zu verändern.

Ozeanographen aus vielen Ländern werfen ein wachsames Auge auf die abwärtsströmenden Stellen in der Labrador- und der Grönlandsee. Der Erhitzungsprozeß schwankt ständig. Vor gut dreißig Jahren blieb er in der Labradorsee aus, erlebte einen starken Wiederanstieg vor zehn Jahren und ist momentan erneut im Niedergang begriffen. Das Absinken des Salzes ging vor zwei Dekaden in der Grönlandsee um 80 Prozent zurück. Sicherlich ist ein örtliches Ausbleiben ganz gewöhnlich zu erklären und muß keine große Auswirkung haben. Was aber würde passieren, wenn enorme Mengen an Süßwasser von schmelzenden Eisflächen und Gletschern plötzlich in die nördlichen Meere fließen und salziges Oberflächenwasser verdünnen würden, bevor es instabil genug wäre, um zu sinken? Grönland ist eine riesige Eisfläche aus Süßwasser, die aufgrund der globalen Erwärmung sehr schnell schmelzen könnte. Theoretisch könnte dieselbe globale Erwärmung Niederschlag über den nördlichen Meeren auslösen, was noch mehr Süßwasser im Nordatlantik aufschichten würde. Dieser Überfluß an Süßwasser würde die Abwärtsströmung stoppen, ebenso den Fluß wärmeren Wassers in den entfernten Norden und eine abrupte Abkühlung innerhalb nur weniger Jahre verursachen – mit katastrophalen Auswirkungen für das dicht besiedelte Europa und Nordamerika.

Vielleicht ist genau das bereits in der Vergangenheit passiert. Nach Jahrhunderten rascher Erwärmung fielen die Temperaturen zwischen 9000 und 8000 v. Chr. rapide auf einen Stand, der nahe dem der Eiszeit war. Dieses kurze kalte Zwischenspiel (ausführlicher in Kapitel 5 beschrieben) ist ein geheimnisvoller Abschnitt in der jüngeren klimatologischen Geschichte. Kam es, wie einige Wissenschaftler glauben, durch eine plötzliche Veränderung in der Sonnenstrahlung zustande?

Oder schnitt eine plötzliche Zufuhr geschmolzenen Süßwassers von nordamerikanischen Eisflächen die Abwärtsströmung in der Labrador- oder Grönlandsee ab und brachte die Hitzepumpe des Nordatlantik für über zehn Jahrhunderte zum Stillstand? Die potentiellen Auslöser stehen in Reih und Glied – schnelle globale Erwärmung, Massen an schmelzendem Süßwasser, nordwärts ziehende Meeresströmungen und die Abwärtsströmung von Salz. Der Große Transmissionsriemen könnte plötzlich umgeschlagen und ein Jahrtausend neuerlichen Eiszeitklimas ausgelöst haben.

Die NAO und die ENSO sind zwei Teile ein und desselben komplexen weltweiten Klimasystems. Dieses Klimasystem vollzieht seine Schwankungen in vielen zeitlichen Abstufungen und konfrontiert die Menschheit mit ungewöhnlichen und herausfordernden Wetterbedingungen zu jeder Zeit im Jahr. Diese Schwankungen – heiß und kalt, feucht und trocken – haben die Menschen immer dazu gezwungen, sich schnellen klimatischen Veränderungen anzupassen. Über zehntausende von Jahren haben sie dies dadurch getan, daß sie sich von Dürren oder Überschwemmungen wegbewegten, oder durch die Anwendung höchst flexibler sozialer Mechanismen, die ein gemeinschaftliches Verhalten bestärkten, so daß niemand verhungern mußte. Die Regeln des menschlichen Daseins veränderten sich nach der Eiszeit, als vor etwa zehntausend Jahren der Ackerbau begann: Wir ließen uns in permanenten Siedlungen nieder und wurden mit unserem Land verwurzelt. Obwohl wir den Luxus der Mobilität verloren, lebten wir unser Leben nach wie vor innerhalb eines Zusammenhangs erzwungener Anpassung an wiederholte klimatische Veränderungen. Kulturen stiegen auf und zerfielen, große Königreiche erblühten in Europa und auf dem amerikanischen Kontinent, und Seefahrer des Ozeans kolonisierten die Inseln des Pazifik, während sich das Bevölkerungswachstum der Menschheit überall beschleunigte. Unsere Anfälligkeit für plötzliche Klimaeinbrüche, die so oft von Überschwemmung, Dürre und Hunger begleitet wurden, hat sich im Lauf der letzten zehntausend Jahre bis zur heutigen Krisenlage ständig erhöht. Inzwischen gibt es über sechs Milliarden unserer Art, die in überfüllten Städten leben, auf zunehmend erschöpftem Ackerland und in Randgebieten.

Wir haben immer noch viel über die Besonderheiten von Luftströmen und Meeresströmungen zu lernen und über die Veränderungen in der Meeresoberflächentemperatur und den Konvergenzzonen, die alle diesen bemerkenswerten Motor globaler klimatischer Veränderung speisen. Immer haben wir gewußt, daß längerfristige klimatische Schwankungen in der Vergangenheit wichtige kulturelle und soziale Wandlungen mit sich brachten, etwa unmittelbar nach der Eiszeit die Hinwendung zu einer intensiveren, mit speziellen Werkzeugen ausgestatteten Wildbeuterei. Jetzt hat eine neue Generation hoch entwickelter Forschung in den Tiefen des Ozeans, auf uralten Eisfeldern und in Sümpfen und Wäldern den Archäologen erlaubt, zu beobachten, wie alte Gesellschaften mit vielen kurzfristigeren Schwankungen rangen. Zum ersten Mal sind wir auf dem Weg zu verstehen, wie die vielfältigen und unvorhersagbaren Schwankungen des globalen Klimas den Aufstieg und Fall ganzer Kulturen und vieler weit weniger komplizierter Gesellschaften über mindestens fünftausend Jahre hin beeinflußt haben.

TEIL II

EL NIÑOS IN ALTER ZEIT

... In die elysische Flur, wo der bräunliche Held Radamanthus
Wohnt und ruhiges Leben die Menschen immer beseligt:
Dort ist kein Schnee, kein Winterorkan, kein gießender Regen,
Ewig wehn die Gesäusel des leiseatmenden Westes,
Welche der Ozean sendet, die Menschen sanft zu kühlen, ...

HOMER, ODYSSEE IV

5 EINE ZEIT DER ERWÄRMUNG

Seht nun, alle auf Erden,
Freut euch bis in weiter Ferne über
Ninurta, den König des Landes,
Die Felder brachten einen Überfluß an Korn hervor,
Die Weinberge und Obstgärten trugen ihre Frucht,
Die Ernte häufte sich an in Kornkammern und auf Hügeln

SUMERISCHES SCHÖPFUNGSEPOS, MESOPOTAMIEN

Vor etwa fünfzehntausend Jahren am Ende der Eiszeit war West-Europa eine kalte und windige Gegend. Wo fruchtbares Ackerland und dichte Wälder um die Geburt Christi gedeihen sollten, zogen sich baumlose, wellige Ebenen von der Atlantikküste bis tief nach Eurasien im Osten hin. Niedriges Gestrüpp rankte auf dem Boden, der durch bitterkalte Winterwinde ausgetrocknet war, die von den weiten Eisflächen herwehten, die Skandinavien und die Ostsee bedeckten. Das Klima schwankte ständig, bei plötzlichen Kälteeinbrüchen pflegte der Winter aber neun Monate im Jahr anzuhalten und über Wochen ohne Unterbrechung Temperaturen unter Null zu bringen. Kurze, oft heiße Sommer verschafften der spärlichen menschlichen Bevölkerung Erleichterung, von der nur ein kleiner Teil in den offenen Ebenen überwinterte. Die größten Gruppen von Wildbeutern lebten in tiefen Flußtälern und geschützten Gebieten in Süd- und Südwesteuropa, wo Fichten- und Birkenwälder wuchsen und Sumpfwiesen nahe schnell dahinströmenden Flüssen den Wildbestand übers Jahr erhielten. Ihre entfernten Verwandten im südwestlichen Asien nutzten viel trockenere Gebiete, und die meisten von ihnen lebten nahe großer Flüsse wie dem Euphrat, dem Jordan und dem Nil. Das Überleben in diesen verschiedenartigen Umwelten einer zwischen klimatischen Extremen schwankenden Welt mit plötzlichen Wandlungen von nahezu heutigen Temperaturen bis zu intensiver eisiger Kälte erforderte Einfallsreichtum und Anpassungsfähigkeit, Mobilität und eine spezialisierte Technologie. Die eiszeitliche Welt war der unseren sehr unähnlich, vielleicht auch mit radikal verschiedenen Tiefenzirkulationsmustern der Meere.

Etwa um 13000 v. Chr. setzte ein plötzlicher Schub globaler Erwärmung ein. Gletscher schrumpften schlagartig und setzten Millionen von Tonnen an Süßwasser in die Meere frei. Dutzende vertrauter Tierarten der Eiszeit, kleine und große wie das wollhaarige Mammut und das Riesenfaultier, starben innerhalb weniger Jahrtausende aus. Die Erwärmung formte Kontinente und breitete Meere aus. Die Meeresspiegel schossen schnell in die Höhe, überfluteten Festlandsockel und Küstenebenen und veränderten die Geographie der Welt dramatisch. Amerika wurde um 11000 v. Chr. zu einem eigenen Kontinent, Britannien wurde fünftausend Jahre später eine Insel. Flüsse wie der Missisippi und der Nil bildeten fruchtbare Flußniederungen, als sie ihre tiefen Täler füllten.

Platzregen bewässerten das einst trockene Südwestasien und Nordafrika. Üppige Eichenwälder wuchsen entlang der Talränder der Flüsse Euphrat und Jordan, im heutigen Syrien und Jordanien, und seichte Gewässer und halbtrockene Weiden bedeckten hunderte von Quadratkilometern der Sahara. Gerade einmal fünftausend Jahre, nachdem das Eisfeld über Skandinavien begonnen hatte, sich zurückzubilden, erstreckten sich Wälder über den größten Teil Europas, und spärliche menschliche Populationen hatten sich an den Küsten der neu herausgebildeten Ostsee angesiedelt.

Die bloßen Worte „Große Eiszeit" beschwören Bilder einer Welt herauf, die Hunderttausende von Jahren unter festem tiefen Eis erstarrt lag und in der unsere Tierhäute tragenden Vorfahren Mammuts, Rentiere und andere glaziale Tierarten jagten. Tiefseebohrungen im Pazifik, Wachstumsabfolgen von Korallen aus tropischen – und vormals tropischen – Gewässern, das Eisinnerste der Arktis und Antarktis und konzentrische Wachstumsringe uralter Baumstämme erzählen eine andere Geschichte – eine von beständigen und dramatischen Schwankungen im weltweiten Klima über den Zeitraum der vergangenen 730.000 Jahre. Unsere entfernten Vorfahren durchlebten wilde Schwankungen von intensiver eisiger Kälte bis zu vielen kürzeren warmen Zwischeneiszeiten, die manchmal tropische Bedingungen nach Europa und in Teile Nordamerikas brachten. In diesen Hunderttausenden von Jahren befand sich die Welt für mehr als drei Viertel der Zeit im klimatischen Übergang: Mindestens neun glaziale Episoden haben ein Schwankungsmuster eingerichtet, das aus einer langsamen Abkühlung und einer anschließenden extrem schnellen Erwärmung besteht, die nach Jahrtausenden intensiver Kälte einsetzt. Diese Wandlungen könnten durch langfristige astronomische Veränderungen ausgelöst worden

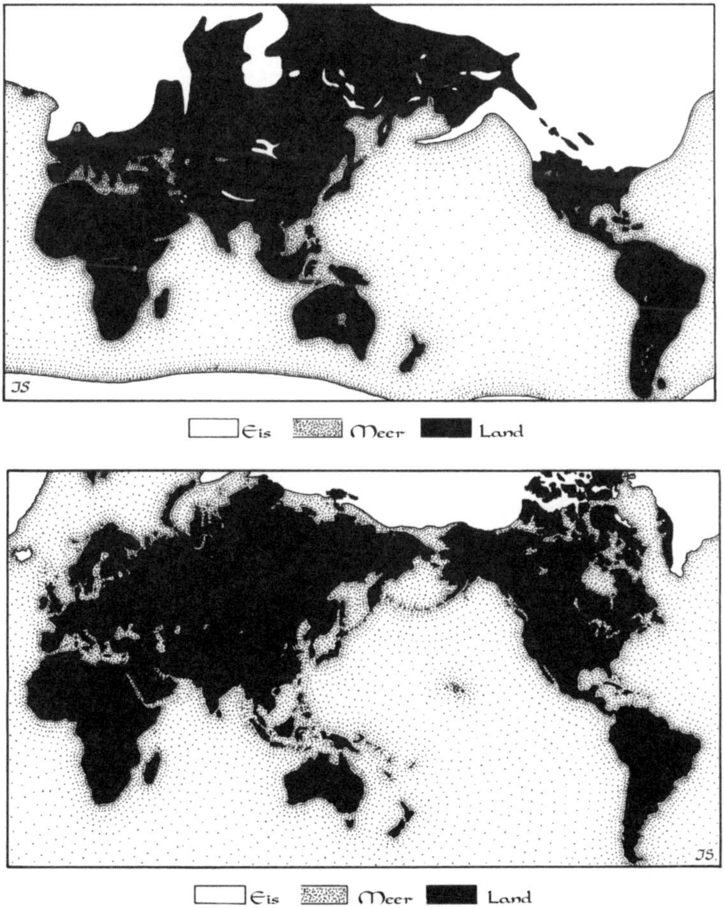

ABB. 5.1 Dramatische Veränderungen in der Geographie der Erde. (Oben) Die Welt auf dem Höhepunkt der Vereisung der letzten Eiszeit vor etwa achtzehntausend Jahren. Ausgedehnte Eisflächen bedecken Europa und Nordamerika, südlich bis nach Seattle und ins Gebiet der Großen Seen. Alaska und Sibirien sind durch eine Landbrücke verbunden. Ein riesiger Festlandsockel erstreckt sich weit vor den Küsten Südostasiens. Britannien ist Teil des europäischen Kontinents, und Korea ist mit Japan verbunden. (Unten) Die heutige Welt (nach 3000 v. Chr.), mit über neunzig Meter höheren Meeresspiegeln. Sibirien und Nordamerika gehören zu getrennten Kontinenten. Britannien ist eine Insel.

sein, vor allem im Umlauf der Erde um die Sonne, der die jahreszeitlichen und die Nord-Süd-Variationen der Sonnenstrahlung auf die Erde beeinflußt.

Die jüngste glaziale Episode, die vor etwa 118.000 Jahren begann und vor etwa 15.000 Jahren aussetzte, war lediglich die letzte in einem Muster von Abkühlung und Erwärmung, das bis zum heutigen Tag fortdauert. Doch geschah es während dieser anhaltenden kalten Episode, daß der *Homo Sapiens Sapiens*, der moderne Mensch, das tropische Afrika verließ und Europa, Asien und schließlich Amerika besiedelte. Über den größten Teil unserer Zeit auf der Erde haben wir moderne Menschen uns in viel kälterer und oft trockenerer Umgebung entwickelt als heute.

Die dramatische globale Erwärmung der letzten fünfzehntausend Jahre ist nur ein Fall in der fortdauernden klimatischen Verknüpfung der Großen Eiszeit. Es ist nur eine Frage der Zeit, bis die Welt sich wieder abkühlt – in weniger als fünfundzwanzigtausend Jahren einer wissenschaftlichen Schätzung nach. Doch diese Rechnung berücksichtigt nicht den neuen Rabauken im klimatischen Viertel – die fossile Brennstoffe nutzende industrielle Menschheit. Die durch die Menschheit verursachte globale Erwärmung hat bereits die Ozonschichten geschrumpft. Die heutigen weltweiten Temperaturen zählen zu den wärmsten, die je nachgewiesen wurden. Zunehmend stellen Wissenschaftler die Frage, ob eine durch die Menschheit verursachte beschleunigte Eisschmelze eine dramatische und unzeitige Klimaveränderung innerhalb weniger Jahrhunderte herbeiführen könnte.

Die globale Erwärmung ist für die Menschheit nichts neues. Unsere entfernten Vorfahren erlebten sogar größere Erwärmungen, während die Welt einen Zyklus von kalten zurück zu wärmeren Bedingungen durchlief. Aber die Bevölkerung der Welt betrug in früheren Erwärmungsperioden an die Zehntausend, nicht an die Milliarden. Bis zur jüngsten Eiszeit war ein Großteil der Erde noch unbewohnt. Die Menschen zogen vor weniger als fünfundzwanzigtausend Jahren auf die Mittelrussischen Ebenen, und nach Amerika frühestens vor etwa zwanzigtausend Jahren, wahrscheinlich sogar erst später. Es war genug Platz für alle da. Vor fünfzehntausend Jahren lebten die meisten Steinzeitmenschen in engen Familienverbänden und bewohnten Gebiete als ihre Heimat, die weiträumig genug waren, ihnen zu ermöglichen, auch über große Distanzen frei umherzuziehen, wobei sie höchst flexible Überlebensstrategien anwandten. Wenn ein kleiner afrikanischer Wildbeuterverband zwei Dürrejahre in Folge erlebte, zog er einfach in besser bewässerte Gebiete oder griff auf weniger erwünschte pflanzliche Nahrung zurück, vielleicht auf Arten, die einen höheren Ernteaufwand erforderten.

Unsere steinzeitlichen Vorfahren waren anpassungsfähig, an einen aprupten Klimawechsel gewöhnt und in der Lage, sich ihm auf die ein oder andere Weise einzufügen; diese Möglichkeiten verloren sich, als die Bevölkerung nach der letzten Eiszeit schlagartig zunahm. Bis vor etwa elftausend Jahren, als der Ackerbau auftrat, hatte die Bevölkerung der Erde noch nicht den kritischen Punkt erreicht, an dem sie die natürliche Versorgungskapazität des Landes überstieg. Erfahrung, eine geringe Bevölkerungsdichte und die pure Flexibilität des menschlichen Daseins erlaubte es den Wildbeutern der Steinzeit auf der ganzen Welt, sich mit den Stößen der globalen Wettermaschinerie abzufinden.

Diese Welt ist vergangen. Die Lebensweise der Jäger und Sammler begann sich mit der Ankunft des Ackerbaus zu verlieren. Afrika ist ein Kontinent, auf dem man immer noch den archaischen Lebensweg erahnen kann, aber selbst dort stehen die Wildbeuter schon seit Generationen mit Bauern, Hirten und Europäern in Kontakt. Die wenigen überlebenden Jäger und Sammler existieren in halbtrockenen Umgebungen oder in Regenwäldern; obwohl sie in regelmäßiger Verbindung mit der übrigen Welt bleiben, erhalten sie der Form nach eine Lebensart aufrecht, die tiefe Wurzeln in der Steinzeit hat. Die !Kung San[1] aus der Kalahari-Wüste in Botswana überstehen Dürreperioden, indem sie Strategien umsetzen, die vor Tausenden von Jahren entwickelt wurden, um eine ernste Nahrungsmittelknappheit zu bekämpfen. Ähnliche Strategien müssen von Wildbeutern der Steinzeit in der eiszeitlichen Welt angewandt worden sein.

Die !Kung existieren in einer trockenen Umwelt, in der sie von Hasen und anderen Kleintieren leben, aber vor allem anderen von pflanzlicher Nahrung. Praktisch gesehen sind die !Kung selbstgenügsame Sammler und Jäger mit leidlich angemessenen Wasservorräten für sechs bis acht Wochen im Jahr und einer begrenzteren Anzahl dauerhafter Wasserlöcher, auf deren Nutzbarkeit sie die übrige Zeit zurückgreifen.

Jahre der Fülle weichen manchmal von El Niño verursachten Dürreperioden. Die Kalahari ist nie gut bewässert, so daß die !Kung an lange zwischenzeitliche Trockenphasen gewöhnt sind, in denen sie sich den verlässlichsten Wasserlöchern zuwenden und eine weit größere Bandbreite an pflanzlicher Nahrung zu sich nehmen. Nachdem sie in normalen Jahren nur eine Handvoll von dieser genossen haben, steht ihnen nun ein Polster alternativer Nahrung zur Verfügung, auf die sie zurückgreifen können. Das Leben ist nicht notwendigerweise bequem, aber immerhin gibt es zu essen. Zur gleichen Zeit suchen die !Kung in sozialen Bindungen Zuflucht, indem sie ein Risiko über möglichst große Gebiete an möglichst viele Menschen und Verbünde verteilen. Jede Familie schafft sich in einem System gegenseitiger Beziehung Verbindungen zu anderen, das *hxaro* genannt wird.

Hxaro beinhaltet einen ausgeglichenen beständigen Austausch von Geschenken unter Individuen, der beiden Parteien in Notzeiten Zugang zu den Hilfsquellen der anderen gewährt. *Hxaro*-Beziehungen schaffen starke freundschaftlich verpflichtende Banden.

Dieses System verteilt die Gefahr, indem es jeder Partei zu einem alternativen Wohnsitz verhilft, manchmal in einer Entfernung von fünfzig bis zweihundert Kilometern. Jede Familie hat Wahlmöglichkeiten, wenn eine Hungersnot droht. Zu keinem Zeitpunkt verläßt hingegen eine ganze Bevölkerung ihre Wurzeln und wendet sich einem Gebiet zu, in dem Nahrung zur Verfügung steht. Während einer Dürre bricht ein hoher Anteil der Familien auf, um *Hxaro*-Partner oder Verwandte zu besuchen und die Beanspruchung, der die Betroffenen unterliegen, zu mildern. Archäologen glauben, daß ähnliche Mechanismen schon um 2500 v. Chr. auch in anderen Teilen des südlichen Afrika weitläufig gegriffen haben.

Die *Hxaro*-Strategien funktionieren in gleichgestellten Gesellschaften gut, in denen Familienbande und Handelspartner die Schlüssel sind, um Gefahren zu bewältigen und das Überleben zu sichern. So lange die Menschen das Land nicht übermäßig ausbeuten, verteilen solche Bewältigungsmechanismen, die auf der Familienebene funktionieren, ein Risiko über die Gesellschaft als Ganze. Soziale Verpflichtungen und Verwandtschaft, sorgsam gewonnene Umweltinformationen und eine lange Erfahrung als Wildbeuter sorgen für ein einfaches Sicherheitsnetz, das den Menschen überleben hilft, ohne die Versorgungskapazität des Landes überzustrapazieren. *Hxaro* ist ein Überbleibsel einer längst schon verschwundenen Welt, in der flexible Lebensweisen, Mobilität und eine geringe Bevölkerungsdichte es Wildbeutern erlaubten, sich leicht an Dürren, Überschwemmungen und andere Launen des archaischen Klimas anzupassen.

13000 v. Chr. näherte sich die Weltbevölkerungszahl der Jäger und Sammler den achteinhalb Millionen. Über zehntausende von Jahren betrug die Wachstumsrate grob 0,0015 Prozent im Jahr, als unsere entfernten Vorfahren sich in Wüsten, tropischen Wäldern und arktischen Regionen ausbreiteten.[2] Vor über fünfzehntausend Jahren überstieg die

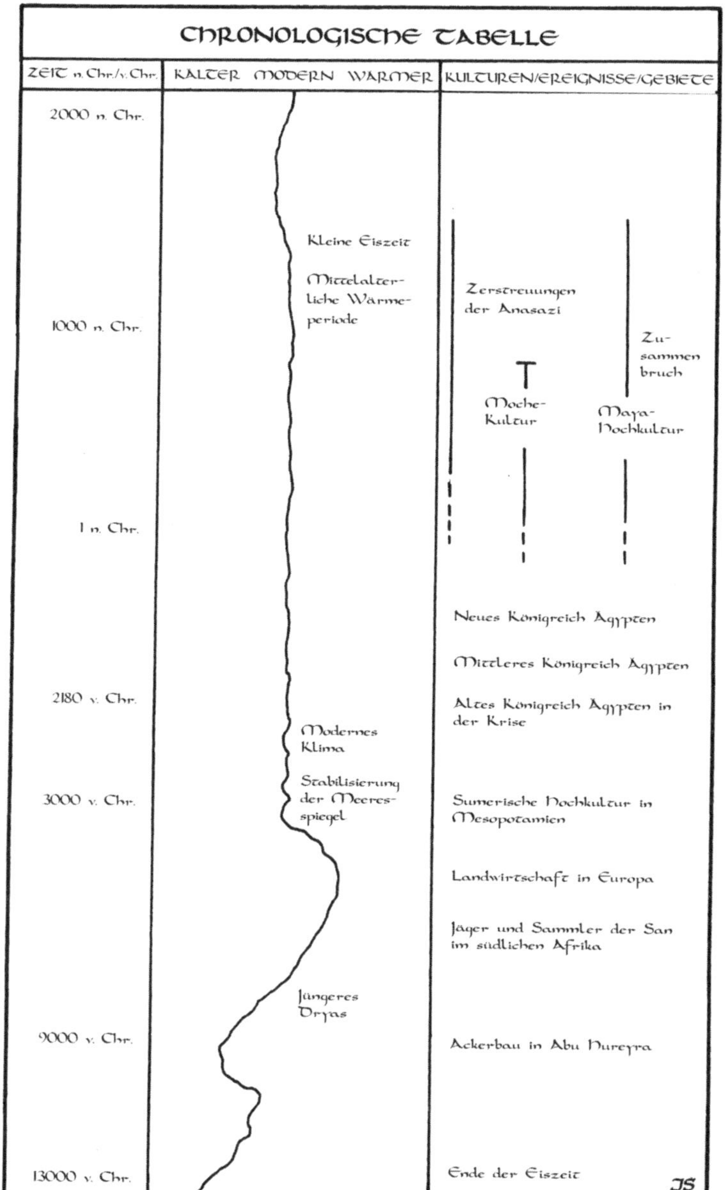

ABB. 5.2 Chronologische Tabelle der wichtigen Kulturen und geschichtlichen Ereignisse in diesem Buch.

Fähigkeit der Umwelt der Erde, Tiere und Menschen zu erhalten, noch die Bedürfnisse der menschlichen Bevölkerung. Aber die Menschen der späten Eiszeit hatten zunehmend wirkungsvolle Methoden entwickelt, Nahrungsquellen jeder Art zu erschließen. Nun wuchsen sie in ihrer Zahl viel schneller, vor allem in nahrungsreichen Gebieten. Sie und ihre Vorfahren verfügten über ein enzyklopädisches Wissen über pflanzliche Nahrung. Ich habe einmal einem Mann der !Kung eine Sammlung von fünftausend Jahre alten Samen gezeigt, die aus einem archaischen Lager in Zentralafrika stammten. Er konnte nicht nur jeden einzelnen bestimmen, sondern kannte auch den Wert, den ein jeder als Medizin und als Nahrung hatte.

Als die weltweite globale Erwärmung einsetzte und die Gletscher sich zurückzogen, näherte sich die wachsende menschliche Bevölkerung den Grenzen der Fähigkeit der Erde, Wildbeuter zu erhalten. Es gab nicht mehr genügend Raum, um umherzuziehen, und es gab immer mehr Münder zu stopfen. Anders als Tiere aber können Menschen die Schranken ihrer Umwelt umgehen, indem sie Arbeit, soziale Beziehungen und Technik einsetzen, um eine größere Zahl an Nahrungsquellen zu gewinnen. Als die Gletscher schrumpften und die Welt voll wurde, taten sie genau das. Überall eigneten sich Wildbeuter neue und noch intensivere Strategien zur Nahrungssammlung an. Sie spezialisierten sich auf Pflanzennahrung und erbeuteten Fleisch und Fisch aus Karibu- und jahreszeitlichen Lachswanderungen. In günstigen Gebieten wie Teilen des südwestlichen Asien, Europa und Amerika stieg die lokale Bevölkerung weiterhin beständig, während die Menschen immer wirkungsvollere Techniken entwickelten – mit Knochen, Stein und Holz –, um ihrer Umwelt etwas abzugewinnen.

Es mag unstimmig klingen, wenn gesagt wird, die Welt sei „voll" gewesen, wo ihre Bevölkerungszahl gerade einmal die einer modernen Stadt ansehnlicher Größe betrug. Aber wenige Umgebungen auf der Erde konnten mehr als einen, zwei Wildbeuter pro Quadratkilometer erhalten. Örtliche Populationen sahen sich dem Hungertod gegenüber, wenn sie sich nicht den neuen Gegebenheiten anpaßten, die sie mit eingegrenzteren Gebieten, geringerer Mobilität und einer größeren Zahl zu stopfender Münder konfrontierten. Den Menschen begannen die Möglichkeiten auszugehen, um ihr Leben zu bewältigen. Viele Jäger und Sammler ballten sich in kleinen Gebieten und in ständigen Lagern an Flüssen und Seen. Einige der dichtesten Bevölkerungen erblühten in nahrungsreichen Gebieten wie den Küsten der Ostsee in Skandinavien und Ägyptens Niltal, wo sich die Einwohner mit Fisch, Wild und Pflanzen aus mehreren natürlichen Zonen in unmittelbarer

Reichweite versorgen konnten. Dänische Archäologen haben vollständige Lagerstätten aus der Steinzeit wiederentdeckt, die unter dem steigenden Wasser der Ostsee erhalten geblieben sind, komplett mit Fischfangvorrichtungen, Booten und zahlreichen perfekt erhaltenen hölzernen Artefakten, etwa mit Widerhaken versehene Speere. Die Bewohner konnten sich so vieler Nahrungsquellen bedienen, daß sie ein und denselben Ort über Monate ohne Unterbrechung bewohnten.

Nichtsdestotrotz waren selbst die wohlhabendsten dieser Gruppierungen der Steinzeit für einen plötzlichen Klimawandel weit anfälliger, als ihre Vorgänger es je gewesen waren, einfach deshalb, weil sie nicht weiterziehen konnten. Jedes neue Jahr brachte kontrastreiche Herausforderungen mit sich: Hunger oder Überfluß, reichlich Niederschlag oder Dürre, plötzliche Überschwemmungen oder ein stark reduzierter Wildbestand. Zur gleichen Zeit lebten Menschen über viel längere Zeitphasen eng zusammen, auch wenn sie nicht gut miteinander auskamen. Wohingegen sie früher einfach weiter gezogen wären, brauchten sie jetzt eine starke Führerschaft, die auf mehr beruhen mußte als nur langer Erfahrung, die der öffentlichen Meinung Rechnung trug und eine gerechte Verteilung von Nahrungsvorräten in Notzeiten sicherstellte. Zusammengedrängt in etwas größeren Gemeinschaften als in den Lagern der Wildbeuter, benötigten die Menschen jetzt auch Anführer, um im Streit über häusliche Angelegenheiten und Wildbeuterechte zu vermitteln. Die Gesellschaften veränderten sich tiefgreifend, als die Bevölkerungsdichte anstieg und die Menschen in einer gedrängteren Welt enger am Rande des Überlebens existierten. Weil so viele Gesellschaften kurz davor standen, die Versorgungskapazität ihrer Umgebung zu übersteigen, wurden kurzfristige Klimaveränderungen zum ersten Mal ein wichtiger Faktor im Dasein der Menschen.

Wir wissen schon seit einiger Zeit, daß längerfristige klimatische Wandlungen die menschliche Entwicklung und Geschichte tief beeinflußt haben. Erst kürzlich haben wir aber erkannt, daß auch kurzfristige Veränderungen wie El Niños oder Schwankungen der Nordatlantischen Oszillation innerhalb von Dekaden die Macht hatten, die Geschichte zu verändern und Kulturen zu Fall zu bringen.

Unsere Daten der Eiszeit mit ihren riesigen klimatischen Schwankungen sind gemessen in Jahrtausenden unvollständig. Dieser verschleierte Spiegel verdunkelt alles bis auf die hauptsächlichen Schwankungen des weltweiten Klimas, so daß wir nichts über Abweichungen in der Temperatur oder in Niederschlagsmustern im Jahr oder im Jahrzehnt wissen. Weiterhin wissen wir nicht viel über die komplexen Wechselwirkungen zwischen der Atmosphäre und den Meeren, die die

Wetterbedingungen der Eiszeit bestimmten. Vor etwa fünfzehntausend Jahren beginnt der Spiegel sich zu enthüllen. Wir können plötzliche Kälte- oder Wärmeeinbrüche in kürzeren Abschnitten geologischer Zeit messen, manchmal sogar in Jahrhunderten. Und wir können bei all den vielen Menschen, die heute auf der Erde leben, erkennen, auf welche Weise diese kurzen und oft scharfen Schwankungen dazu beigetragen haben, die Geschichte zu verändern, indem sie aus Wildbeutern Bauern machten und aus Dorfbewohnern Städter.

Nach 3000 v. Chr. klärt sich der Spiegel noch stärker und wir können damit beginnen, Klimaveränderungen in Jahrzehnten und Jahren zu untersuchen, ob es sich nun um Zyklen intensiver Dürre handelt, die Königreiche zerbrachen, oder um einen Jahrhundertregen in einer Jahreszeit, der ein mächtiges Imperium zum Zerfall brachte und Tausende von Menschen hungern ließ.

Die Menschen haben immer mit gelegentlichem Hunger und Unterernährung, Krankheiten und Schädlingen gelebt. Diese Risiken sind Teil des täglichen Lebens gewesen und stellen etwas vollständig anderes dar als die Unfähigkeit, genug Nahrung zu erbeuten, um jeden Bewohner des eigenen Gebiets Jahr für Jahr zu versorgen. Die Versorgungskapazität eines Landes ist ein sensibler Balanceakt zwischen der Bevölkerungsdichte und der Fähigkeit einer bestimmten Umwelt, diese Bevölkerung unbegrenzt zu erhalten. Diese Gleichung zwischen Menschen und der natürlichen Tragfähigkeit ermöglicht solche Variablen wie jahreszeitbedingten Niederschlag, Dürren und kurzfristige klimatische Veränderungen wie El Niños. Die Krise tritt dann auf, wenn ein plötzlicher Klimawandel oder ein Bevölkerungswachstum durch die natürliche Tragfähigkeit nicht mehr zu decken ist.

Vor elftausend Jahren brachte das fruchtbare Flußtal des Euphrat einen starken Bestand wilder Getreidearten und dichter Eichenwälder hervor. Riesige Gazellenherden durchwanderten im Frühjahr und Herbst das Tal. Der langsam dahinströmende Fluß wimmelte vor Fischen. Hunderte von Wildbeuterfamilien lebten am Rande des gabenreichen Tals, wo Nahrung in solchen Mengen vorhanden war, daß sie die meiste Zeit des Jahres am selben Platz leben konnten. Eine dieser Siedlungen war Abu Hureyra, eine kleines Dörfchen kreisrunder Hütten, die ein Stück weit in den Boden eingegraben waren.[3]

Abu Hureyra stand nicht weit der Flußniederung und in direkter Nähe zu üppigen Wäldern. In jedem Herbst pflückten die Frauen des Dorfes reife Früchte des Zürgelbaums und wilde Pflaumen und ernteten Tausende reifer Nüsse von überladenen Bäumen. Die herbstliche

Nußernte und getrocknetes Gazellenfleisch sorgten für Vorräte in den kalten Wintermonaten. Es muß magere Jahre und Monate des Hungers gegeben haben, aber so lange der Niederschlag nicht ausblieb, war genug Nahrung vorhanden, um sogar eine wachsende Dorfbevölkerung zu ernähren.

Doch die globale Erwärmung, die diese Umwelt erhielt, wurde unterbrochen.

Weit im Norden war die große Eisfläche des Laurentischen Schilds, die den Osten Nordamerikas über 100.000 Jahre bedeckt hatte, völlig im Rückzug begriffen. Gewaltige Mengen an Süßwasser strömten in den Nordatlantik. Armadas von Eisbergen brachen aus den östlichen Rändern der Eiskappe heraus und schmolzen vor der Küste. Bis zu einem halben Meter kleine Felsen und Gesteinsstücke aus dem Gebiet der Hudsonbai sanken auf den Grund der Labradorsee. Der Nordatlantik füllte sich mit Meereis, das den Salzspiegel dramatisch reduzierte.

Als die Eisfläche des Laurentischen Schilds schmolz, bildete sich der Agassiz-See, ein gewaltiger Süßwassersee, in der Vertiefung, die von der sich zurückbildenden Eiskappe hinterlassen worden war. Zunächst breitete sich das Schmelzwasser des Sees über eine natürliche Wasserscheide ins Missisippi-Becken aus und strömte in den Golf von Mexiko. Vor zwölftausend Jahren eröffnete die schrumpfende Eisfront einen neuen Kanal nach Osten. Der Agassiz-See sank sehr schnell, während sich Überschwemmungen über das südliche Kanada ergossen, bis ins heutige Sankt-Lorenz-Tiefland. Eine riesige Welle Süßwasser schwemmte in die schon weitgehend verdünnte Labradorsee. Innerhalb eines Jahrtausends kam die Abwärtsströmung, die Salz in die Tiefsee und auf einer langen Reise südwärts trug, völlig zum Stillstand. Der warme Transmissionsriemen, der die globale Erwärmung dreitausend Jahre lang gespeist hatte, brach abrupt ab. Tief unter der eisübersäten Oberfläche der Labradorsee wich das Salz, um aus dem nördlichen Meer wegzuströmen. Im Laufe nur weniger Generationen hörte die globale Erwärmung auf. Nun bliesen bitterkalte Nordwinde vom Nordpol nach Süden. Die Gletscher im Norden rückten noch einmal vor und stürzten die Welt in einen Kälteeinbruch, der ein Jahrtausend anhielt. Der europäische Waldbestand ging angesichts der Kälte zurück. In den Anden und in Neuseeland rückten Gletscher vor.

Die Eiszeit kam für tausend Jahre zurück. Dann erholte sich die Abwärtsströmung im Atlantik plötzlich aus Gründen, die wir nicht kennen, und der Transmissionsriemen schaltete sich ein. Zehntausend

Jahre wärmerer Wetterbedingungen begannen und setzen sich bis zum heutigen Tag fort.

Dieses Ereignis, bekannt als Jüngere Dryas (nach der polaren Wildblume *Dryas octopetala*), brachte schwere Dürreperioden ins Euphrat-Tal. Eine Kältewelle aus dem Norden, bis auf die Knochen gehende Winde, verminderter Niederschlag und sehr magere Nußernten verwandelten die Welt Abu Hureyras innerhalb weniger Generationen. Die nußreichen Wälder zogen sich fast hundert Kilometer weit vom Dorf zurück. Die Menschen wandten sich wilden Getreidearten und dürreresistentem Klee zu, um die jetzt magere Nußernte zu ergänzen. Selbst die Pflanzen am Talboden wurden seltener, weil der Euphrat nur noch gelegentlich über seine Ufer trat. Tausend Jahre früher hätten die Wildbeuter sich in kleinere Gruppen zerstreuen und auf Sippschaftsbanden vertrauen können, um durch hungrige Jahre zu kommen. Aber Abu Hureyra und seine Nachbardörfer beheimateten jetzt viele Familien mehr, als das plötzlich viel trockenere Tal erhalten konnte. Der lokale Wildbestand brach zusammen. Die Menschen überlebten, weil sie ihre botanische Erfahrung und ihre Techniken der Nahrungssammlung einsetzten. Im klaren Bewußtsein darüber, daß Samen im Boden keimen, pflanzten sie gezielt Einkorn und Weizen, um die schwindenden wildwachsenden Bestände zu ergänzen und die Nahrungsvorräte aufzustocken.

Diese Nahrungsergänzungen wurden bald zu Hauptnahrungsmitteln. Innerhalb weniger Generationen wurden die Wildbeuter zu Vollzeitbauern.[4] Abu Hureyra wuchs schnell zu einem festen Dorf an, mit Lehmziegelhütten, die durch enge Gassen voneinander getrennt waren; auffälligerweise ähnelte es vielen Bauernsiedlungen dieser Region, die noch bis ins neunzehnte Jahrhundert Bestand hatten. Jetzt umgaben Weizen- und Gerstenfelder die Siedlung, und in Jahren guten Niederschlags gab es genug zu essen. Etwa zur selben Zeit zähmten andere von der Dürre betroffene Gemeinschaften in Südwestasien wilde Rinder, Schafe und Ziegen.

Es wäre naiv, zu behaupten, daß der plötzliche Klimawandel, der mit dem Jüngeren Dryas kam, die Menschen dazu „veranlaßte", Bauern zu werden. Die abrupten Dürrebedingungen waren nur ein Faktor unter vielen, der zu dem plötzlichen Umschwung von der Sammlung pflanzlicher Nahrung zu ihrem Anbau beitrug. Auf vielerlei Art waren die Menschen von Abu Hureyra und der umliegenden Siedlungen auf den Pflanzenanbau vorbereitet. Sie lebten in mehr oder weniger dauerhaften Dörfern, hatten große Erfahrung mit pflanzlicher Nahrung und verfügten über eine einfache, aber effektive Technik, mit

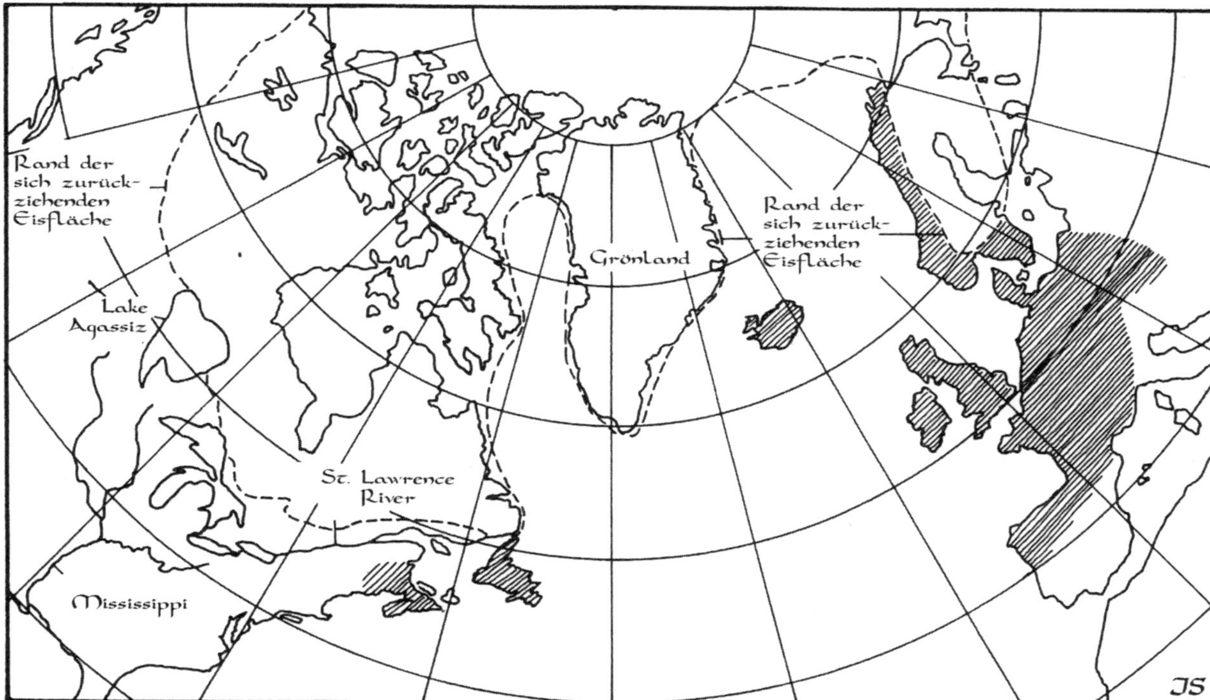

ABB. 5.3 Der Agassiz-See und sich zurückbildende Eisflächen in Europa und Nordamerika. Der Abfluß des Agassiz-See entließ enorme Mengen an Süßwasser ins Gebiet der Labrador-See und brach vielleicht die Zirkulation warmen Wassers im Nordatlantik ab.

Grabstöcken und Steinklingensicheln wildes Getreide zu ernten. Als logische Strategie für Menschen, die sich einer Nahrungsknappheit gegenübersehen, führte der Umschwung bald zu radikalen Veränderungen in den Einstellungen zum Besitztum des Landes und zur natürlichen Umgebung. Beispielsweise sollte der Einschlag, den Pflanzenbau und Viehzucht hinterließen, sich innerhalb nur weniger Generationen gewaltig auswirken. Weitflächige Entwaldungen, die aus übermäßigem Abweiden, einer Abholzung der Anbauflächen und der ständigen Nachfrage nach Brennholz resultierten, verwandelten die örtliche Landschaft und erschöpften den Boden. Das gerodete Land sollte viel mehr Menschen erhalten, aber zu einem hohen Preis, den die natürliche Umgebung zahlen mußte. In Randgebieten des Ackerbaus waren die Menschen von Anfang an ständig dem Risiko kurzfristiger klimatischer Schwankungen ausgesetzt, umso mehr aber, sobald Bauern alles ungerodete Land verbraucht hatten und die Zyklen ihrer Fruchtfolge einengten, um mehr Menschen zu ernähren.

Zuerst bauten nur wenige Gemeinschaften Getreidearten an und hielten Tiere. Bevölkerungswachstum und unvoraussagbare Klimawandlungen verursachten aber, daß sich die neue wirtschaftliche Ausrichtung schnell verbreitete. Innerhalb weniger Jahrhunderte hatten Tausende von Menschen von der Türkei bis ins Jordantal die neue Lebensweise mit ihrem höheren Nahrungsmittelgewinn angenommen. Um 6000 v. Chr. gab es Bauern in Griechenland, an den Toren Europas. Im Laufe der nächsten dreitausend Jahre wurden die meisten Europäer zu Bauern und verwandelten die Landschaft des Kontinents, bis sie nicht wieder zu erkennen war. 3000 v. Chr. traten dann die ersten Stadtkulturen der Welt, die auf Ackerbau basierten, in Ägypten und Mesopotamien auf. Etwa um dieselbe Zeit begann der Anbau von Mais in Mittelamerika.

Die globale Erwärmung war nach 8000 v. Chr. zurückgekehrt. Die Abwärtsströmung in den nördlichen Meeren setzte wieder ein, und starke Westwinde brachten feuchte, warme Winter nach Europa, während die nördlichen Gletscher sich ins norwegische Gebirge zurückzogen und in die neu herausgebildete Ostsee schmolzen. Um 6000 v. Chr. dehnten sich dichte Eichenwälder von der Atlantikküste bis in den Westen Rußlands aus und von den Alpen bis ins südliche Skandinavien. Die langen Sommer Europas waren um einige Grad wärmer als heute, und die Meere stiegen rasch auf nahezu heutige Höhe an.

Während dieser Jahrtausende der Erwärmung war Europa die Heimat einer spärlichen Bevölkerung aus Jägern und Wildbeutern, von denen viele entlang der Küsten lebten, in Flußtälern oder an Süßwasserseen. Die meisten Europäer waren in ständiger Bewegung, folgten den Jahreszeiten pflanzlicher Nahrung, beuteten Lachswanderungen aus und verfolgten umherstreifendes Wild. Die Menschen lebten in kleinen Verbänden von einigen wenigen Familien, die sich fast täglich veränderten. Ein Mann und sein Sohn konnten bei einem Jagdunfall sterben, und seine Frau und die jüngeren Kinder schlossen sich einem anderen Verband an. Zwei Brüder konnten in Streit geraten, und einer von ihnen zog einfach weg in ein anderes Lager. Jedermann lebte in einem Zustand ständiger sozialer Spannung und Bewegung, aber es gab fast immer genug zu essen, selbst in den kältesten Wintern, weil die Menschen so viele verschiedene Nahrungsarten kannten und in schweren Zeiten auf weniger schmackhaftes Wild oder unbeliebtere Pflanzen zurückgreifen konnten.

Um etwa 6200 v. Chr. sandten vier Jahrhunderte kühlerer, viel trockenerer Wetterbedingungen, die fast an das Jüngere Dryas heranreichten, eine Dürrewelle über Südosteuropa und den östlichen Mittelmeerraum. Eine große Anzahl Bauernsiedlungen wurden aufgelöst, als sich viele Gemeinschaften an die Ufer bleibender Seen und Flüsse zurückzogen, darunter auch die Küsten des Schwarzen Meeres, das zu dieser Zeit ein riesiger Süßwassersee war. Ein höherer Niederschlag und wärmere Bedingungen stellten sich erst um 5800 v. Chr. wieder ein. Eine komplizierte detektivische Arbeit in der Tiefsee und mit Hilfe der Pollenanalyse hat die darauffolgende Naturkatastrophe belegt. Das Mittelmeer stieg weiter und schlug an den Kamm einer natürlichen Erdbarriere an der Mündung des Bosporus-Tals. Auf der anderen Seite lag der See des Schwarzen Meeres, 150 Meter unterhalb der Böschung. Um 5500 v. Chr. schwappte plötzlich Meereswasser über den Rand. Der sanfte Strom wurde bald zu einem gewaltigen Sturzbach, als herabströmendes Meereswasser die Barriere in einem ungeheuren Wasserfall wegriß, der tief in den darunterliegenden Untergrund schnitt. Der See, der jetzt Teil des Mittelmeeres war, stieg schnell an, überflutete tiefliegende Küstengebiete, tötete Millionen von Fischen und setzte archaisches Ackerland nahe der Küste unter Wasser. Tausende von Bauern zogen hastig weit ins Landesinnere, die Flußtäler hinauf und in höhergelegene Gebiete und brachten ihre Sitten, ihre Sprache und ihre bäuerliche Kultur mit.[5]

Viele dieser Flüchtlinge müssen in die bewaldete Welt Europas eingedrungen sein. Sie lebten mit dem Feuer und der Axt, bebauten fetten, alten Eiszeitboden und rodeten den jetzt klimatisch milden Kontinent von seiner Bewaldung aus der Boreal-Phase. Brandrodung ist eine ver-

ABB. 5.4 Archäologische Stätten, die im 5. Kapitel erwähnt werden.

schwenderische Agrartechnik. Man rodet einige Felder, bebaut sie für eine kurze Weile und zieht dann weiter, wenn der Boden ausgelaugt ist oder mehr Münder zu stopfen sind. Die ersten solchen Bauern siedelten sich etwa um 5300 v. Chr. im Donautal an. In nur siebenhundert Jahren hatten ihre Nachkommen ihren durch Brandrodung verwüsteten Weg vom Balkan in die Niederlande und nach Osten in die Ukraine zurückgelegt. Zu jeder Saatzeit vermischten sich dichter grauer Rauch und aufglühende Flammen vor dem diesig blauen Himmel. Die Bauern bereiteten sich auf diesen Augenblick tagelang vor, fällten kleine Bäume, knickten niedrige Zweige ab und verteilten trockenes Unterholz über den Boden zwischen den massiven Eichen. Die Waldmenschen benutzten Steinäxte, um die langen geraden Stämme zu Fall zu bringen, und schlugen dann Keile in sie hinein, um lange Planken für ihre Gemeinschaftshütten und Speicher abzuspalten. Die Flammen bewegten sich schnell, verkohlten alte Eichen und lichteten den Baldachin eines jahrhundertealten Baumbestandes, bis die Sonne durchkam. War die graue und weiße Asche einmal abgekühlt, verteilten die Dorfbewohner sie über die neuen Felder und pflanzten Weizen und Gerste auf dem fruchtbaren Grund.

Der ursprüngliche Eichenwald machte in einem Großteil Europas innerhalb weniger Jahrhunderte den Weg für eine zunehmend organisierte, immer stärker bebaute Landschaft frei. Die Bauern ließen sich auf Gehöften nieder, in denen Großfamilien in strohbedachten Langbauten aus behauenem Holz lebten, die inmitten eingezäunter Felder und Tierkoppeln angelegt waren und von Nachbarn durch aufgegebene Bebauungsflächen und die Reste des alten Waldes getrennt waren. Zunächst gab es genug Land, um sich frei zu bewegen, aber mit anwachsender Bauernbevölkerung füllten sich die Lücken zwischen einzelnen Niederlassungen, und die Menschen wurden immer enger an ihr Land gebunden. Zwischen Jahren der Fülle litten die Bauern manchmal unter unvorhersehbaren Zyklen bitter kalter Winter, in denen sie leicht hungerten. Im Lauf der Jahrhunderte entwickelten sie Techniken, um den Ernteertrag zu erhöhen und einen größeren Nahrungsüberschuß zu erzeugen – einfache von Ochsen gezogene Pflüge, um härteren Boden umzugraben, und Behälter zur Getreidelagerung, die ein großes Fassungsvermögen hatten. Sie wechselten die Fruchtfolge und die Felder und verwandten Kuhmist als Bodendünger. Aber sie zogen nicht aus ihren zunehmend übervölkerten Gebieten weg.

Wir Menschen wurden Bauern, weil wir es mußten. Fast übernacht änderten wir unsere Lebensweise und beeinflußten uns dabei gegenseitig, weil wir dem Wohlwollen ferner Strömungen im Atlantik ausgeliefert waren, die Regen und milde Winter in unsere Heimat brachten. Wir sind seitdem immer von kurzfristigen klimatischen Veränderungen abhängig geblieben.

Bis jetzt war das Glück auf unserer Seite. Die Erde hat sich an zehntausend Jahren wärmeren Klimas erfreut, seit die Jüngere Dryas zuende ging. Dies war der letzte längerfristige Wandel, der die Menschheit herausforderte, und er dauerte nur ein Jahrtausend, einen Lidschlag in geologischen Zeitbegriffen. Seitdem haben unregelmäßige Veränderungen Jahrhunderte ungewöhnlicher Erwärmung ausgelöst, etwa die sogenannte Mittelalterliche Wärmeperiode von 900–1300 n. Chr., als Weinberge im Norden Englands gediehen und die Wikinger Grönland besiedelten. Ein Jahrhundert später brachte die etwas übertrieben so bezeichnete „Kleine Eiszeit" Europa deutlich kältere Wetterbedingungen, die bis in die fünfziger Jahre des neunzehnten Jahrhunderts anhielten. Die Kälte verursachte viel Leiden und brachte die Kartoffel als Grundnahrungsmittel der Armen Europas in Mode. Diese jahrhundertelangen Zyklen waren wie unregelmäßige Herzschläge im stetigen Rhythmus des globalen Klimas. Sie zogen zu ihrer Zeit viele Erklärungsmuster nach sich, sind aber lediglich Hintergrundmusik im Ablauf der klimatischen Geschichte. Die dramatischsten Veränderungen haben sich sogar über einen kürzeren Zeitraum abgespielt – die Kehrtwendungen der Nordatlantischen Oszillation alle zehn Jahre und die ständigen Schwankungen der ENSO im Pazifik. Diese Veränderungen können gewaltige unvorhersagbare Wetterbedingungen mit sich bringen und eine katastrophale Bedrohung darstellen, vor allem für Gesellschaften, die am Rande der Existenz leben, in natürlichen Grenzgebieten oder unter hoher Bevölkerungsdichte in außergewöhnlich fruchtbaren Umgebungen. Im Lauf der letzten fünftausend Jahre haben die ENSO und die NAO Millionen von Menschen das Leben gekostet, sie haben Hochkulturen zu Fall gebracht und die menschliche Erfindungsgabe bis an ihre Grenzen in Anspruch genommen.

Das dritte Jahrtausend v. Chr. war ein wichtiger Wendepunkt in der Menschheitsgeschichte. Die Meeresspiegel der Welt hatten sich auf einem Stand stabilisiert, der an den heutigen heranreicht, und der Ackerbau hatte sich in der gesamten Alten Welt etabliert, ausgenommen das wildreiche tropische Afrika und Australien. Die weltweiten Bevölkerungszahlen stiegen schneller als je zuvor, und in Ägypten und Mesopotamien traten die ersten Stadtkulturen der Welt auf. Das war der Zeitpunkt, zu dem kurzfristige Klimawandlungen für die Belange der Menschen wichtig wurden. Dichte städtische Bevölkerungen in eingeschränkten Umgebungen erfordern eine hochproduktive Landwirtschaft, allein um unter normalen Umständen zu überleben, ganz zu schweigen von Dürrezyklen oder Naturkatastrophen. Mehr als fünftausend Jahre lang waren die Familie und das Dorf die grundlegenden wirtschaftlichen Einheiten gewesen, die die Menschheit unterhielten; Familien versorgten sich immer noch selbst. Durch den Gang der Geschichte unterstützte der namenlose Bauer immer den ausgefeilten Überbau der vorindustriellen Gesellschaft. Zunehmend wurde die Landwirtschaft zu einer Sache von Bewässerungsanlagen und Kanälen, von großen Gemeinschaftsprojekten, Besteuerungen und zentralisierter Getreidelagerung. Nun begannen Regierungen und Großherrscher, als Bauern zu denken, denn sie wiesen die Arbeit zum Bau von Bewässerungssystemen, Flußableitungen und zum Getreidetransport an. Sie wandten Muskelkraft und Technik auf, um Flußniederungen ihren Zwecken zu unterwerfen und drei Getreideernten im Jahr anstatt nur einer hervorzubringen. Indem sie so handelten, setzten sie in wirtschaftlicher Hinsicht alles auf eine Karte, eine Strategie, die gut aufging, bis El Niños oder andere klimatische Abweichungen Dürren mit sich brachten oder Wolkenbrüche, die in wenigen Tagen das Werk von Generationen wegschwemmten.

2550 v. Chr. beklagte ein sumerischer Schreiber in Mesopotamien eine große Not:

Die Hungersnot war schwer, nichts wurde hervorgebracht
... Das Wasser stieg nicht an
Die Felder sind nicht bewässert
... Im ganzen Land wuchs keine Pflanze mehr,
Nur das Unkraut wächst.[6]

Von seinem Schreibraum im Tempel der Stadt Ur im südlichen Irak aus dürfte er über ein Schachbrett von Bewässerungskanälen und dicht aneinandergereihten Feldern geblickt haben. Für gewöhnlich stand das Getreide grün in seinen Furchen, und der immer beständige Wind kräuselte das blaue Wasser der Kanäle. Dieses Jahr war es anders. Gersten und Weizen verdorrten in gelblicher Farbe auf den vertrockneten Feldern. Die Kanäle waren schlammige Flüßchen, vom Euphrat aufgegeben, der in unmittelbarer Nähe weit unter der Höhe seiner Ufer langsam dahinströmte. Der Ackerbau war in diesem rauhen Land plötzlicher Überschwemmungen und jahreszeitlicher Dürren nie leicht gewesen. Aber jetzt dauerten die Dürren Jahr für Jahr an, während die Menschen unter einer drakonischen Besteuerung und einer strengen Rationierung stöhnten.

Die Sumerer schufen in einem kritischen Augenblick der Geschichte in Mesopotamien die erste Hochkultur der Welt – als die Meeresspiegel sich stabilisierten und kurzfristige Dürrezyklen, die zur Südlichen Oszillation und zum periodischen Ausbleiben des Monsun in Beziehung standen, in Ägypten und im südlichen Irak zur Lebenswirklichkeit wurden.

Der Persische Golf ist wahrscheinlich das am meisten erforschte Gewässer der Erde. Bei einer Tiefe, die nirgends die hundert Meter übersteigt, flacht sich der Meeresgrund in ein leichtes Becken von etwa vierzig Meter unter dem heutigen Meeresspiegel ab. Auf dem Höhepunkt der letzten Eiszeit war dies trockenes Land. Noch bis vor zwölftausend Jahren trat das steigende Meereswasser gerade einmal in das flache Becken ein. Eine ausgeprägte Schlucht, die Geologen den Ur-Schatt-Strom nennen, trug das Wasser von Euphrat und Tigris hinunter in den viel tiefer liegenden Indischen Ozean. Die Wiege der mesopotamischen Zivilisation gab es nicht. Versenkte Sanddünen unter dem nördlichen Teil des Golfs und Messungen von Sauerstoff-Isotopen in der Tiefsee sagen uns, daß das gesamte Gebiet tatsächlich sehr trocken war.

Nachdem das Jüngere Dryas etwa um 8000 v. Chr. zuende gegangen war, stiegen die Meere rund um die Welt rasch an. Der steigende Indische Ozean drang an manchen Stellen so schnell in den Persischen Golf ein, daß das Wasser nach Norden hin elf Meter im Jahr vorrückte und einen tiefen Einschnitt in der Wüste bildete. Fossile Baumpollen vom Zeribar-See im Iran verraten uns, daß zu jener Zeit eine erhebliche Menge mehr Regen über diesem Gebiet niederging. Um 6500 v. Chr. hatte das steigende Wasser das Flußtal des Ur-Schatt überschwemmt und den heutigen nördlichen Teil des Golf erreicht. Ein großer Meeresarm bildete sich dort, wo heute der untere Euphrat fließt. Als das Meer um 5000 v. Chr. aufhörte zu steigen und die Stelle des heutigen Basra und einen Großteil des äußersten Süden des Irak überschwemmt hatte, war der nördliche Abschnitt des Golfs ein gewaltiger Meeresarm, der durch Euphrat und Tigris gespeist wurde. Während sich die Meeresspiegel stabilisierten, füllte sich das Delta mit Schlamm, der Wasserspiegel aber blieb hoch.

Leider haben dicke Schichten von Flußschlamm und die steigenden Meeresspiegel die ehemaligen Küsten des Golfs und die Ufer des Ur-Schatt dem Zugriff der Archäologen entzogen. Es könnte jedoch Siedlungen wie die bei Abu Hureyra weit den Euphrat hinauf gegeben haben, wo schon Wildbeuterverbünde der Steinzeit an günstigen Plätzen gelagert hatten; sie bevorzugten besonders die Grenzgebiete mehrerer ökologischer Zonen, wie jene der Golfküste, wo die größte Vielfalt an Nahrungsquellen vorgefunden werden konnte. Die große Dürre und Kälte des Jüngeren Dryas könnte auch in diesem Gebiet eine ähnliche Wandlung zum Ackerbau ausgelöst haben. Wir werden es nie erfahren.

Baum- und Graspollenprofile von Seen im südwestlichen Asien zeigen uns, daß das südliche Mesopotamien sich im Zeitraum von 7000 bis 5500 v. Chr. eines ungewöhnlich günstigen Klimas erfreute, mit höherem und verläßlicherem Niederschlag als heute. Bauerngemeinschaften erblühten im Gebiet des tiefliegenden Delta um 6000 v. Chr. Während sich Meeresarme immer weiter ins Landesinnere zogen und sich die Schwemmgebiete der Flüsse nach 5500 v. Chr. ausbreiteten, wurden die Bedingungen stetig trockener. Der Niederschlag unterlag Schwankungen, und die Menschen wandten einmal mehr ihre Arbeitsfähigkeit und ihre technischen Möglichkeiten auf, um die Versorgungskapazität ihres Landes zu erhöhen. Die Bauern des Delta entwickelten die Bewässerung zu einer ausgefeilten Kunst. Zu einer Zeit, als der Golf sich in bemerkenswertem Maß ins Landesinnere bewegte, stiegen die Ernteerträge und die Bevölkerungsdichte rapide an. Gemeinschaften, die nahe am Rande des Wassers hausten, mußten mehrere Male innerhalb einer Generation weiterziehen. In einer eng besetzten landwirtschaftlichen Umwelt konnte selbst eine kleine Ortsveränderung eifersüchtig bewachte Gebietsgrenzen verschieben und politische und soziale Erschütterungen über eine große Region verteilen. Wir können uns ein solches Ereignis vorstellen. Zwei Familien haben seit Generationen Felder nahe desselben Stroms bebaut. Nun ist der Flußlauf unter steigendem Meereswasser verschwunden. Beide Familien beanspruchen neues Land nahe des neuen Ufers, aber es gibt nicht genug gut bewässerten Boden, um dabei nicht aneinander zu geraten. Es kommt zum Streit, zur Prügelei: Ein Sippenführer schreitet ein und legt den Streit bei. Keiner ist glücklich mit seiner Entscheidung, das Land zu teilen, aber es gibt keine anderen Möglichkeiten, es sei denn, neue Bewässerungskanäle weiter im Landesinneren zu errichten – aber auch andere benachbarte Gemeinschaften möchten diese Plätze haben.

Die Bauern jener Tage lebten in einem Zustand ständigen Verhandelns, in einer sich rasch wandelnden Welt, in der nur eine starke Führerschaft den Frieden wahren konnte.

Ein intelligenter Gebrauch von Wasservorräten und Bewässerungstechniken machte sich in ansehnlichen Gewinnen bezahlt und schuf reichlichen Nahrungsüberschuß, um eine wachsende nichtbäuerliche

Bevölkerung zu erhalten: Handwerker, Priester und Beamte. Dörfliche Sippenführer sprachen Recht über Streitfälle und organisierten Kanalarbeiten. Jahrhunderte später wurden ihre mächtigen Nachfahren die geistigen und politischen Führer von Gemeinschaften viel größerer Komplexität. Ihnen wurde der Besitz übernatürlicher Kräfte zugesprochen und die Fähigkeit, mit den Göttern in Verbindung zu treten, die die feindseligen Gewalten der Natur kontrollierten: die eisigen Nordwinde des Winters, die Überschwemmungen des Frühjahrs, die alles mit sich rissen, die erstickende Hitze und den Staub des Sommers. Die Autorität eines Führers hing von seiner Fähigkeit ab, für seine Untertanen erfolgreich zu vermitteln – darauf zu achten, daß die Götter sie sicher und gut genährt hielten.

Innerhalb weniger Jahrhunderte wurden aus Ansammlungen von Dörfern kleine Städte, von denen jede von ihren Nachbarn abhing, was die gesamte Region zu einem engmaschigen Handelsnetz verknüpfte. Um 3000 v. Chr. hatte das Meer aufgehört zu steigen. Flußschlamm füllte große Meeresarme, während das Klima laufend trockener wurde. Die tiefliegende Landschaft stellte ein Mosaik aus Wüste, halbtrockenen Ebenen und üppig bewachsenen Meeresarmen und Flußufern dar. Die Kleinstädte wurden zu Metropolen, und einige von diesen wurden zu Zentren der ersten Hochkulturen der Welt.

Die Hochkultur der Sumerer war ein Gewebe dicht bevölkerter Stadtstaaten, die verbissen um politische und religiöse Vorteile stritten. Ihre aus starken Kontrasten bestehende Umwelt wurde durch Überschwemmungen und unregelmäßige Niederschläge beherrscht: Ein plötzlicher Dürrezyklus konnte einen König zu Fall bringen. Die bedeutendsten dieser Führer standen Städten wie Eridu und Uruk vor, in denen große Tempel die allmächtigen Götter ehrten.

Eridu war die früheste Stadt, der Wohnort von Enki, des Gottes des Abgrunds, der Grundlage der menschlichen Weisheit. „Alles Land war Wasser, da wurde Eridu gemacht", verkündet ein viel späterer Schöpfungsmythos. Enki hatte seinen Altar an den Ufern des uranfänglichen Wassers errichtet, das der Kreatur vorausging. Sein Wort schuf Ordnung aus dem Chaos des Wassers und die Mosaiklandschaft der sumerischen Welt. Schon um 4900 v. Chr. entstand ein kleiner Lehmziegelaltar im Herzen des wachsenden Dorfes. Um 4000 v. Chr. bedeckte Eridu etwa zwölf Hektar. Tausend Jahre später lebten dort bis zu sechstausend Menschen in einer gedrängten Siedlung aus kleinen Lehmziegelhütten, die durch schmale Gassen voneinander getrennt waren. Enkis Altar stand dann auf einem gewaltigen abgestuften *Zikkurat*, das über viele Kilometer hin sichtbar war.

Mit der Stabilisierung der Meeresspiegel etwa um 3000 v. Chr. trat die Menschheit überall in eine neue und unendlich anfälligere Beziehung zur natürlichen Umwelt ein. Die Schwankungen der globalen Erwärmung, die auf die Eiszeit folgte, hatten aus Wildbeutern Bauern werden lassen und aus Dorfbewohnern Städter, die alle den viel kürzeren Zyklen klimatischer Veränderung ausgesetzt waren. El Niño und andere solche kurzfristigen klimatischen Episoden nahmen eine neue und bedrohliche Bedeutung an.

Um 3000 v. Chr. befand sich die Welt auf der Bahn eines sich beschleunigenden Bevölkerungswachstums, das bis heute nicht nachgelassen hat. Die Menschen von Abu Hureyra waren der Herausforderung von Bevölkerungswachstum und plötzlicher Dürre dadurch begegnet, daß sie sich der Landwirtschaft zuwandten, während andere Säugetier-Populationen auf der Strecke blieben. Die Landwirtschaft wandte eine sich schleichend entzündende Bevölkerungskrise mit solchem Erfolg ab, daß sie sechstausend Jahre später die beherrschende Lebensweise in ganz Europa und Asien geworden war und sich schon rasch in Amerika entwickelte. Aber die zwingenden Realitäten von Bevölkerung und Versorgungskapazität kamen wieder und wieder auf, und zwar zuerst in fruchtbaren Gebieten wie Mesopotamien und Ägypten, wo Landwirtschaft in Flußniederungen und eine einfache Bewässerung mehrere Fruchtfolgen im Jahr hervorbrachten und viel größere Nahrungsvorräte, um wachsende Zahlen von Nichtbauern zu ernähren. Technik und vor allem die Entfaltung menschlicher Arbeitskraft in einem viel größeren Ausmaß, als ein bloße Familie sie aufbrachte, wandten die Krise der Versorgungskapazität erneut ab. Aber die neuen Strategien erforderten keine dörflichen Sippenführer und Häuptlinge, sondern autoritäre Herrscher mit außergewöhnlichen, übernatürlichen Kräften.

Wir können den stetigen Prozeß erkennen, in dem dörfliche Anführer zu den großen Pharaonen Ägyptens wurden, wo der uralte religiöse Glaube des Bauern schrittweise zu den Ideen von Gottkönigen führte, die als lebende Götter regierten und die Überschwemmungen des Nil kontrollierten. Diese Individuen wurden mit ihren Wesiren und niederen Beamten zu den Organisatoren, zu den Werkzeugen, die die natürliche Welt mit Technik und Menschenpotential bändigten. Das Überleben von Staaten und Hochkulturen hing von ihrer Geschicklichkeit ab, von ihren Ideologien und von ihrer Wandlungsfähigkeit angesichts plötzlicher klimatischer Veränderungen.

Die höchste Macht war ein berauschendes Elixir für Pharaonen und ähnliche Herrscher, die die vorindustriellen Gesellschaften der Welt regierten. Sie entwarfen überzeugende Ideologien, die sie zu Gottkönigen machten, zu lebenden Verkörperungen der Götter auf Erden. Das Gottkönigtum brachte eine große Verantwortung für das Wohlergehen der eigenen Untertanen mit sich, die soziale Ungleichheit als den Preis für die Herrschaft eines privilegierten Vermittlers zwischen ihren Belangen und den launischen Naturgewalten akzeptierten. Die Vorspiegelung funktionierte die meiste Zeit, bis Zerstörung oder Hunger die Menschen davon überzeugten, daß ihre Herren sie im Stich gelassen hatten. Dann hungerten Tausende, und der Herrscher bezahlte den Preis. Eine warnende Geschichte aus dem alten Peru verdeutlicht das.

Vor tausend Jahren herrschten zwei große Königsdynastien über die Flußtäler von Perus nördlicher Küste; sie sind uns durch eine dunkel erinnerte mündliche Tradition bekannt, die von spanischen Schreibern aufgezeichnet wurde. Zwischen 700 und 900 n. Chr. landete ein Herrscher namens Naymlap mit einer Reihe von Balsaflößen an der Mündung des Flusses Lambayeque. Er brachte seine Frau mit sich, ein Götzenbild aus grünem Stein und ein Gefolge von vierzig Beamten und verkündete, er sei aus der Ferne gesandt, um das Land zu regieren. Naymlap herrschte weise, in hohem Alter aber ordnete er an, daß er in seiner Hauptstadt begraben werde, und befahl seinen Kindern und Anhängern, das Gerücht zu verbreiten, er habe sich Flügel wachsen lassen und sei in die Ewigkeit davongeflogen.

Zwölf Herrscher folgten Naymlap in einer Dynastie, die über mehr als ein Dutzend Siedlungen im Tal des Lambayeque regierte. Der letzte Herrscher war Fempellec. Die Legende berichtet, wie er die Götter erzürnte, indem er Naymlaps Götzenbild von seiner alten Stätte wegschaffen ließ. Sie übten mit schweren Regenfällen Vergeltung, die dreißig Tage und dreißig Nächte lang niedergingen. Gewaltige Fluten schwemmten die Felder der Menschen weg. In wildem Zorn rebellierten seine Untertanen, banden Fempellec an Händen und Füßen und warfen ihn in den tobenden Pazifik. Hungersnöte und Seuchen brachen über das Land herein, und die Kriegstruppen der Chimú-Dynastie aus dem nahen Chan-Chan eroberten ihren geschwächten Rivalen.

Das Tal des Lambayeque war nach Naymlaps Zeiten die Heimat von mindestens fünf Städten, unter denen sich das Ahnenzentrum bei Chotuna befand, das eine lockere Konföderation ethnischer Zentren verbunden haben könnte, die durch Allianzen und verwandtschafliche Bande miteinander verknüpft waren. Die größte ist Batan Grande, eine einstmals wohlhabende Stadt, deren Ziegelsteinpyramiden über zehntausende geplünderter Gräber emporragen, von denen viele einmal Mengen an goldenem Schmuck und etliche Menschenopfer enthielten. Um 1100 n. Chr. brach ein starker El Niño herein. Starke Überschwemmungen ergossen sich über die große Stadt und rissen alles mit sich. Anstelle eines Wiederaufbaus häuften die Bewohner Stöße von Holz und Ästen an und brannten den größten Teil der Pyramiden und den Stadtkomplex bis auf den Grund nieder. Vielleicht spiegelt sich dieser große Brand in der Legende von Fempellec wider, der die Gewalten der Natur in Wut versetzte und Zerstörung über sein Königreich brachte.

Wie die nächsten vier Kapitel zeigen werden, überleben diejenigen, die behaupten, sie kontrollierten den Kosmos und die Zukunft der Kultur, nur so lange, wie sie fähig sind, über die Loyalität ihrer Untergebenen zu verfügen. Die Lektion ist einfach: Letztendlich wiegt die Gleichung der Geschichte die Bedürfnisse der Bevölkerung gegen die Versorgungskapazität des Landes auf. Sobald die Versorgungskapazität überschritten wird und Technologie oder soziale Maßnahmen das Gleichgewicht nicht wiederherstellen können, ist alles, was der Menschheit bleibt, sich zu zerstreuen – wenn der nötige Raum dazu vorhanden ist.

6 PHARAONEN IN DER KRISE

Wenn er [der Nil] langsam fließt, verstopfen sich die Nasenlöcher und ein jeder ist arm. Wenn den Göttern weniger Nahrungsopfer dargebracht werden, dann sterben unter den Sterblichen eine Million, Habsucht wird geübt, das ganze Land ist in Raserei, und Groß und Klein sind auf der Richtstätte. [Aber] wenn er ansteigt, ist das Land voll Jubel.

HYMNE AN DEN NIL AUS DEM MITTLEREN KÖNIGREICH

Zwischen 2180 und 2160 v. Chr. brachten beispiellose Dürren im südlichen Ägypten dem Land Hunger und politisches Chaos. Die Hungersnöte waren so einschneidend, daß hohe Beamte, etwa Ankhtifi, sie auf ihren Gräbern ins Gedächtnis riefen:

Ganz Oberägypten starb vor Hunger, in einem solchen Ausmaß, daß jeder dahin gekommen war, die eigenen Kinder aufzuessen, aber ich bewerkstelligte es, daß in diesem Gau niemand des Hungers starb. Ich veranlaßte eine Leihgabe an Getreide an Oberägypten ... Ich erhielt das Haus Elephantine während dieser Jahre am Leben, nachdem die Städte Hefat und Hormer zufriedengestellt waren ... Das ganze Land war wie eine verhungerte (?) Heuschrecke geworden, das Volk zog nach Norden und nach Süden [auf der Suche nach Getreide], aber ich ließ nie zu, daß es geschah, daß irgendjemand von diesem in einen anderen Gau übersiedeln mußte.[1]

Ankhtifi von Hierakonpolis und Edfu (zwei der südlichsten Gaue Oberägyptens) hatte eine solch hohe Meinung von seinen militärischen Fähigkeiten, daß er sich selbst prahlerisch als „großen Anführer" bezeichnete. Er wurde zu einer Zeit Gaufürst, als schwache Überschwemmungen seine Bezirke in Bedrängnis brachten. Seine Grabinschriften rühmen ihn dessen, daß „ich Hefat (Mo'alla), Hormer und (?) ernährte/am Leben hielt ... zu einer Zeit, als der Himmel [in/im] Wolken/Sturm war ... und das Land war im Wind, [und als jeder starb] am Hunger auf dieser Sandbank der Hölle von Apophis".[2]

Die Erinnerungen an große Dürreperioden erreichen uns über ein stark verblichenes historisches Spiegelbild. Das Alte Reich Ägyptens erblühte vor mehr als viertausend Jahren. Eigentlich bestehen die einzigen Zeugnisse, die überlebt haben, aus Grabinschriften, die nach vorgeschriebenen Formeln in Stein gemeißelt wurden. Selbstherrlich und ruhmesvoll glorifizieren sie die Inhaber bis in die Ewigkeit. Alles, was man tun kann, ist, zwischen den Zeilen zu lesen, in der Hoffnung, etwas an historischer Wahrheit aus der Bestattungsrhetorik zu schließen. Die Inschrift des Gaufürsten Ankhtifi läßt einen sehr deutlichen Klang an Wahrheit vernehmen: Kannibalismus, grassierender Hunger, Sandbänke inmitten des Flusses. Seine Darstellung spricht von schwer erworbener Erfahrung und verzweifeltem Kampf. Ein guter Teil des Verhaltens, das Ankhtifi beschreibt, wirkt fast unheimlich vertraut von den großen Hungersnöten Indiens – das ziellose Umherziehen hungernder Menschen auf der Suche nach Nahrung, der Kampf um kostbare Wasservorräte.

Die Erinnerungen überdauerten Generationen. Ein lebendiger Bericht eines Ägypten in der Krise ergibt sich aus den Schriften eines Weisen namens Ipuwer, der offenbar einen Teil des Elends selbst durchlitten hat und seine Erinnerungen später niederlegte. Er zeichnete ein anschauliches Bild Ägyptens in den Fängen wiederholter Hungersnöte, wo „der Plünderer sich überall aufhält und der Knecht sich nimmt, was er findet". Als der Nil über seine Ufer trat, mangelte es vielen Bauern am Vertrauen, in einer Zeit chronischer Unsicherheit Korn auszusäen. Die Geburtsraten gingen zurück (ebenso wie es während der Hungersnöte des neunzehnten Jahrhunderts in Indien der Fall war), die Toten wurden in den Nil geworfen, und Seuchen grassierten im Reich. Oberägypten wurde zu einer „leeren/trockenen Einöde", während Sanddünen aus der vorrückenden Wüste auf das Schwemmland des Flusses wehten. „Menschen ernähren sich von Pflanzen und trinken Wasser; weder Früchte noch Kräuter sind noch zu finden." Die Menschen drangen in die staatlichen Kornkammern ein und plünderten sie: „Das Lager ist leer und sein Wächter liegt niedergestreckt am Boden … das Getreide Ägyptens ist allgemeines Besitzgut." Grabraub war an der Tagesordnung, und „das Land wurde von ein paar gesetzlosen Menschen seines Königtums beraubt". In einer denkwürdigen Passage beschuldigt Ipuwer den Pharao jener Tage: „Autorität, Wissen und Wahrheit sind mit dir, doch Verwirrung ist es, was du über das Land bringst, und auch das Geschrei des Aufruhrs."

Als ich 1983 die wichtigsten archäologischen Stätten Ägyptens besuchte, hatte ich die Gelegenheit, auf einem unter Lateinsegel fahrenden Frachtschiff von Theben nach Assuan den Nil hinauf zu reisen. Majestätisch segelten wir vor dem Nordwind des Winters auf dem großen Fluß. Mit einem plötzlichen Blick in die Vergangenheit sah ich das zeitlose Ägypten der Pharaonen entlang dem Flußufer ausgebreitet. Ein Bauer brach die Erde mit einem Pflug, der an jene erinnerte, die auf Grabmalereien des Alten Reichs dargestellt sind. Weiße Reiher stelzten in den Furchen hinter ihm; ein Mann, der den Stamm einer Palme erklettert hatte, reichte seiner Frau am Boden reife Datteln hinunter. Mein Kopf reiste zurück zum Ägypten vor viertausend Jahren, als die entfernten Vorfahren dieser Dorfbewohner des Nil in einer freundlichen, scheinbar unwandelbaren Welt säten und ernteten.

Das Alte Ägypten war immer ein Agrarstaat gewesen, ein verschlungenes Gewebe aus Siedlungen, Dörfern und kleinen Städten. Der Pharao und sein Hofstaat besaßen große Güter auf dem Land, ebenso die wichtigen Tempel, aber der Brotkorb von Ägyptens strahlender Zivilisation ruhte fest in den Händen der Gaufürsten, die Hunderten von lokalen Gemeinden von Assuan bis zum Nil-Delta vorstanden. In jedem Sommer, wenn der Nil über seine Ufer trat, standen kleine Gruppen von Dorfbewohnern wachsam über ihren Schutzdämmen, reinigten Kanäle und Gräben, und stützten emsig brechende Dämme ab, um das Wasser in das richtige Abflußbecken oder Speicherreservoir zu leiten. Anschließend, sobald sich die Überschwemmung zurückzog, pflügten und bepflanzten Männer und Frauen die hervortretenden Felder. Reichhaltiger Schlamm, der vom Fluß zurückgelassen worden war, nährte das wachsende Getreide. Jeder, der Pharao, die Adligen und das gemeine Volk hingen von der Gabe der dörflichen Felder ab. Der gesamte Staat war auf die Rationen an Brot und Getreide angewiesen, die von einer Armee an Schreibern und kleinen Beamten verteilt wurden. Wenn die Überschwemmung ausblieb und der Ernteertrag sich verringerte, sorgten Bauern und Gaufürsten in erster Linie für sich selbst und in zweiter Linie für den Staat; eine Lektion, die spätere Pharaonen nie mehr vergaßen.

Die Pharaonen des Alten Reichs herrschten über ein fruchtbares Land, das sich aus einer der rauhsten Wüsten herausgeschält hatte. Ihr linienförmig verlaufendes Königreich lag in einem Grüngürtel von 1300 Kilometern Länge und verengte und weitete sich mit dem Tal, das den Windungen des Nil folgte. Dessen Wasser bewegte sich langsam über den ersten Katarakt in Assuan nach Norden auf das Mittelmeer zu. Der Nil war die Schlagader und Hauptverkehrsstraße, und seine Kanäle und Seitenarme strömten wie Venen in das dicht bebaute Land zu beiden Uferseiten. Unterhalb des modernen Kairo breitete sich der Fluß in das üppige fächerförmige Delta aus. Fünftausend Jahre lang ist

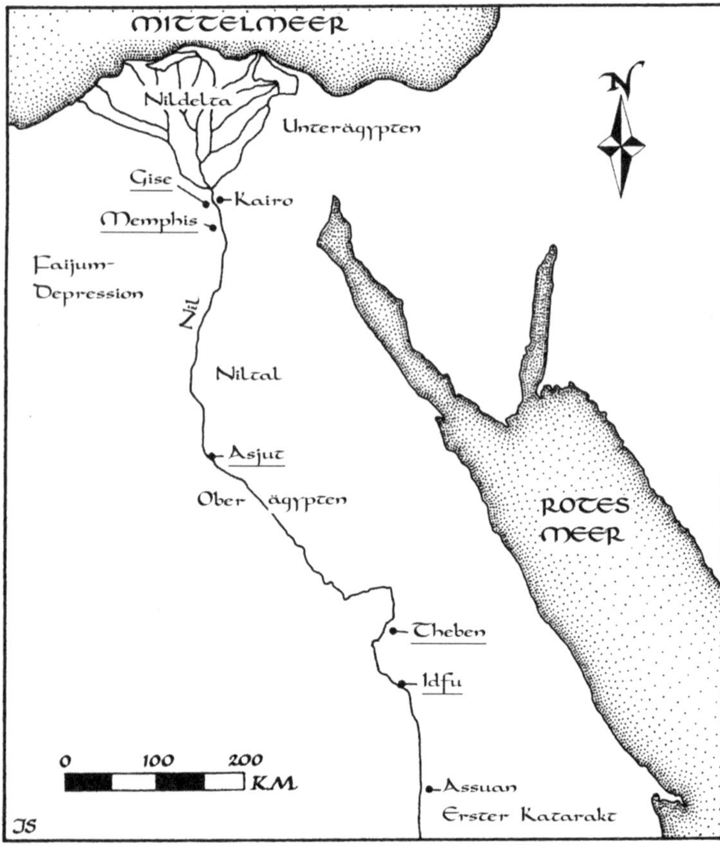

ABB. 6.1 Archäologische Stätten und Orte, die im 6. Kapitel erwähnt werden.

im wesentlichen kein Regen über diesem schmalen Landstrich niedergegangen. Ägypten hängt vollständig vom Niederschlag Tausende von Kilometern weiter südlich ab.

Die Ägypter nannten ihre Heimat *kmt*, „das schwarze Land". Sie hielten den großen Fluß für die Quelle des Lebens, für einen göttlichen Strom, der Teil der kosmischen Ordnung war. Jedes Jahr stieg der Nil an und überschwemmte die reiche Flußniederung, wenn Niederschläge tropischen Sommerregens tief in Afrika in das Herz Ägyptens strömten. Das war *Akhet*, die Jahreszeit der Überschwemmung, in der der Fluß über seine Ufer schwoll und das Tal in einen weiten flachen See verwandelte. Städte und Dörfer wurden zu kleinen Inseln, und das Flußwasser senkte frischen Schlamm auf die Felder, bevor es sich langsam zurückzog. So schrieb der britische Bewässerungsexperte William Willcocks, der in den neunziger Jahren des neunzehnten Jahrhunderts in Ägypten arbeitete: „Der Nil erscheint jedem Ägypter von großer Bedeutung, und das nicht ohne Grund." Er verspürte Ehrfurcht, als er sah, „wie der Fluß aus der Wüste emporkam und durch die Wüste dahinströmte, wie er anstieg und anschwoll, bis er sein Tal überflutete, während wir über uns einen wolkenlosen Himmel unter einer brennenden Sonne hatten".[3] Dann trat *Peret* ein, die Jahreszeit der Bepflanzung, in der Gerste und Weizen ohne die Notwendigkeit der Bewässerung langsam in der Wintersonne reiften. Nach der Ernte im März oder April ging *Shemu*, die Zeit der Dürre, über dem Tal nieder. Die frühe Sommersonne erhärtete den Boden und brach ihn auf, verschaffte der Erde dadurch Luft und beugte der Ablagerung schädlichen Salzes vor. *Shemu* ging mit der Ankunft der neuen Überschwemmung zuende, die den Kreislauf des Bauerndaseins am Nil schloß.

Das Schwemmland des Nil reicherte sich über viele tausend Jahre hin an, als Ergebnis der Ablagerungen des jährlichen Hochwassers.[4] Das Tal selbst entspricht der klassischen konvexen Form bei vielen afrikanischen Flüssen: Mit niedrigster Höhe an den *Rändern* des Tals strömte das Flutwasser zu beiden Seiten des Flußbetts weit nach außen. Aktive und aufgegebene Schutzdämme des Nil und seiner verzweigten Kanäle teilten die durch Anschwemmung entstandenen Becken in natürliche Flutbecken auf. Diese Schutzdämme erheben sich zwischen einem und drei Metern über der niedrigsten Anschwemmung und bringen flache Becken von einer Ausdehnung bis zu hundert Quadratkilometern hervor. Die Bauern erhöhten die natürlichen Dämme und verstärkten sie, so daß sie als längsgezogene Schutzdämme der Bewahrung des Flußwassers dienten. Gewundene leichte Erhebungen, gelegentliche diagonale Dämme und Kanäle von Menschenhand verteilten sich kreuz und quer über das flache Land.

Unter Idealbedingungen pflegte der Nil in Oberägypten um Mitte August herum auf volle Uferhöhe anzusteigen und sich dann über größere und kleiner Flutkanäle oder durch Breschen über niedrige Schutzdämme auszubreiten, um sich in anschließende Flutbecken zu ergießen. Wenn die Woge flußabwärts getragen wurde, überschwemmte sie die letzten Becken am nördlichsten Ende Ägyptens normalerweise vier bis sechs Wochen später. Auf dem Höhepunkt einer gewöhnlichen Überschwemmung wurde alles bis auf die Kronen der Schutzdämme kurzzeitig überflutet, bei etwa eineinhalb Meter Wasser in den Becken. Nach mehreren Wochen oder gar Monaten pflegten die Flutbecken wieder aus dem sich zurückziehenden Wasser zum Vorschein zu kommen. Die Bepflanzung begann dann in Oberägypten im September, im Delta sechs Wochen später.

Die durchschnittliche Höhe des Schwemmlands betrug nur etwa zwei Meter, so daß sich das Wasser in guten Überschwemmungsjahren über die höheren Schutzdämme ergoß. In Ausnahmejahren riß die Überschwemmung alles in rasender Zerstörung mit sich. Der Grabräuber und Archäologe Giovanni Belzoni wurde 1818 Zeuge einer außergewöhnlichen Überschwemmung, als schnell strömendes Wasser in ein Dorf nach dem anderen eindrang und Hütten ebenso dem Erdboden gleichmachte wie die Zäune aus Erde und Schilf, die diese schützten. Er schrieb: „Glücklich waren die, die höhere Regionen erreichen konnten. Einige überquerten das Wasser auf Holzstücken, einige auf Büffeln oder Kühen und andere mit Schilf, das zu großen Bündeln zusammengebunden war.“[5] Eilig transportierten die Dorfbewohner ihr kostbares Korn in höhergelegene Regionen, damit sie etwas zu pflanzen hätten, wenn die Flut sich zurückzog.

Eine schwache Überschwemmung bedeckte gewöhnlich jedoch nur einen kleinen Teil der Ebene. Manchmal war die Periode der Überschwemmung so kurz, daß sich das Wasser fast unmittelbar wieder zurückzuziehen begann, mit katastrophalen Auswirkungen. 967 n. Chr. verhungerten 600.000 Menschen, ein Viertel der Gesamtbevölkerung Islamisch-Ägyptens. Während einer anderen Hungersnot von 1220–1221 n. Chr. starben allein in Kairo zwischen einhundert und fünfhundert Menschen pro Tag. Ein Anstieg, der zwei Meter unterhalb des Durchschnitts lag, konnte bis zu dreiviertel einiger oberägyptischer Provinzen völlig unbewässert lassen. Im Alten Ägypten konnten Jahre niedriger Überschwemmungen für den König katastrophal sein, denn er war vom Getreide der Bauern abhängig, um den Hof und öffentliche Arbeiten wie den Pyramidenbau zu unterstützen. Auch wenn der Herrscher genug Getreide zur Verteilung in hungrigen Jahren gelagert hatte, konnte keine Getreidemenge und keine Vorratskapaziät ihn in die Lage versetzen, mehrere schwache Überschwemmungen durchzustehen, ohne die Erlaubnis zu großangelegten neuen Bewässerungsprojekten oder zu neuen landwirtschaftlichen Strategien zu erteilen. Eine Zentralregierung ist immer in einer geschwächten Position, wenn die Nahrung knapp wird und die Abgabe spät kommt, vor allem wenn mächtige Lokalbeamte sich dazu entschließen, entsprechend vorhandene Steuermittel in die eigene Tasche zu wirtschaften.

Man kann Generationen von Königen nicht die alleinige Schuld für ihre Kurzsichtigkeit zuschieben. Die Bevölkerung Ägyptens war immer noch relativ klein, und es war genug fruchtbares Land für alle vorhanden. Eine normale Überschwemmung ließ eine gute Getreidesaison über etwa zwei Drittel der Flußniederung zu. Lange bevor der erste Pharao herrschte, hatten die Ägypter sich einer begrenzten Bewässerung zugewandt, um eine wachsende Bauernbevölkerung zu ernähren, eine Praxis, die das natürliche Bebauungsgebiet ausdehnte. Dämme und Reservoirs erlaubten dem Bauern auch, nach ungewöhnlich kurzen Überschwemmungsgipfeln Wasser in natürlichen Flutbecken zu erhalten. Durch Einsatz einer relativ kleinen Anzahl von Menschen konnte ein Dorf natürliche Flutkanäle ziehen und vertiefen, kurze Gräben ausheben, um an niedrigen Stellen natürlicher Schutzdämme eine Bresche zu schlagen, sich ansammelnde Wasserströme mit Erdwällen blockieren und Wasser aus natürlichen Tümpeln oder Kanälen mit Schöpfgefäßen auf benachbarte Felder befördern.

Die Ägypter wußten, daß der Nil die Quelle des Lebens war. Ihre Könige nährten den Glauben, sie würden die geheimnisvolle Überschwemmung kontrollieren, den eigentlichen Ursprung des menschlichen Daseins. Die Wirklichkeit war ziemlich genau das Gegenteil. Das Alte Reich war mit seinem ermangelnden Niederschlag einerseits und seiner ehrgeizigen Pracht andererseits, letztendlich völlig vom Monsun des Indischen Ozean abhängig und ebenso von den Launen der Südlichen Oszillation. In einem Stadium, in dem der dörfliche Ackerbau und die Lagerung der Nahrungsvorräte dezentralisiert und autark waren, hielten diejenigen, die dem Land am nächsten waren, den Schlüssel zum Überleben des Pharao in der Hand.

Wissenschaftlern war seit langem bekannt, daß Dürreperioden in Ägypten häufig mit trockenen Bedingungen in Indien zusammenfielen. 1908 berichtete die *Imperial Gazetteer of India*, daß „es jetzt völlig anerkannt ist, daß Dürrejahre im westlichen oder nordwestlichen Indien fast konstant Jahre einer geringen Überschwemmung am Nil sind. Die Beziehung wird weiterhin durch die Tatsache bekräftigt, daß Jahre ungewöhnlich heftiger Niederschläge in West-Indien auch Jahre einer hohen Überschwemmung des Nil darstellen".[6] Während er in Indien diente, bestimmte Sir Gilbert Walker nicht nur die Südliche Oszillation, sondern studierte auch die Auswirkungen ihrer Druckschwankung auf der östlichen Seite des Indischen Ozeans. Walker beobachtete die Wechselbeziehung zu Dürren am Nil über viele Jahre, auch wenn er und nachfolgende Forscher sehr vorsichtig bei dem Hinweis waren, daß dies etwas mehr als eine ganz allgemeine Beobachtung darstellte, was in dem Bewußtsein geschah, daß lokale Bedingungen in großem Maß variieren.

Der Nil setzt sich aus vier Flüssen zusammen, von denen zwei in Ost-Afrika entspringen und zwei in Äthiopien. Weit im Süden fließt der Victoria-Nil in Uganda von dem See diesen Namens in den Albertsee nach Nordwesten. Dann fließt der Weiße Nil nordwärts von Albert nach Khartum, wo er sich mit dem Blauen Nil vereinigt, der im äthiopischen Hochland entspringt. Die vereinigten Nilflüsse strömen majestätisch durch die Wüste und werden noch stärker durch den Atbara angereichert, der auch im Gebirge Äthiopiens entspringt. Jedes Jahr strömt sommerlicher Niederschlag aus dem tropischen Afrika den Nil hinunter und trägt Wasser in das weit stromabwärts liegende Ägypten. Da der Großteil des jährlichen Flutwassers seinen Ursprung im Hochland Äthiopiens hat, fungierten die Monsunniederschläge im nordöstlichen Afrika wie eine Wasserpumpe, die das Alte Ägypten in Betrieb hielt.

Gilbert Walker hatte darin recht, Schwankungen in der Südlichen Oszillation mit der Intensität der Überschwemmungen am Nil in Verbindung zu bringen. Ein kompliziertes Wechselspiel hohen und niedrigen Luftdrucks beeinflußt die Wetterbedingungen in den äthiopischen Bergen. Die Ankunft eines Großteils der Niederschläge im Hochland zwischen Juni und September ist für den Zeitpunkt der ägyptischen Überschwemmung verantwortlich. In den meisten Sommern trägt ein anhaltendes Tiefdruckgebiet über Indien und dem Arabischen Meer starke Südwestwinde in das Gebiet des Indischen Ozeans. Die innertropische Konvergenzzone (ITCZ) liegt unmittelbar nördlich von Eritrea, so daß über dem äthiopischen Hochland reichlich Regen fällt. Der Blaue Nil und der Atbara tragen die daraus resultierenden Flutwasser stromabwärts. Diese Bedingungen herrschen vor, wenn der Index der Südlichen Oszillation hoch ist, was sich in geringem Luftdruck über dem Indischen Ozean bemerkbar macht. Wenn der Index niedrig ist, bleibt die Konvergenzzone weiter südlich, und das große Tiefdruckgebiet des Indischen Ozean bewegt sich nach Osten oder entwickelt sich nur sehr schwach. Die Monsunwinde unterliegen Schwankungen oder bleiben sogar ganz aus. Dürre beeinträchtigt das Hochland. Tausende von Kilometern im Norden erlebt Ägypten eine geringe Überschwemmung.

Seit wann hat diese Schwankung Ägypten schon beeinträchtigt? Wenn das Zeugnis von der peruanischen Küste richtig ist, dauern El Niño-

Zirkulationen schon mindestens seit dem Beginn der Hochkultur des Alten Ägypten um 3000 v. Chr. an. Leider wird es uns nicht möglich sein, Dürrezyklen im Alten Königreich anders zu bestimmen als durch zeitgenössische Berichte von etwas zweifelhafter Verläßlichkeit, bevor nicht irgendjemand Baumringabfolgen von ausreichender Genauigkeit ausfindig macht, um jährliche Niederschlagsschwankungen für das Niltal anzugeben. Anerkannte jährliche Messungen reichen gerade einmal fünfzehnhundert Jahre zurück. Der Ozeanograph William Quinn hat die Schwankungen der Überschwemmung des Nil im islamischen Ägypten von 641 n. Chr. an bis in die heutige Zeit gewissenhaft rekonstruiert, wobei er eine Vielzahl historischer Quellen heranzog. Durchgängige wissenschaftliche Messungen zu Nilüberschwemmungen gehen bis 1824 zurück und belegen bezeichnende Schwankungen, ebenso wie eine große Dürre von 1899–1900, die mit einem starken El Niño-Ereignis (und einem katastrophalen Ausbleiben des Monsun in Indien) im selben Jahr zusammenfiel.

Quinns kniffige historische Arbeit sorgt für einige interessante Daten über die abweichenden Häufigkeiten schwacher Überschwemmungen. Seine Darstellungen enthüllen eine Gesamtzahl von 178 unterschiedlich schwachen Überschwemmungen am Nil über einen Zeitraum von 901 Jahren, wobei im Durchschnitt alle fünf Jahre eine geringe Überschwemmung auftrat. Die Häufigkeit der Jahre niedrigen Hochwassers hat sich im Lauf der Jahrhunderte beträchtlich verändert. Zwischen 622 und 999 n. Chr. gab es 102 Jahre schwacher Überschwemmungen, die gerade unter 28 Prozent der Zeit auftraten. Dieser Anteil steht im Gegensatz zu dem von 1000 bis 1290, als das Klima der Erde etwas wärmer und feuchter war als heute und die Überschwemmungen am Nil nur zu 8 Prozent der Zeit unter dem Durchschnitt lagen. Fünfunddreißig Prozent der Überschwemmungen zwischen 1694 und 1899 waren ungewöhnlich gering, in einer zeitlichen Phase, die mit der Kleinen Eiszeit zusammenfiel, als es zu mehreren ausgedehnten Perioden von schwachen Überschwemmungen kam (siehe Kapitel 10). Quinn glaubt, daß solche ausgedehnte Phasen einer geringen Flut charakteristisch für kühlere Perioden waren. Er macht darauf aufmerksam, daß die im Alten Testament beschriebene Schwankung von sieben Jahren des Überflusses, denen sieben Jahre des Hungers folgten, von Joseph in Genesis 41 vorhergesagt, nichts ungewöhnliches war.

Quinn stellte fest, daß der Grad der Flut dramatisch voneinander abwich. Der durchschnittliche Nildurchfluß am Ersten Katarakt in Assuan betrug 1879 129 Milliarden Kubikmeter am Tag. 1913 fiel er auf nur 44 Milliarden Kubikmeter am Tag. Den niedrigsten Stand im späten zwanzigsten Jahrhundert erreichte er von 1972–1973 und von 1982–1984, als er 62 Milliarden Kubikmeter betrug. Das moderne Ägypten wird vom Jahr 2000 an wahrscheinlich ein Minimum von 63 Milliarden Kubikmetern am Tag benötigen, so daß die Gefahr von Dürren nach wie vor droht. Selbst nach der Errichtung des Hochdamms in Assuan in den sechziger Jahren des letzten Jahrhunderts kam es nach mehreren Jahren hoher Überschwemmung 1987 zu einer Panik, als der Wasserstand im Nassersee hinter der Dammauer so tief fiel, daß die Ägypter einen Verlust an Trinkwasser und ein Problem in der Elektrizitätsversorgung befürchteten.

Die fragmentarischen Angaben zu Wasserständen bei Überschwemmungen im Alten Reich, von alten Seewasserständen im Tiefland von Al Faijum westlich des Nil und aus den Annalen der Pharaonen, übermitteln uns, daß die Überschwemmungen am Nil gerade zu der Zeit außergewöhnlich hoch waren, als Ägypten um etwa 3000 v. Chr. ein geeinter Staat wurde. Während der Ersten und Zweiten Dynastie fand ein rascher Abfall statt, in einer Phase, in der Hofbeamte begannen, Wasserstände bei Überschwemmungen mit Nilmessern und anderen Hilfsmitteln zu registrieren. (Die Ägypter maßen Fluthöhen mit Markierungen an Uferfelsen oder mit eingemeißelten Unterteilungen und entwickelten die Kunst, Überschwemmungen weitgehend voraussagen zu können.) Als das Alte Reich den Höhepunkt seines Ruhms erklomm, fielen die Fluten des Nil weiter ab. Ein ausgetrockneter See im Gebiet von Al Faijum verhilft zu Belegen, daß Überschwemmungen nach 2180 v. Chr. einen extrem niedrigen Stand aufwiesen. Wenn man den Ägyptern jener Tage Glauben schenkt, war der nachfolgende Dürrezyklus tatsächlich sehr schwerwiegend.

Vierhundert Jahre vor „dem großen Hunger“ etwa um 2550 v. Chr. ordnete ein Herrscher des Alten Reichs namens Cheops den Bau seiner Grabespyramide und seines Totentempels auf einem Felsplateau bei Gise am westlichen Ufer des Nil an. Seine Große Pyramide ist ein erstaunliches Monument: 146,6 Meter hoch, mit einer Seitenlänge von 230,3 Metern. Die vier Seiten fallen in einem genauen Winkel von 51 Grad ab. Cheops Architekten richteten die Pyramide mit ihren einfachen astronomischen Instrumenten so aus, daß sie nur 1,06 Meter von der tatsächlichen Nordausrichtung verschoben liegt. Über 2,3 Millionen Steinblöcke bilden sein Grab, von denen jeder etwa 2,5 Tonnen wiegt. Ursprünglich überzog ein weißer Kalksteinmantel die ganze Pyramide. Aber das war erst der Anfang. Cheops gesamter

Bestattungskomplex umfaßte drei kleinere Pyramiden für seine Gattinnen, einen Fußweg und zwei Tempel wie auch Gräber für höhere Beamte.

Man weiß nicht genau, wie lange Cheops regierte, aber wenn er dreißig Jahre lang geherrscht hätte, dann hätten die Erbauer nicht weniger als 230 Kubikmeter Stein pro Tag an Ort und Stelle setzen müssen. Die Arbeiter hätten dann einen Block von durchschnittlicher Größe alle zwei, drei Minuten eines zehnstündigen Arbeitstages in Position bringen müssen. In der ruhigen Jahreszeit der Überschwemmung schufteten Tausende zwangsverpflichteter Bauern für den Pyramidenbau und zogen gewaltige Steinblöcke auf Holzschlitten über Erdrampen hinauf, während weißgekleidete Schreiber genau über fortbewegte Steine und ausgegebene Rationen Buch führten. In jeder Beziehung war der Bau von Cheops Pyramidenkomplex ebenso wie der seiner Nachfolger Chephren und Mykerinos eine überwältigende Leistung und ein Meisterwerk sorgfältiger Verwaltung, die die Versorgung von Tausenden von Facharbeitern und Bauern einschloß – alles im Interesse eines einzelnen Menschen, einer lebenden Verkörperung des Sonnengottes Re. Die Pyramiden von Gise waren das größte Werk des Alten Ägyptischen Königreiches, einer Hochkultur, die auf der Annahme begründet worden war, daß der Pharao der Ursprung einer Welt im Wohlstand war.

Alles hing von der Macht und der geistigen Autorität des Pharao ab. Nach ägyptischem Glauben waren die Sterne göttliche Wesen und der Herrscher dazu bestimmt, seinen Platz unter ihnen einzunehmen. „Der König steigt zu seinem Ebenbild auf … Eine Leiter steht schon für ihn bereit, so daß er auf ihr aufsteigen kann“, verrät uns ein Ausspruch in einem königlichen Pyramidentext.[7] Daher verschwendeten die Pharaonen des Alten Königreichs gewaltige Mittel auf den Bau ihrer Pyramiden. Diese Grabstätten stellten symbolisch Sonnenstrahlen dar, die durch die Wolken brechen, um auf die Erde zu scheinen. Vor vielen Jahren besuchte ich Gise gerade an einem wolkigen Tag, als die Sonne nur flüchtig durch das Grau schimmerte. Nur für einen kurzen Moment brachen am späten Nachmittag die glänzenden Sonnenstrahlen durch die Wolken und schienen auf Cheops' Pyramide. Die alte Bildersprache erwachte zu Leben, als die glänzende Straße aus Sonnenlicht zu einer gewaltigen Himmelsleiter wurde.

Die ägyptischen Herrscher waren lebende Götter, die eigentliche Essenz der höheren Ordnung einer wohlhabenden Welt, die durch einen großzügigen Fluß gespeist wurde. Die Pharaonen *waren* die menschliche Existenz, die Verkörperung eines vereinigten Ober- und

Unterägypten. Ein ägyptischer König stellte auf der Höhe seiner Macht eine Verbindung aus Kraft und Intelligenz dar, aus Nährung und Furcht, Erhaltung und Strafe. Jahrhunderte nach den Vorgängen, die in diesem Kapitel dargestellt werden, beschrieb ein Lehrbuch für Kinder, verfaßt im vierzehnten Jahrhundert v. Chr., den Pharao Amenophis III. aus dem Neuen Königreich als „Gespür, das in euren Herzen ist, und seine Augen erfassen jeden. Er ist Re, durch dessen Lichtstrahlen einer erst sehen kann. Er erleuchtet die Zwei Länder [Ober- und Unterägypten] stärker als die Sonne. Er macht die Zwei Länder grüner, als es ein hoher Nil kann. Denn er hat die Zwei Länder mit Kraft und Leben erfüllt".[8]

Die Pharaonen des Alten Reichs lebten nach der Vorgabe der *ma'at*, eines Geistes der Gerechtigkeit, der Maßhaltung und des Ausgleichs, die die eigentliche Essenz des ägyptischen Lebens ausmachte. Sich der *ma'at* anzugleichen bedeutete Unsterblichkeit zu erlangen und ein wohlhabendes Dasein im Leben nach dem Tod. *Ma'at* war kosmische Ordnung, Gerechtigkeit und Wohlstand – die Hochkultur selbst. Vom Herrscher wurde als der eigentlichen Personifikation der *ma'at* geglaubt, daß er eine magische Kontrolle über das menschliche Dasein ausübte, und über die lebensspenden Überschwemmungen des Nil. Der König konnte nicht versagen. Er war das Symbol des Ausgleichs zwischen den Gewalten von Ordnung und Chaos, das Sinnbild der Stabilität, die das Alte Königreich Ägyptens über Jahrhunderte erhielt.[9]

Das Alte Ägypten wurde ins Leben gerufen, als ein legendärer Pharao namens Menes vor etwa fünftausend Jahren Ober- und Unterägypten zu einem einzigen Königreich vereinigte. Es folgten vierhundert Jahre politischer Konsolidierung, bevor das Alte Königreich über vierhundert Jahre lang strahlend erblühte. Es war das Ägypten der Pyramiden und der despotischen Pharaonen wie Cheops, die als Gottkönige herrschten. Nach 2160 v. Chr. zerfiel das Alte Reich, als ein Menschenalter voll Hunger und politischer Wirren über das südliche Ägypten von Asjut bis Elephantine hereinbrach. Aber am Ende überlebte die ägyptische Hochkultur, tief gestärkt durch die Jahre der Entbehrung, um im Mittleren und Neuen Reich zu einer neuen Blüte zu gelangen.

Die Krise trat zu einem schlechten Zeitpunkt ein. Fast hundert Jahre früher hatte der Pharao Pepi II. 2278 v. Chr. im Alter von sechs Jahren den Thron bestiegen, um für nicht weniger als vierundneunzig Jahre zu herrschen, die längste Regierungszeit in der ägyptischen Geschichte.[10] Pepi zeigte sich in einer Zeit als weiser Herrscher, in der die Lebenserwartung etwa zwischen fünfundzwanzig und fünfunddreißig Jahren lag, so daß er sich in seinem Amt eine unglaublich reiche Erfahrung erwarb. Sein altägyptisches Königreich war mächtig, wohlhabend und wahrscheinlich in gewisser Weise selbstgefällig. Pepis Vorgänger hatten die Pyramiden von Gise errichtet und in einer Wüstenoase ein mächtiges Königreich geschmiedet. Er erbte einen Reichtum jenseits jeder Vorstellungskraft. Sein Hof in Memphis im nördlichen Ägypten erfreute sich eines lang gefestigten königlichen Handelsmonopols in Elfenbein und tropischen Erzeugnissen mit dem stromaufwärts von Assuan liegenden Nubien. Der Pharao kontrollierte auch den Import von Holz und anderen Rohstoffen aus der Stadt Byblos im heutigen Libanon an der östlichen Mittelmeerküste.

Doch regierte Pepi in turbulenten Zeiten. Nach dreißig Jahren seiner Herrschaft plünderte ein mesopotamischer König, vielleicht der berühmte Sargon von Babylon, Byblos und zerstörte mit einem Streich eine Hauptquelle des königlichen Wohlstands in Ägypten. Dieser Rückschlag kam zu einer ungünstigen Zeit: Der Pharao verwandte große Summen auf Expeditionen ins Ausland und sorgte sich um seine ehrgeizigen Provinzverwalter. Diese Gaufürsten waren für die Steuern verantwortlich, für die Abgaben und militärischen Aushebungen, die der Pharao forderte, aber ihre Loyalität konnte sehr fraglich sein.

Pepi erhielt sich die Loyalität seiner Gaufürsten durch Zugeständnisse. Als er älter wurde und weniger bewirken konnte, übertrug er viel Reichtum auf seine lokalen Verwalter, die jetzt den Pharao nachahmten und sich selbst gewaltige Begräbnisstätten in ihrer Heimat errichteten. Solange der Pharao ein starker und entschlossener Führer war, der Kraft seiner geistigen und politischen Autorität herrschte, hängten die Gaufürsten ihre Fahne nach dem politischen Wind und ließen die Abgaben weiterfließen. So hatten Pepi II. und seine Beamten in den ersten Regierungsjahren offenbar eine enge Kontrolle über das Königreich innegehabt. Aber als der König älter wurde, wurde er seinen Regierungsaufgaben gegenüber zunehmend gleichgültig. Die Nachfolge mag umstritten gewesen sein, da der Pharao die meisten seiner Söhne überlebt hatte. Die Gaufürsten, die an Wohlstand und Status gewonnen hatten, wurden kühner und mächtiger und zeigten weniger Respekt für Memphis.

Pepi II. starb 2184 v. Chr. und wurde in einer herrlichen Pyramide beigesetzt. Einige Ägyptologen glauben aber, daß seine altgedienten Beamten in ärmlichen Grabstätten ins nächste Leben übergingen, so als seien die Zeiten wirtschaftlich hart gewesen. Sein Sohn und Nachfolger Merenre II. hielt sich nicht lange. Ebensowenig eine geheimnisvolle Königin Nitocris, „mutiger als alle Männer ihrer Zeit, die schönste aller Frauen, von heller Haut und mit roten Wangen". Von ihr wird behauptet, daß sie Selbstmord begangen hat, wenn sie denn überhaupt je existierte. Das Alte Reich fand schließlich 2181 v. Chr. inmitten eines wirtschaftlichen und politischen Chaos sein Ende. Der griechische Geschichtsschreiber Manetho berichtet von siebzig Herrschern, die siebzig Tage lang regierten, was eher eine Widerspiegelung einer chronischen Instabilität sein dürfte als historische Wahrheit.

Pepis Nachkommen regierten weiterhin von Memphis aus, aber ihr Herrschaftsbereich dehnte sich kaum mehr über die Stadtgrenzen aus. Fast tausend Jahre lang war Ägypten von Erfolg zu Erfolg geschritten und hatte eine dauerhafte Gesellschaft großartiger künstlerischer, wissenschaftlicher und technischer Leistungen geformt. *Ma'at*, die eigentliche Essenz der politischen Stabilität entlang des Nil, war offenbar unwandelbar gewesen, aber nun hatte der Herrscher, die Personifikation der *ma'at*, sein Volk im Stich gelassen. Ohne große Vorwarnung stürzte die Zentralregierung in sich zusammen, und die brüchige Einheit von Ober- und Unterägypten ging entzwei. Die Macht des Pharaos verblühte angesichts politischer Unruhen, sozialen Wandels und immer größerer Hungersnöte. Lediglich noch den mächtigsten und fähigsten Gaufürsten ging es gut, denn sie kontrollierten die örtlichen Getreidevorräte. Der Gaufürst Ankhtifi hatte keinen Zweifel an seiner Macht. Er prahlte in seiner Grabinschrift: „Ich bin Anfang und Ende der Menschheit, und meinesgleichen wurde nicht und wird nicht geboren." Ankhtifi und seine Amtsgenossen herrschten wie Könige.

Wir kennen ihre Taten von ihren Grabinschriften. Der Gaufürst Khety von Asjut wuchs am königlichen Hof auf. Seine Grabinschriften verbreiten, wie er in den sorglosen Tagen seiner Jugend mit den Kindern des Pharao Schwimmen lernte. Der junge Khety wuchs in guten Zeiten zum Mann heran, in denen die üppigen Überschwemmungen des Nil das fruchtbare Land seiner Heimatstadt bewässerten. Schließlich wurde er zum Gaufürsten von Asjut, zum Steuereintreiber, zum Verwalter und zum nominellen Vertreter des Königs in einer Provinz weit stromaufwärts vom königlichen Hof in Memphis. Bald vervielfachten sich Khetys Sorgen. Eine Anzahl von katastrophal schwachen Überschwemmungen brachte Hunger über sein Volk. Glücklicherweise war der Gaufürst ein aktiver Verwalter. Seine Schreiber überwachten den Wasserstand der Überschwemmungen mit speziellen Markierungen. Auf der Grundlage von Erfahrungswerten vieler früherer Jahre konnten sie den Ernteertrag mit bemerkenswerter Genauigkeit vorhersagen.

Hochwasser über Hochwasser erreichte rasch seinen Gipfel, der einen viel niedrigeren Stand einnahm als gewöhnlich. Tausende Hektar von Ackerland erhielten überhaupt kein Wasser. Als der Nil auf einen Rekordniedrigstand zurückging, pflanzten die Menschen in ihrer Verzweiflung Getreide auf den Sandbänken an. Khetys Grab erzählt uns, wie er genau wie Ankhtifi zu drastischen Maßnahmen griff, um sein Volk zu schützen:

> Ich nährte meine Stadt, ich handelte als [mein eigener] Verwalter in Bezug auf Nahrungsmittel (?) und als Spender des Wassers zur Mitte des Tages ... ich errichtete einen Damm für diese Stadt, als Oberägypten eine Wüste (?) war, als kein Wasser zu sehen war. Ich machte [landwirtschaftliches] Hochland aus Sumpf und veranlaßte ihre Überschwemmung über alte verwahrloste Stellen zu treten ... alle Menschen, die Durst hatten, tranken ... Ich war reich an Getreide, als das Land eine Sandbank war, und ich ernährte meine Stadt, indem ich Getreide verteilte.

Ein weiterer Beamter namens Merer, „Vorsteher über die Schlächter des Hauses Khuu [wahrscheinlich Idfu]", berichtet, daß er sich während der Hungersnot seines Hauses annahm und dessen Bewässerungssystem kontrollierte. „Ich sperrte all ihre Felder und Dämme in der Stadt und auf dem Land ab, ich ließ nicht zu, daß ihr Wasser für andere anstieg ... Ich veranlaßte, daß der Stadt Gerste aus Oberägypten zukam und transportierte es für sie viele häufige Male."

Die Gaufürsten kannten ihre Bezirke gut und waren fest mit dem Land verwurzelt. Sie hatten aus harter Erfahrung gelernt, daß allein eine entschlossene Führerschaft den Hunger lindern konnte. Die Dorfbewohner hatten nicht einmal für sich selbst genug zu essen, ganz zu schweigen von den Hunderten von Nichtbauern, die bei Tempeln und in Städten lebten. In Zeiten einer schweren Dürre war die Bevölkerungsdichte zu hoch für das, was das Land hergab, und man verfügte nur über eine geringe Getreidereserve. Fähige Gaufürsten wußten, daß nur drakonische Maßnahmen zum Erfolg führen würden. Sie schlossen die Grenzen ihrer Provinzen für Außenstehende, um einer ziellosen Nahrungssuche vorzubeugen – eine häufige Reaktion der Massen auf den Hunger. Sie errichteten vorübergehende Dämme an den Rändern angeschwemmter Abflachungen, um so viel Flutwasser wie möglich für die Felder zurückzuhalten. Getreide wurde genaustens rationiert und auf die am schlimmsten betroffenen Gebiete verteilt. Vor allem aber bewahrten die Gaufürsten eine scharfe Kontrolle über ihre Gebiete, taten alles, was in ihrer Macht stand, um einer Panik vorzubeugen, und behielten die eigenen ehrgeizigen Rivalen stromauf- und stromabwärts wachsam im Auge. Offiziell huldigten sie dem Pharao, der theoretisch für die Überschwemmungen des Nil verantwortlich war. In der Praxis waren die unter ihm Stehenden die wahren Herrscher Ägyptens, denn sie konnten kurzfristige Maßnahmen ergreifen, um die Hungernden zu speisen und die dörfliche Landwirtschaft anzukurbeln.

Wie über eine Drehbühne trat ein König nach dem anderen als Herrscher in Memphis auf, deren Glaubwürdigkeit als göttliche Monarchen fatal von ihrer Unfähigkeit untergraben wurde, reiche Überschwemmungen zu gewährleisten. Das ägyptische Königtum erblühte unter der Annahme, daß der Pharao der Sohn des Re, des Sonnengottes war, der durch die himmlische Falkengottheit Horus behütet wurde. Die Pharaonen waren die Erzeuger der Überschwemmung, stellte sich diese aber nicht ein und war die rechte Ordnung damit in Frage gestellt, wurde der König verantwortlich gemacht. Es dürfte kein Zufall sein, daß in Memphis ein Herrscher nach dem anderen als der „wahre" Sonnengott an die Macht kam, während die Gaufürsten unter sich um Macht rangen. Kein Pharao war stark genug, um das Kommen der Fluten zu veranlassen.

Die brüchige Einheit des Landes zersplitterte. Die Stadt Herakleopolis (nahe dem modernen Bani Suwaif) gewann zwischen 2160 und 2040 v. Chr. die Kontrolle über die mittleren Gebiete Ägyptens. Ihre Herrscher mögen eine Zeitlang sogar tatsächlich das ganze Land kontrolliert haben, aber ihre Regierungszeiten waren kurz und ihre Dynastien nicht sehr stabil. Um 2040 v. Chr. führte eine erbitterte Feindschaft mit der Herrscherfamilie von Theben dazu, daß sich das südliche Ägypten in ein rivalisierendes Königreich abspaltete. An der Grenze der beiden Reiche kam es ständig zu Zusammenstößen, als die Könige von Theben ihren nördlichen Rivalen zu erobern trachteten, wobei sie durch eine Rückkehr reicherer Überschwemmungen unterstützt wurden. Nach 2134 v. Chr. versuchten drei Könige von Theben, alle mit Namen Intef, wiederholt Herakleopolis zu unterwerfen. Jeder von ihnen drängte die Grenzlinie Thebens weiter stromabwärts über Abydos hinaus, was die Bühne für die schweren Schlachten der militärischen Aktionen von Mentuhotep I. bereitete, der 2060 v. Chr. den Thron Thebens bestieg und für ein halbes Jahrhundert regierte. In den frühen Jahren seiner Regierung ereigneten sich viele erbitterte Kämpfe, die 2046 in einer Rebellion bei Abydos kulminierten. Mentuhotep schlug den Aufstand mit entschlossener Härte nieder, wiedervereinigte Ägypten unter seiner Herrschaft und wurde als der „Einer der Zwei Länder" bekannt.

So begann das Mittlere Königreich, zweihundertfünfzig Jahre an Wohlstand und Überfluß. Es kam zu Perioden schwacher Überschwemmungen, aber keine reichte an die der Zeit des Großen Hungers heran. Mentuhotep I. und seine beiden Nachfolger in der Elften Dynastie verbrachten die Tage ihrer Regierung mit der Konsolidierung eines geschwächten Königreichs und der Wiederaufrichtung seiner Ackerbauwirtschaft. Die Zwölfte Dynastie nahm mit der Thronbesteigung von Amenemhet I. 1991 v. Chr. ihren Anfang. Sieben Könige und eine Königin herrschten über ein zunehmend wohlhabenderes Ägypten und hielten über Jahrhunderte von außergewöhnlich hohen Überschwemmungen an einer starken zentralisierten Regierung fest. Die religiöse Lehre ließ den Pharao nicht länger unfehlbar sein. Er war jetzt vom Sonnengott Re beauftragt, *ma'at* auf Erden zu errichten und zu stärken, eine Philosophie, die ein Versagen des Königs zuließ. Die Pharaonen des Mittleren Königreichs verstanden sich selbst als Hirten des Volks und waren stärker mit dem Gemeinwohl beschäftigt als ihre Vorfahren im Alten Reich. Sie zeigten sich auch als fähige Verwalter, die jeden Aspekt des ägyptischen Lebens einer strengen Bürokratie unterwarfen.

Der Pharao Sesostris III. (1878–1841 v. Chr.) war ein großer Krieger und ein Mann von beeindruckender Körpergröße. (Manetho berichtet uns, daß er „4 Ellen, 3 Hand breit, 2 Finger breit [über 2 Meter] groß" war.[11]) Abgesichert durch reiche Überschwemmungen, nutzte er die Stellung und das Ansehen seines Amtes, um die Macht der Gaufürsten zu brechen und sie durch Verwalter unter direkter königlicher Kontrolle zu ersetzen. Das Mittlere Reich erlangte den Höhepunkt seines Wohlstands unter seinem Nachfolger Amenemhet III. (1929–1895 v. Chr.), unter dessen Herrschaft sich eine Reihe außergewöhnlich hoher Überschwemmungen im Königreich ereignete. Der Pharao begann im Tiefland von Al Faijum westlich des Nil umfangreiche Unternehmungen zur Bewässerung und Urbarmachung. Von ihm heißt es, er habe den Hawara-Kanal von angelagertem Schlamm gereinigt, der das Tiefland einmal mit dem Nil verband. Das Becken des Faijum diente sowohl zur Hochwasserentlastung als auch als Reservoir. Während starker Überschwemmungsjahre konnten sich dort Seen füllen und Unterägypten vor einer noch schlimmeren Zerstörung durch die Flut bewahren; sobald sich der Fluß senkte, strömte überschüssiges Wasser durch denselben Kanal ab.

Die Pharaonen des Mittleren Königreichs unterschieden sich von ihren selbstgefälligen Vorgängern, die beeindruckende Pyramiden errichteten und abseits ihres Volkes lebten. Obwohl sie immer noch mit gewaltigem Prunk begraben wurden, vergaßen sie doch nie die große Dürre von 2180 v. Chr. und waren sich immer darüber bewußt, daß ihre Macht als Wächter der natürlichen Ordnung der Dinge von den unberechenbaren Überschwemmungen des Nil abhing. Künstler des Mittleren Köngreichs schufen eindrucksvolle Statuen von Sesostris III. und Amenemhet III., die sie, vielleicht absichtlich, nicht als ewig jugendliche Monarchen darstellen, sondern als sorgenvolle Herrscher mittleren Alters, deren brütende Ernsthaftigkeit eine tiefe Bewußtheit ihrer Verantwortung reflektiert. Die Lehren der Geschichte wogen schwer auf ihnen, und ihre königlichen Vorrechte waren viel geringer als die ihrer Vorgänger aus dem Alten Königreich.

Die großen Dürren waren nicht die letzten, die die alten Ägypter beeinträchtigen sollten. Irgendwann nach 1768 v. Chr. machte die Phase ungewöhnlich hoher Überschwemmungen einer Zeit unregelmäßigen Hochwassers Platz, das in etwa heutigen Bedingungen entsprach. Für die Periode zwischen 1768 und 1745 deuten erhaltengebliebene Angaben auf eine Hungersnot und mehrere Jahre niedriger Wasserstände des Flusses hin. So prahlte ein Beamter namens Bebi auf seinem Grab bei Elkab: „Wann immer eine Hungersnot während verschiedener/zahlreicher Jahre auftrat, schenkte ich meiner Stadt während jeder Hungersnot Getreide.“[12] Die Litanei klingt vertraut, die Hungerjahre waren jedoch nicht beständig. Eine Zeitspanne politischer Wirren und Unsicherheiten fiel mit einem Rückgang der Überschwemmungen zusammen, was erneut eine rasche Abfolge mehrerer Pharaonen mit sich brachte; sie erklärt sich aus Ungewißheiten über das königliche Erbe und aus der Notwendigkeit des Landes, sich nach Jahren reicher Wasserversorgung auf niedrigere Wasserstände bei Überschwemmungen einzustellen. Nicht weniger als achtzehn Könige herrschten zwischen 1768 und 1740 v. Chr. über Ägypten, und während des siebzehnten Jahrhunderts v. Chr., in dessen Verlauf sich schlaue Wesire durch mehrere Regierungen dienten und eine gewisse Kontinuität der Herrschaft gewährleisteten, waren es sogar noch mehr.

Bei all der politischen Ungewißheit brach Ägypten dieses Mal doch nicht völlig zusammen, denn jeder Landesteil hing zum wirtschaftlichen Überleben vom anderen ab. Obwohl mittlerweile Prinzen der Hyksos aus Asien über das Delta im Norden herrschten, weidete das Volk von Theben dort immer noch Vieh und führte Emmer-Getreide von den Feldern seines Rivalen ein. Technische Neuerungen trugen dazu bei, den Ernteertrag für eine wachsende Bevölkerung zu vergrößern; zum Beispiel erlaubte es der *shaduf*, ein einfaches ziehbrunnenartiges Schöpfwerk, den Bauern, ihre Felder außerhalb der Saison der Überschwemmung zu bewässern. Und als die Hyksos vertrieben waren und Amosis I. von Theben 1570 v. Chr. den Thron einnahm, trat Ägypten in die Jahrhunderte seiner ruhmreichsten Herrschaft ein.

Ägypten überlebte, weil die Menschen glaubten, daß ihr König das Versagen überwunden hätte. Sie schrieben ihren Pharaonen Überfluß oder Hungersnot zu, nicht im modernen Sinn einer Verantwortlichkeit, sondern im Glauben, daß ihre Herrscher ihre göttlichen und menschlichen Eigenschaften zum Tragen brachten, um die Natur zu beeinflussen. Für ihren Teil ging es den mächtigsten und besten ägyptischen Königen gut, weil sie ihr Volk dafür einsetzten, aus einer natürlichen Fülle eine organisierte Oase zu schaffen, die einen Erntertrag zuließ, der den eines einfachen dörflichen Ackerbaus weit überstieg. Sie wurden zu Hirten, gottähnlichen Leitern eines Agrarstaates, in dem nur eine strenge Verwaltung, zentralisierte Herrschaft und technischer Einfallsreichtum das Überleben ihres Königreichs und genügend Nahrung in Jahren schwachen Hochwassers sichern konnten. Diese Erträge erhielten eine stetig wachsende städtische und ländliche Bevölkerung, trotz gelegentlicher Jahre des Hungers und der Krise.

Viele Jahrhunderte später übten sich die Herrscher einer glanzvollen Hochkultur in einer viel gefährlicheren Umwelt auf der anderen Seite der Welt nicht in solch einer Weisheit.

7 DIE MOCHE-HERRSCHER

Sie rudern mit kleinen Schilfrohren zu beiden Seiten auf und ab, gehen dann ein oder zwei Seemeilen aufs Wasser hinaus und tragen ihre Leinen und Netze mit sich ... Sie werfen die Netze aus und führen ihren restlichen Fischfang für den größten Teil des Tages und der Nacht durch, bis sie ihr Maß erfüllt haben, mit dem sie ganz zufrieden zurückkehren.

JOSÉ DE ACOSTA, HISTORIA NATURAL Y MORAL DE LAS INDIAS, 1588

Irgendwann Mitte des sechsten Jahrhunderts n. Chr. brachte ein starker El Niño Wolkenbrüche und katastrophale Überschwemmungen über die Nordküste Perus. Dicke, schwarze Wolken bauten sich in einiger Entfernung zum Land auf und verdichteten sich, während sie über die stark bevölkerten Flußtäler der Küste dahinzogen. Schwere Regentropfen klatschten auf den trockenen Boden, der durch ausgeprägte Dürren hart geworden und aufgeplatzt war. Ein starker Geruch feuchter Erde durchdrang die Luft, als der Niederschlag heftiger wurde und dann abrupt abbrach. Immer dickere Wolken ballten sich am Himmel und umhüllten die umliegenden Bergspitzen. Dann begann der Regen, getragen von einem heulenden Wind aus Meeresrichtung. Wasserwände schlugen flächendeckend auf das Tal hinunter. Der Regen dauerte unvermindert an – Sprühregen, Platzregen und starke Wolkenbrüche, die sich trockene Bergabhänge hinunter ergossen. Sonst friedliche Ströme, die nun durch Gebirgsabflüsse gespeist wurden, traten über die Ufer und überfluteten die dicht bewirtschaftete Flußniederung. Deiche gaben nach, Kanäle brachen, hunderte Hektar bewässerten Landes wurden zu einem Süßwassersee. Dicke Schlammschichten legten sich über sorgfältig angeordnete Felder. Das Werk von Generationen löste sich in wenigen Stunden in Nichts auf, als Regen und Fluten alles mit sich fortrissen. Schlammiges Wasser überschwemmte Dutzende von kleinen Dörfern, die sich auf dem Schwemmland drängten. Häuser stürzten ein, Strohdächer trieben stromabwärts und Hunderte ertranken, während die Menschen um ihr Leben liefen und in höheren Regionen kampierten.

Auch als der Regen aufhörte und der Wind nachließ, ging die Zerstörung weiter. Weißer Dampf stieg von einem Meer aus trocknendem Schlamm auf, wo einst grünes bewässertes Getreide wuchs. Gruppen von Dorfbewohnern arbeiteten wie besessen, um noch unversehrte Felder zu retten, die von steigendem Wasser bedroht wurden. Hügel und Täler standen unter Wasser. In der Wüste schnitten sich Auswaschungsrinnen in Bergabhänge, während Millionen Tonnen Sand und Flußschlick aufs Meer hinaus schwemmten. Gewaltige Pazifikwogen, die durch Meereswinde im Küstenbereich getrieben wurden, schlugen auf die Strände nieder und bedeckten große Sanddünen über den Höchstpegel hinaus. Der feine Sand wirbelte und wehte ins Landesinnere, begrub Ackerland unter sich und blockierte Flußtäler. Die Dünen bewegten sich wie zerstörerische Berge vorwärts.

Im Landesinneren, dreißig Kilometer vom tobenden Pazifik entfernt, ragten zwei leuchtend bemalte Lehmziegelpyramiden aus dem überschwemmten Moche-Tal empor. Von hier aus blickten die Herrscher eines glanzvollen Staates auf ihre hochgradig bewässerten und normalerweise gut organisierten Gebiete. Die stolzen Herrn standen hoch über dem schlammigen Wasser, aber der Regen hinterließ seine Zeichen auf ihren Lehmziegelbergen. Wasser drang in schmale Sprünge der Verkleidung ein und wandelte kleine Mängel in tiefe Risse und die Risse in weite Spalten, während der Lehm abzubröckeln begann. Tiefe Erosionsrinnen bildeten bald einen Krater in den einst ebenmäßigen Seiten des heiligen Gebäudes, als El Niño die göttlichen Kräfte der Moche-Herrscher verhöhnte.

Der El Niño des sechsten Jahrhunderts und die Dürren desselben Zeitraums säten die Saat der Zerstörung über eine der auffälligsten und mächtigsten Kulturen des alten Amerika. Die tragische Geschichte der Moche ist eine eindrucksvolle Anklage unflexibler, despotischer Führerschaft.

Die Kultur der Moche erblühte zwischen100 und 800 n. Chr. entlang der trockenen Nordküste Perus. Tausende Bauern und Fischer lebten unter der Herrschaft einer kleinen Zahl autoritärer Krieger-Priester. Die Herren der Moche herrschten nie über große Gebiete, nur über einen schmalen Streifen an Küstenwüste von etwa vierhundert Kilometern zwischen dem Lambayequetal im Norden und dem Nepeñatal im Süden. Ihre Untertanen lebten entlang des Pazifik oder in ausgetrockneten Flußtälern, die nicht weiter als etwa hundert Kilometer durch eines der trockensten Gebiete der Erde ins Land reichten. Die Herren selbst lebten abseits ihrer Untertanen, in hochgelegenen Palästen, die auf der Spitze massiver Lehmziegelpyramiden errichtet waren, die glänzend in der Sonne leuchteten. Sie regierten eine geordnete, gut organisierte Welt, die sich über ein lebendiges, immer noch weitgehend unbekanntes religiöses Glaubenssystem definierte. Und doch war es ein Universum, das von Dürren und von El Niño heimgesucht wurde.

Die Krieger-Priester lebten in ihrer eigenen Welt, weit weg von der täglichen Arbeit auf den bewässerten Feldern neben ihren prachtvollen Pyramiden. So weit man es sagen kann, drehte sich ihr Leben in einem endlosen Kreislauf eines Prestigewettstreits mit ihren Mitherrschern um Kriegsführung, Rituale und Diplomatie. Jedes Flußtal besaß einen oder zwei Königshöfe, die allesamt durch Verwandtschaftsbande und gegenseitige Verpflichtung miteinander verknüpft waren. Von Königsgräbern her zu urteilen, trug jeder Krieger-Priester dieselben Insignien und denselben zeremoniellen Schmuck. Die Herren der Moche zogen für Landgewinn und zur Wasserversorgung in den Krieg. Bemalte Gefäße dieser Kultur zeigen lebendige Szenen von kämpfenden Streitkräften, erhobenen Keulen und federverzierten Schilden. Andere Malereien stellen nackte Kriegsgefangene dar, die in einer Parade vor dem mit allen zeremoniellen Insignien ausgestatteten Krieger-Priester vorbeimarschieren. Auf ein Zeichen hin enthaupteten Henker die Gefangenen oder erwürgten sie. Während die Opfer erstickt wurden, eregierte manchmal ihr Penis, gedeutet als Potenzsymbol menschlicher Fruchtbarkeit. Dieser Opferungsakt in der Anwesenheit des Krieger-Priesters bestätigte seine herrschaftliche Macht über das menschliche Leben. Die arroganten Moche-Herrscher waren die Vermittler zwischen den Lebenden und den Kräften der geistigen Welt, die furchtbare Verheerung über ihre Küstenheimat bringen konnten.

Wir kennen nicht die Namen der ersten Herrscher der Moche, auch keine Einzelheiten ihrer Kriegszüge oder ihrer diplomatischen Beziehungen, die generationenlang ein Tal mit dem anderen verbanden. Von ihren Bestattungen her wissen wir nur, daß sie Menschen von bemerkenswertem Reichtum und großer Macht waren.

In den späten achtziger Jahren des letzten Jahrhunderts grub der peruanische Archäologe Walter Alva drei ungeplünderte Krieger-Priestergräber auf einer Lehmziegelplattform in Sipán im Lambayequetal aus, dem Zentrum der Welt der Moche um 400 n. Chr. In dieser Begräbnisplattform lagen die einzelnen Gräber in übereinandergeschichteten Grabkammern aus Lehmziegeln. Sie war bei den imposanten Pyramiden angelegt worden, die steil aus dem stark bewirtschafteten Flußtal ragten. Jeder Krieger-Priester war in seiner zeremoniellen Tracht beigesetzt worden. Ihre Insignien blieben von einer Generation zur nächsten

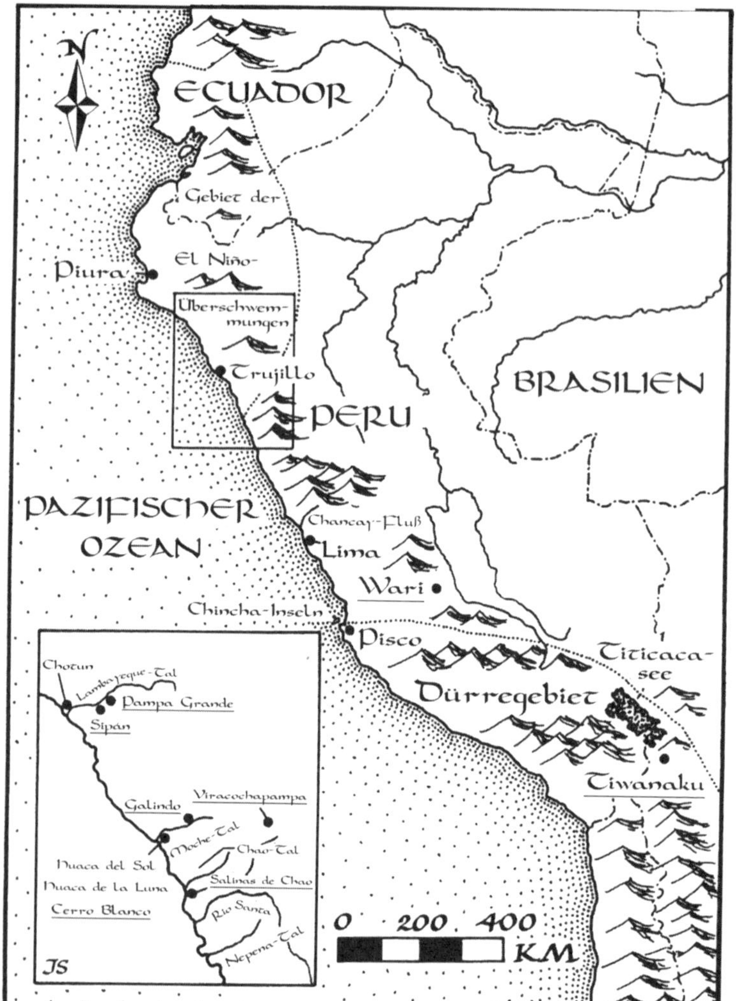

ABB. 7.1 Das Gebiet der Anden; wichtige archäologische Stätten und Orte, die im 7. Kapitel erwähnt werden. Außerdem sind Gebiete dargestellt, die während ENSO-Ereignissen von Dürre und extremem Niederschlag betroffen werden.

immer gleich – kunstvoll ausgearbeitete Goldmasken und halbmondförmige Kopfschmucke, die einst in der strahlenden Sonne glitzerten, Tunikas aus Baumwolle, verziert mit Dutzenden von vergoldeten Kupferpailletten, perlenbesetzte Brustschilde und silberne oder goldene Ohrpflöcke mit eingehängten Kriegerfiguren – Silber symbolisierte den Mond, Gold die Sonne. Jeder, der auf einen in dieser goldenen Pracht strahlenden Krieger-Priester starrte, wurde nicht in Zweifel über dessen Fähigkeit gelassen, die Mächte der Welt der Moche zu kontrollieren.

Königliche Handwerker fertigten Porträtgefäße ihrer Herren. Die großen Männer blicken hochmütig in den Raum, mit der ruhigen Sicherheit unbestrittener politischer und geistiger Autorität. Die Gesellschaft der Moche war eine soziale Pyramide, die auf dem Rücken der anonymen Dorfbewohner errichtet wurde. Sie waren auf den Feldern und an den Bewässerungskanälen tätig und zahlten in Form von Arbeit eine jährliche Abgabe zum Wohle des Staates. Tausende von Dorfbewohnern schufteten, um gewaltige königliche Pyramiden zu bauen und Kanäle und Bewässerungssysteme zu errichten und instand zu halten, wodurch ihre Herren und einige wenige Privilegierte ernährt wurden. Wie im Falle der ägyptischen Pharaonen hing auch die Macht der Moche-Herrscher von ihrer Fähigkeit ab, für Wasser zu sorgen, für einen genügenden Ernteertrag und für Nahrungsüberschuß, um jedem Dorf über Jahre der Dürre und der Überschwemmung hinwegzuhelfen. In der machtvollen religiösen Vorstellung, die Herrscher mit Beherrschten verband, vermittelten die Krieger-Priester bei den geistigen Kräften, die ein trockenes Land kontrollierten.

Die Kultur der Moche stützte sich auf zwei wirtschafliche Pfeiler. Ihr hervorragendes Wissen im Ackerbau machte Gebirgsabflüsse und fruchtbaren Boden durch weitläufige Bewässerungsanlagen nutzbar, mit der Kapazität, beträchtliche Getreideüberschüsse zu erzeugen und Baumwolle für ihre feinen Textilien. Die Flußniederungen des Lambayeque, des Moche und andere Küstentäler bildeten einen grünen Flickenteppich aus dicht bepflanzten bewässerten Feldern, die über lange Kanäle gespeist wurden. Viele Stunden des Anbaus, des Aushebens von Gräben und der Instandhaltung flossen in das Ackerbausystem der Moche. Jedoch hing alles von der genauen Zufuhr der Gebirgsabflüsse ab, eine jährliche Gabe, die in den Händen der geistigen Welt lag.

Der zweite Pfeiler war der reiche Pazifik. Das Auftriebswasser der Küste brachte Schwärme von Anchovis auf Nahrungssuche mit sich, und die Fischer der Moche fingen übers Jahr Millionen von ihnen mit ihren Schilfbooten. Sie trockneten den ganzen Fisch in der Sonne oder mahlten ihren Fang zu nahrhaftem Fischmehl. Tausende von Kilogramm proteinreichen Fischmehls wurden auch von der Küste wegtransportiert, um den kohlehydratlastigen Speiseplan der Hochlandbauern weit im Landesinneren zu bereichern. Die Anchovis waren durch ihren Beitrag zur Versorgung einer großen nichtbäuerlichen Bevölkerung von wesentlicher wirtschaftlicher Bedeutung für die Moche.

Derselbe Anchovireichtum ernährte ungeheure Mengen von Seevögeln, etwa Kormorane. Die Moche wiederum bauten Vogelguano von küstennahen Inseln ab und verteilten es als Düngemittel auf ihren Feldern. Flüsse, Sümpfe und Süßwasserlagunen sorgten für zusätzliche Nahrungsquellen.

In normalen Zeiten verfügten die Moche über einen reichhaltigen und nahrhaften Speiseplan, der genug Essen bot, um eine hohe Bevölkerungsdichte zu versorgen, die sich nicht nur aus Bauern und Fischern zusammensetzte, sondern auch aus Tausenden, die keine Nahrung produzierten und an Bewässerungsanlagen arbeiteten oder als Aufseher beim Bau ihrer enormen Pyramiden, Paläste und Tempel. Jedes größere Zentrum unterhielt außerdem begabte Handwerker, die mit Ton, Baumwolle und Metallen arbeiteten, um großartige Kunstwerke hervorzubringen und offizielle Insignien für die kleine Zahl von Menschen, die das Schicksal des Staats bestimmten.

Mit derart ausreichenden Nahrungsvorräten hätten sich die Moche unbegrenzt entwickeln können, wären da nicht drei Zerstörer gewesen: Dürrezyklen, Erdbeben und El Niño.

Starke El Niño-Episoden waren so selten, daß verhältnismäßig wenige Menschen im Lauf ihres Lebens Zeuge eines wirklich katastrophalen Ereignisses wurden. In einer Gesellschaft, in der sich die Lebenserwartung auf fünfundzwanzig bis fünfunddreißig Jahre belief, währte die generationenübergreifende Erinnerung nur kurz. Große El Niños wurden bald zu entfernten Ereignissen, nahezu jenseits der Wiedererinnerung, außer in Form von mythenähnlichen Katastrophen, die in der mündlichen Überlieferung erhalten geblieben waren. Die Moche lebten in einer einheitlichen, gewöhnlich verlässlichen natürlichen Umgebung, die nur Dürren als gängige Gefahren kannte, doch tatsächlich errichteten sie ihre komplizierte, kopflastige Gesellschaft auf einem äußerst wackeligen Fundament. Viele Jahrhunderte lang stieg die Bevölkerung der Küstentäler stetig an, weit über die natürliche Versorgungskapazität der trockenen Umwelt hinaus, bis die einzige Möglichkeit, noch jeden zu ernähren, durch massive hochorganisierte Bewässerungsanlagen gewahrt wurde, die jeden Tropfen Wasser verwerteten, der sich während der Gebirgsschmelze im Frühling bergabwärts ergoß. Die Krieger-Priester hielten die Fäden der Macht in ihren Händen, weil sie Tausende von Dorfbewohnern abrufen konnten, um einige der stärksten Bewässerungssysteme zu errichten und instand zu halten, die je in der alten Welt gebaut wurden. Aber ihr enges Festhalten an der Herrschaft erhielt ihre Kultur nicht auf Dauer, denn ihre unflexiblen Glaubensvorstellungen und ihr Beharren auf einer absolut zentralisierten Regierungsform lieferte sie der Macht gewaltiger Naturkräfte aus. Sie hatten keine längerfristige Strategie gegen ein Phänomen, das so unberechenbar war wie El Niño.

Die Wurzeln der Moche lagen tief in den alten Kulturen, die über lange Zeit entlang der trockenen Pazifikküste Perus erblüht waren. Tausende von Jahren lang hatten kleine Fischer- und Wildbeutergruppen an den Mündungen trockener Flußtäler der Küste gesiedelt. Sie lebten von den reichen Anchovischwärmen, die sich nahe der Küste ernährten. In Jahren, in denen sich der Pazifik erwärmte und die Anchovis zu neuen Futtergründen zogen, konsumierten die Menschen einfach andere Nahrung wie Schaltiere und die durch den Winternebel genährten Wildpflanzen, die in dichten Büscheln in Flußtälern nahe dem Meer wuchsen. Die frühen Küstenbewohner verfügten über eine solche Nahrungsvielfalt, daß viele Gruppen über Monate ohne Unterbrechung an ein und demselben Platz blieben. Ihre gleichgestellte Gesellschaft war flexibel und besaß einen leidlich ausreichenden Vorrat an alternativer Nahrung, auf die sie zurückgreifen konnte, wenn der Fischfang fehlschlug oder Wolkenbrüche auf das Land niedergingen. Obwohl einige Siedlungen größer und beständiger waren, betrug ihre Gesamtbevölkerung nur wenige Tausend, zum Teil weil es ihnen an Baumwolle zur Herstellung von Netzen und Angelleinen mangelte und an hohlen Kürbisflaschen, die für Netzflotts dienlich sein konnten, entscheidende Neuerungen für einen größer angelegten Fischfang.

Die Bevölkerungsdichte war selbst in den günstigsten Gebieten gering genug, um einen gewissen Grad an Mobilität zuzulassen, und die Bestände wildwachsender pflanzlicher Nahrung waren noch nicht übermäßig ausgebeutet. Viele Jahrhunderte lang lebten die meisten Gruppen in den nebligen Gebieten nahe dem Pazifik, wo solche Nahrung zu finden war. Um 2000 v. Chr. waren dann viele von dort weggezogen. Sie sammelten immer noch pflanzliche Nahrung, vertrauten aber auch schon auf domestizierte Pflanzen wie Kürbis und Bohnen, die auf Flußtalböden angebaut wurden.

Heutzutage ist Baumwolle für uns etwas Selbstverständliches. Die Andenbewohner züchteten nicht nur langfaserige Baumwolle von feiner Qualität, sondern machten ihre Gebirgs- und Tieflandheimat zu einem Schmelztiegel landwirtschaftlicher Neuerung, in dem sie viele verschiedene Arten entwickelten. Baumwolle wurde bald zu einem Haupterzeugnis der Gesellschaften an der Küste. Man benutzte sie für Fischnetze und Angelschnüre und als Ersatz für Textilien, die aus Kaktus- und Grasfasern hergestellt wurden. Die Küstengemeinschaften entdeckten, daß Baumwolle in tiefliegenden warmen Gegenden erfolgreich herangezogen werden konnte, und sie entwickelten einen gewinnbringenden Stoffhandel mit dem gebirgigen Hochland. Das mag der Grund gewesen sein, aus dem sie große Gebiete an Wüstentälern für die Bewässerung erschlossen, als sich viele Familien und Nachbardörfer vereinigten, um Wasserkontrollvorrichtungen kleineren Umfangs zu entwickeln. Als sich Ägypten um 1800 v. Chr. von politischen Wirren erholte, lebten einige Niederlassungen an der Nordküste Perus mit stolzen tausend bis dreitausend Einwohnern von einer Kombination aus Fischfang und Landwirtschaft. Die Talbevölkerung stieg weit über die natürliche Versorgungskapazität der Wüste, während die Andenbewohner Bewässerungstechniken anwandten und neue Formen der Führerschaft entwickelten, um weit größere Gemeinschaften zu versorgen.

Wie nimmt es eine Gesellschaft unter diesen Umständen mit einem starken El Niño auf? Angesichts der kurzen Lebenserwartung der Andenbewohner müssen Strategien gegen El Niño eher in der gemeinschaftlichen als in der individuellen Erinnerung angesiedelt gewesen sein. Wie der Neu Guinea-Anthropologe Roy Rappaport bereits 1971 betonte, waren religiöse Rituale in der Übermittlung und Bestätigung von Information sehr wichtig, vor allem in Gebieten wie der peruanischen Küste, wo die Bedingungen sich innerhalb weniger Wochen verändern konnten und rasche, flexible Reaktionen von wesentlicher Bedeutung waren. Unter solchen Umständen spielen Individuen mit spiritueller Autorität eine entscheidende Rolle in der Überwachung von Nahrungsvorräten. Über die Generationen entwickelten sich ausgeprägte Ideologien, die eine starke Führerschaft für gültig erklärten und die komplexen Beziehungen zwischen den menschlichen und den geistigen Welten bestätigten. Die Botschaften dieser Theorien haben sich an uns auf Textilien weitervermittelt.

Die Küstenbewohner waren fachkundige Weber. Das trockene Klima der peruanischen Küste hat weit über zweitausend Jahre alten Baumwollstoff erhalten, von dem ein guter Teil in mindestens 109 Tönen mehrerer natürlicher Farben gefärbt wurde. Die Weber legten eine einfache Gedankenwelt in symmetrischen, rechteckigen Motiven dar, die jahrhundertelang gleich blieben. Antropomorphe Gestalten, vielleicht Schamanen in Trance, erscheinen mit wehendem Haar oder sich um ihre Taille windenden Schlangen. Raubvögel, fauchende katzenartige Wesen und zweiköpfige Schlangen deuten enge Banden zu einer mythischen übernatürlichen Welt an. Wenn sie frisch und leuchtend gefärbt waren, stellten die Baumwollstoffe auf lebendige Weise Mythen und Themen dar und die Geistwesen, die den Kosmos bewohnten. Die Textilien waren mit einer schlichten klaren Botschaft versehen, die enge Verbindungen zwischen den Lebenden und den Toten schmiedete, zwischen Gemeinschaften und ihren Ahnen; diese legten bei den Wesen Fürsprache ein, die das Land bestimmten, die Nahrungsversorgung und die Naturgewalten.

Die Küstenwelt veränderte sich rasch, als die einzelnen Gemeinschaften seßhafter wurden und damit enger an die Ländereien der Flußtäler gebunden waren. Um 1000 v. Chr. hatten die Sippenführer früherer Jahrhunderte ihre Machtposition als Vermittler bei den Ahnen in eine neue starke Rolle gewandelt. Die Fähigsten unter ihnen wurden konkurrierende autoritäre Häuptlinge, dazu imstande, Hunderte von Dorfbewohnern zur Arbeit an eindrucksvollen Pyramiden und Grabhügeln zu befehligen, zur Ehre der übernatürlichen Mächte, die die Welt der Andenbewohner beherrschten. In den ruhigen Monaten des Bauernjahres arbeiteten Gruppen von Angehörigen derselben Familie, um jene Architektur aus Bruchstein und Lehmziegeln zu erbauen, von der ein Teil mehr als dreitausend Jahre überdauern sollte. Die *Salinas de Chao*-Pyramide an der Nordküste steht über vierundzwanzig Meter hoch, nichts gemessen am Standart der ägyptischen Pyramiden von Gise, aber doch ein imposantes Bauwerk. Die Grundlagen der Kultur der Moche stammten von diesen früheren kulturellen Traditionen, in denen Schamanen-Herrscher kraft ihrer Kontrolle über die übernatürliche Welt befehligt hatten.

Der Staat der Moche, nach dem kleinen Flußtal benannt, in dem er seinen Anfang nahm, wuchs um die Zeit Christi aus kleineren Königreichen zusammen. Die neuen Oberherrscher entwarfen einen stark zentralisierten Staat und nahmen so alle Fäden der Macht in ihre Hände. Ihre Hauptstadt bei Cerro Blanco im Herzen des Mochetals war ein Zentrum ungeheuren Reichtums und spiritueller Autorität. Die großartigen Bauwerke der Stadt gruppierten sich um zwei gewaltige Lehmziegel-*huacas* (Pyramiden). Daneben lagen große Friedhöfe und die vielen Werkstätten, die zeremonielle Tonwaren und andere Kunstwerke für die Elite herstellten.

Huaca del Sol und Huaca de la Luna – Sonnen- und Mondpyramide – bildeten heilige Berge, die über die Stadt hinausragten. Hier hatten die Herren der Moche ihre Paläste und führten feierliche Zeremonien durch, zu denen teilweise Menschenopfer gehörten. Huaca del Sol steigt einundvierzig Meter über die Ebene auf, zwei Drittel der Höhe der zeitgleichen Sonnenpyramide in der mexikanischen Stadt Teotihuacán. Die riesige Pyramide bildete mit ihrer Frontseite gegen Norden ein gigantisches Kreuz. Vier Unterteilungen schufen eine stufenartige Abfolge, wobei die unterste eine inzwischen nicht mehr vorhandene Rampe stützte, die zur Spitze führte. Wenn spanischen Berichten Glauben zu schenken ist, war die dritte Stufe ein königlicher Bestattungsplatz und die vierte und höchste der Palast des obersten Herrschers.

Huaca de la Luna stellt einen Komplex aus drei Terrassen dar, die früher durch hohe Lehmziegelmauern zusammengefügt und miteinander verbunden waren. Diese Mauern waren mit farbenreichen Malereien von menschen- und tierähnlichen Wesen verziert, mit Keulen, Schilden und Artefakten, alles Motive, die sich manchmal auf zeremoniellen Tonwaren der Moche wiederfinden. Die beiden gewaltigen *Huacas* spiegeln die Zweiheit der Herrschaft über die Moche wider: Der menschlich-göttliche Herrscher residierte auf dem einen *huaca*, das gebietende Pantheon auf dem anderen.

Aus der Distanz von Jahrhunderten strahlt der Staat der Moche mit seinen glänzenden künstlerischen Leistungen und all seiner Pracht eine fast monolithische Stabilität aus. Die massiven Lehmziegelpyramiden ihrer mächtigen Herren ragen über öden Bergabhängen oder inmitten von stark bebautem Ackerland auf. Der Glanz der Kultur war tatsächlich real, aber nur von vorübergehender Dauer. Er wurde unter enormem Aufwand in einem Klima gewahrt, in dem Wasser ein unschätzbares Gut war. Das Fundament der Moche, das auf Gebirgsabflüssen, Flußsand und dem Auftriebswasser des Meeres errichtet war, war immer auch anfällig gewesen.

Die Theorie, daß El Niño dazu beitrug, den Untergang der Kultur der Moche auszulösen, entspringt einem neuen Verständnis der Unberechenbarkeit des Klimas der Anden, das man aus Messungen von Eisablagerungen gewonnen hat, die tief in den Gletschern des Gebirges gefunden wurden.

Die Quelccaya-Eiskappe in der Westkordillere des südperuanischen Hochlands liegt in derselben Zone jahreszeitlichen Niederschlags wie die Berge über dem Land der Moche. Zwei Eiskerne, die 1983 aus der

Spitze der Eiskappe herausgebohrt wurden, haben eine Messung von Variationen im Niederschlag über einen Zeitraum von fünfzehnhundert Jahren ermöglicht und indirekt einen Eindruck von der Menge des Abflusses vermittelt, der die Flußtäler des Tieflands während Zyklen von feuchten und trockenen Jahren erreicht haben muß. El Niño-Episoden waren mit intensiven kurzfristigen Dürren im südlichen Hochland verbunden, ebenso wie auf dem nahegelegenen *Altiplano*, den hochgelegenen Ebenen um den Titicacasee. Das Sichtbarwerden solcher Dürreereignisse in den Eiskernen könnte starke El Niño-Episoden in der fernen Vergangenheit reflektieren. Es ist aber produktiver, einen Blick auf langfristige trockene und feuchte Perioden zu werfen, die Teil des potentiell katastrophalen Schicksals waren, das die Kultur der Moche erwartete.

Jeder der beiden Eiskerne, 154,8 und 163,6 Meter lang, zeigte eine klare Schichtung mit jährlichen Staubeinlagen, die den Zyklus feuchter und trockener Jahreszeiten widerspiegelten, wobei letztere Staubpartikel aus den trockenen Landschaften westlich der hohen Anden mit sich brachten. Die jährliche Durchschnittstemperatur um die Quelccaya-Eiskappe beträgt minus drei Grad Celsius – so weit unter dem Gefrierpunkt, daß die jährlichen Variationen in der Eiskernanlagerung eher den tatsächlichen Niederschlag wiedergeben als Variationen in der Intensität der Sommerschmelze. Das Forschungsteam glaubt, daß dies für die gesamten durch die Kerne meßbaren fünfzehnhundert Jahre zutraf und daß die Jahresringe eine Chronologie liefern, die bei einer Abweichung von etwa zwanzig Jahren genau ist.

Die Messung des Eiswachstums zeigt deutliche Anzeichen langfristiger Veränderungen im Niederschlag. Eine kurze Dürre trat zwischen 534 und 540 n. Chr. auf; dann dehnte sich zwischen 563 und 594 n. Chr. ein dreißigjähriger Dürrezyklus über Gebirge und Tiefland aus, mit einem jährlichen Niederschlag bis zu 30 Prozent unter dem Normalstand. Reichlicher Niederschlag stellte sich 602 wieder ein und machte einer weiteren Dürre zwischen 636 und 645 n. Chr. Platz. Die Daten der Eiskerne werden noch immer verfeinert, aber die besten Dürrezeugnisse stammen aus den unteren Bereichen der Eisanlagerungsmessung, wo sich der Dürrezyklus des späten sechsten Jahrhunderts als außergewöhnlich streng kennzeichnet.

Die dreißigjährige Dürre von 563 bis 594 n. Chr. reduzierte die Abflußmenge drastisch, die die Küstengemeinschaften erreichte. Wir können von modernen Wasserverbrauchszahlen eine Vorstellung von der Härte der Auswirkungen gewinnen. Über neunundvierzig Jahre von 1937 bis 1985 verbrauchten die Bauern der Küstenregion im

Durchschnitt 88 Prozent des Abflusses in den Rio Lambayeque. Selbst unter Berücksichtigung des intensiven Anbaus von wasserhungrigem Zuckerrohr heutzutage wäre die Verbrauchszahl der Moche immer noch hoch. Die Auswirkung einer Verminderung in der Wasserversorgung um 25 oder 30 Prozent wäre katastrophal, vor allem für die Bauern nahe der Küste, die ein gutes Stück stromabwärts von den Bergen leben.

Inwiefern beeinträchtigten diese dramatischen Niederschlagswandlungen und El Niño-Ereignisse die Kultur der Moche? Die Herren von Sipán herrschten um 400 n. Chr. über einen Teil des Lambayequetals, kurz nachdem sich die politische Macht nach Norden verlagert hatte. Die Gesellschaft der Moche gedieh offensichtlich bis zum schweren Dürrezyklus Mitte des sechsten Jahrhunderts. Zu dieser Zeit residierten ihre Herren stromabwärts, so nahe am Pazifik wie am Gebirge, so daß sie sowohl das Wasser als auch die Fischerei kontrollieren konnten. Ihre Macht hing von ihrem Vermögen ab, eine strikte Oberaufsicht über alle Nahrungsvorräte auszuüben, über jede Ladung Fischmehl, getrockneten Tang und Baumwolle, die ins entfernte Hochland transportiert wurde. Vor allem wachten sie mit fleißiger Sorgfalt über die lebensspenden Flüsse.

Jahrhunderte später schrieben spanische Chronisten von einer sehr alten Tradition, die von den Chimu-Herrschern in Ehren gehalten wurde, die ein mächtiges Königreich an der Nordküste regierten, das in den sechziger Jahren des sechzehnten Jahrhunderts von den Inkas erobert wurde. Die Chimu erlaubten den Bauern, die am weitesten stromabwärts lebten, ihre Felder als erste zu bewässern. Ihre Vorgänger, die Moche, verfolgten wahrscheinlich dieselbe Praxis, die ökonomisch und politisch sinnvoll war, auch weil die mächtigsten Herrscher stromabwärts lebten. Als sich die Dürre des sechsten Jahrhunderts verschärfte, geriet diese lang etablierte Politik ins Wanken. Der veminderte Abfluß bewässerte das reiche Ackerland weit stromabwärts kaum, und abgelegene Felder an den Talrändern erreichte gar kein Wasser. Über viele Kilometer blieben aufwendig instandgehaltene Bewässerungskanäle trocken. Sand blies in die leeren Gräben hinunter. Um das dritte oder vierte Jahr, als die Dürre den Grundwasserspiegel weit unter Normalmaß sinken ließ, erhielten Tausende Hektar von Ackerland einen so schwachen Zulauf vom Fluß, daß sich Salz, das nicht weggespült wurde, im Erdreich anlagerte. Das Getreide verdorrte. In den ersten paar Jahren behielten die Herrscher eine strenge Kontrolle bei, indem sie sorgfältig mit den Getreidevorräten haushalteten, die der Staat für Notjahre gelagert hatte. Glücklicherweise verschaffte die Pazifikfischerei immer noch genügend Fischmehl – bis El Niño mit unberechenbarer Unregelmäßigkeit auftrat.

Wir kennen die genauen Jahre nicht, in denen während der großen Dürre starke El Niños hereinbrachen, aber wir können mit Sicherheit davon ausgehen, daß es geschah. Wir können uns auch sicher sein, daß sie zu einem Zeitpunkt zuschlugen, als sich die Kultur der Moche in einer Krise befand: als die Getreidevorräte langsam ausgingen, entleerte Bewässerungsanlagen einen traurigen Anblick boten, Unterernährung weit verbreitet war und sich das Vertrauen in die göttlichen Kräfte der Herrscher stark verringert hatte. Das wärmere Wasser des Christkinds reduzierte nun auch noch den Anchovifang an vielen Orten und dezimierte damit ein Hauptnahrungsmittel für den Speiseplan der Küste wie einen Hauptartikel für den Handel mit dem Hochland. Wolkenbrüche überschwemmten die Anden und die Küstenebene. Die trockenen Flüsse wurden zu tobenden Strömen, die alles mit sich fortrissen. Schutzdämme und Kanäle wurden überschwemmt und brachen zusammen. Die emsige Arbeit von Jahren löste sich in wenigen Wochen in nichts auf. Hunderte starben. Die Überlebenden zogen in höhergelegene Regionen, wo sie in provisorischen Hütten kampierten.

El Niño verwüstete die Landschaft der Täler. Die Schilfrohr- und Lehmziegelhütten der Bauern brachen in sich zusammen, und ihre Besitzer ertranken; Dutzende von Dörfern verschwanden unter Schlamm und Trümmern. Die Fluten verschmutzten Quellen und Ströme, überschwemmten Abwassersysteme und wuschen Tausende Hektar fruchtbaren Erdreichs weg. Als das Wasser wich und die Flüsse wieder zurückgingen, brachen Typhus und andere Seuchen über die Täler herein und löschten ganze Gemeinschaften aus; die Kindersterblichkeit stieg. Cerro Blanco litt sehr schlimm. Das Flutwasser bedeckte Bereiche der Stadt mit bis zu zehn Metern Schlamm und trug an anderen Stellen fünf Meter an Erdreich oder mehr ab. Der Fluß wusch auch Teile der *huacas* aus und verwandelte sie in kraterübersäte Hügel.

Die Talböden waren so trocken, daß eine Menge Oberflächenwasser schon bald in der Erde versickerte und die verheerte Flußniederung in eine Wüste aus hart gewordenem Schlamm verwandelte. Die Fischer der Küste hungerten nicht, sie konnten sich von dem fremdartigen tropischen Fisch ernähren, der jetzt im Küstengewässer auftrat. Aber selbst ein Anchovifang vollen Umfangs hätte die gesamte Bauernbevölkerung der Moche nicht versorgen können. Man kann gewiß sein, daß mehrere Jahre Hunger das Königreich erfaßten und der Überschwemmungsschaden sich durch die fortdauernde Dürre verstärkte. Alles, was die

Herrscher tun konnten, war, die enorme, wenn auch geschwächte Arbeitskraft, die zu ihrer Verfügung stand, zu aktivieren. Gruppen von Dorfbewohnern, die zur Arbeit am Bau ganz neuer Bewässerungsanlagen abberufen worden waren, mußten sich umständlich auf veränderte örtliche Gegebenheiten einrichten. Einige dieser Kanäle und Bebauungsanlagen können noch heute am Boden verfolgt werden. Inzwischen suchten die Herrscher den Beistand entfernter Verbündeter im östlichen Hochland, die dürreresistentere Maisformen entwickelt hatten, mit langen Kolben und mehr Körnern. Diese neuen Züchtungen tauchen an archäologischen Fundorten auf, die auf kurz nach der Überschwemmung datieren.

Die Herrscher der Moche standen an der Spitze eines Staates in der Krise, ihre Paläste und Pyramiden waren durch reißendes Flutwasser verheert. Eingeengt durch jahrhundertealten religiösen Glauben, der ihre Oberherrschaft erklärte, lebten sie abseits ihrer Untertanen. Anders als europäische Monarchen, die ihren Reichtum und ihre Macht an ihre Nachkommen weiterleiteten, nahmen die Herrscher der Moche ihren reichen Besitz mit ins Grab, so daß ihre Nachfolger neuen Schmuck und opulente Kleidung bei den königlichen Handwerkern in Auftrag geben mußten, die sich nahe ihrer Paläste ansiedelten. Kontinuität ergab sich nicht aus Wohlstand, sondern aus der Fähigkeit eines Herrschers, sich die Loyalität seiner Untertanen sichern zu können und so den Ackerbau zu kontrollieren, den Handel und die Wasserversorgung. Die durch El Niño verursachte Katastrophe bei Cerro Blanco untergrub das Vertrauen von Generationen.

Die Hauptstadt überstand die Überschwemmung. Huaca del Sol und Huaca de la Luna erhoben sich auf erhöhten Terrassen. Hunderte von Arbeitern schufen eine neue und imposante Fassade, um die Flutschäden zu kaschieren. Eine vielfarbige Wandmalerei in einem Hof des Huaca de la Luna zeigte jetzt die Vorderansicht eines anthropomorphen Wesens. Die Gestalt hielt einen senkrechten Stab in jeder Hand, was den Archäologen Michael Moseley an eine ähnliche zentrale Figur erinnert, die das berühmte Sonnentor in Tiwanaku im entfernten südlichen Hochland nahe dem Titicacasee ziert. Das Wandbildnis verschwand bald unter einer späteren Malerei. Moseley glaubt, daß das kurze Auftreten der Gestalt mit den Stäben ein Zeichen eines Einflusses aus dem Hochland auf die religiöse Ordnung ist, als hätten die Menschen ihr Vertrauen in ihre eigene herrschaftliche Ideologie verloren.

Eine Zeitlang gewann die Hauptstadt etwas ihrer früheren Größe zurück. Dann drohte eine neue Katastrophe, vielleicht durch einen weiteren starken El Niño ausgelöst. Flußablagerungen, die das Meer erreicht hatten, wurden von dessen Strömungen an die Küste geschwemmt und bildeten riesige Sanddünen, die jetzt ins Landesinnere geblasen wurden und kostbares Ackerland bedrohten. Die vorrückenden Sandhügel begruben einige Hundert Hektar Ackerland auf der Südseite des Tals unter sich und brachen dann über die Hauptstadt selbst herein. Zwischen 550 und 600 n. Chr. gaben die Krieger-Priester Cerro Blancos ihre Hauptstadt auf und zogen ins Landesinnere zum strategisch wichtigen Taleingang, wo der Moche auf die Küstenebene hinausfloß. Fast gleichzeitig, als hätte es sich um eine abgesprochene Entscheidung gehandelt, zogen auch die Herrscher des Lambayequetals stromaufwärts.

Wie die ägyptischen Pharaonen und deren Höfe, lebte der Adel der Moche sein Leben in einem Elfenbeinturm weit entfernt vom aufreibenden Dasein der Bauern und Fischer. Adelige Familien heirateten untereinander, konkurrierten, stritten und zogen in den Krieg. In Zeiten von Katastrophen förderten diese engen Verbindungen koordinierte Entscheidungen, die zehntausende von Menschen betrafen. Ein solcher Zeitpunkt könnte eingetreten sein, als die bedrängten Herrscher des Moche- und Lambayequetals sich dazu entschlossen, den eigenen Hauptsitz weit stromaufwärts zum Eingang der Flußtäler zu verlegen. Indem sie sich an solchen Orten niederließen, konnten die Herrscher die Wasserversorgung kontrollieren, nicht nur um sie aufrechtzuerhalten, sondern auch um sie gegen aggressive Nachbarn aus dem Hochland zu verteidigen. Die kläglich herabgesetzten Krieger-Priester standen einem sehr geschwächten Königreich vor, hielten aber doch noch wenigstens einen Anschein ihres ehemaligen Ansehens und Wohlstands intakt. Ihr Volk scharte sich um sie und lebte möglichst nahe an der Wasserquelle, weit entfernt von den unbarmherzigen Sanddünen, die das Land flußabwärts gefährdeten.

Dünen mögen schon immer ein Problem für küstennahe Bauerndörfer gewesen sein, denn ihre beweglichen Sandmassen konnten hektarweise fruchtbares Land schnell und dauerhaft unter sich begraben. Während starker El Niños vergrößerte sich das Problem, weil die Dünenbildung übermäßig werden konnte, vor allem nachdem Erdbeben Unmengen von Geröll in den Talböden der Flüsse abgelagert hatten.

Das wissen wir, weil das Raumschiff *Challenger* 1983 eine noch junge Stranderhebung an der Mündung des Río Santa fotografiert hat, achtzig Kilometer südlich des Río Moche. Wissenschaftler der NASA digitalisierten sieben frühere Luft- und Satellitenaufnahmen desselben

Strands und so war es ihnen möglich, zu beweisen, daß sich die neue Erhebung zwischen 1970 und 1975 als Ergebnis zweier Naturkatastrophen gebildet hatte. 1970 kamen bei einem Erdbeben einer Stärke von 7,7 auf der Richterskala über sechzigtausend Menschen um, und in den angrenzenden trockenen Bergen wurden gewaltige Erdrutsche verursacht. Der starke El Niño von 1972–1973 brachte Wolkenbrüche mit sich, die den Schutt des Erdbebens flußabwärts trugen und ihn an der Mündung des Río Santa ablagerten. Der durch Überschwemmung angeschwollene Strom trug das Sediment ins Meer, wo starke Strömungen es den Strand entlang drängten. Dann bildete die Wellentätigkeit eine neue Sanderhebung am Strand. Während heftige Winde vom Pazifik her wehten, bewegten sich schon bald wandernde Sanddünen ins Landesinnere, die hunderte Hektar Ackerland unter sich begruben. Zehn Jahre später trug der El Niño von 1982–1983 noch mehr Erdbebenschutt stromabwärts, und die Dünen wuchsen noch schneller. Wir können Erdbeben früherer Zeiten mit keinerlei Genauigkeit nachweisen, aber die Kombination eines großen Erdbebens, einer Dürre und einer Reihe starker El Niños könnte in der Vergangenheit häufiger der Auslöser für weitverbreitete Hungersnöte und politische Umwälzungen gewesen sein.

Die Moche-Herrscher konsolidierten ihre Siedlungen zwischen 550 und 600 n. Chr. an den Eingängen der Flußtäler der Küste. So wurde Galindo zur größten Niederlassung im Mochetal. Zwanzig Kilometer im Landesinneren gelegen, zog sich die neue Hauptstadt des Tals über fünf Quadratkilometer hin, strategisch so gewählt, um die Bewässerungsanlagen unterhalb des Taleingangs zu kontrollieren, und ebenso, um Zugang zum fruchtbareren Ackerland des oberen Tals zu gewähren. Gemessen am früheren Standart des Mochetals war Galindo eine bescheidene Hauptstadt mit viel kleineren terrassenförmigen Grabhügeln und weniger imposanten Lehmziegelresidenzen. Die Adligen lebten in gut gebauten Häusern in der Nähe von Flächen, die mit Lehmziegelmauern umgeben waren, und interessanterweise umfaßte nicht weniger als ein Fünftel der Stadt Lagerungsmöglichkeiten, darunter mit Steinen umgrenzte Behälter, die auf den flachen Bergabhängen errichtet worden waren, die die Lehmziegelanlage flankierten. Die neuen eingesäumten Gebiete für die Elite und eine viel stärkere Beschäftigung mit der Kontrolle der Nahrungsvorräte verweisen auf eine Gesellschaft mit großen diesseitigen Belangen, wobei die Macht auf dem Vermögen beruhte, das Wasser zu kontrollieren und Nahrung in Hungerzeiten zu verteilen.

Die Herren des Lambayequetals gründeten ein neues Zentrum in Pampa Grande, 65 Kilometer vom Pazifik entfernt und 165 Kilometer nördlich von Galindo. Diese ebenfalls auf strategischer Basis gewählte königliche Hauptstadt kontrollierte die Hauptzufuhr aller Kanäle der Gegend. Ein großer Teil der Bevölkerung des Tals drängte in die schnell wachsende Niederlassung, die sich über sechs Quadratkilometer erstreckte. Der Archäologe Izumi Shimada schätzt, daß zwischen 10.000 und 12.500 Menschen in dieser Stadt lebten, von denen viele Bauern waren, die zu den fruchtbaren Anbaugebieten unmittelbar unterhalb des Eingangs des Flußtals pendelten. Bei Pampa Grande entzog ein großer Kanal dem Fluß Chancay Wasser und trug es etwa zwei Kilometer stromabwärts in den kanalisierten Lambayeque. Ein anderer sehr hochgelegener Kanal erfaßte Abflüsse des Chancay vier Kilometer flußaufwärts von Pampa Grande. Alles lief auf eine zentrale Kontrolle hinaus, sowohl bezüglich der kostbaren Bewässerungszufuhr und Anbaugebiete als auch bezüglich der Nahrungsüberschüsse, und wurde mit traditioneller religiöser Ikonographie erklärt, die sich in wertvollen Kunstgegenständen und in der Architektur genauestens widerspiegelte.

Die religiösen und politischen Führer von Pampa Grande lebten am nördlichen Ende der Hauptstadt, wo das imposante Huaca Fortaleza achtunddreißig Meter hoch über den Talboden aufragt. Dieses massive Gebäude war mit einer langen Zugangsrampe und dem umgebenden Lehmziegelwerk genau wie die früheren *huacas* flußabwärts erbaut worden. Ein weiteres Mal kontrollierte eine stark zentralisierte Verwaltung die Wasservorräte, die Getreidelagerung, den Handel und die Herstellung von Kunstgütern jeder erdenklichen Art.

Stromaufwärts zu ziehen und die Kontrolle über Bewässerungsanlagen und den Anbau zu verstärken waren noch nicht dagewesene Veränderungen, die die Führerschaft der Herrscher bis zum Zerreißen auf die Probe gestellt haben dürften. Nichts in der früheren Geschichte der Moche bereitet auf diesen drastischen Schritt vor, und doch reichte er nicht aus. Festgefahren in ihrer ideologischen Einstellung, scheinen die Herrscher der Moche flexiblere Herangehensweisen an den Ackerbau abgelehnt zu haben, die sowohl Dürre als auch Überschwemmung berücksichtigt hätten. Sie waren von der Idee verlässlicher Wasserversorgung besessen und siedelten sich nahe der Zuläufe für die großen Bewässerungskanäle an, die ein Tal mit dem anderen verbanden und das fruchtbare Land der Umgebung feucht hielten. Diese konservative langfristige Strategie hatte den Vorteil, in Dürrejahren die größtmögliche Menge an Wasser zur Verfügung zu stellen, während in einem Regenjahr alles, was es zusätzlich gab, nur gut sein konnte. Doch machte dieses Vorgehen die Untertanen der Herrscher der Moche sogar noch anfälliger für katastrophale Überschwemmungen wie auch verwundbarer für ihre ehrgeizigen Nachbarn aus dem Hochland.

In der Zeit nach 500 n. Chr. fielen anhaltende Dürren im südlichen Hochland weit von der Heimat der Moche entfernt mit starken El Niño-Episoden im Norden zusammen, was weithin eine politische Neuordnung veranlaßte, während verschiedene Gruppen, Herrscher und Königreiche um Ackerland und die Kontrolle der Wasserversorgung stritten. Im Hochland entstanden neue Staaten, die sich einen völlig anderen und wahrscheinlich wirkungsvolleren Zugang zur wirtschaftlichen und politischen Kontrolle ihrer weitläufigen Gebiete zu eigen machten. Wo die Moche eine lokale Bevölkerung immer durch stark zentralisierte Organisationsformen regiert hatten, dezentralisierten die neuen Staaten des Hochlands, etwa die Wari, ihre Regierung; eine Hierarchie von Anführern lebte unter den weit voneinander entfernten Bevölkerungsteilen und verwaltete sie. Der Vorteil dieses Systems – Inseln von eng kontrollierten örtlichen Gemeinschaften, die in Tälern und an anderen strategischen Punkten lebten – war, daß ein Königreich aus dem Hochland einen weitreichenden ökonomischen Zugriff hatte, wobei jeder Knotenpunkt durch Steuer- und Abgabeverpflichtungen mit den anderen verbunden war. Gute Straßen- und Karawanenverbindungen, die eine lange Tradition in der Gesellschaft des Hochlands der Anden hatten, waren ganz wesentlich. Macht, Ideologie und ein vorsichtiger Gebrauch deutlicher Vorrechte verknüpfte Dutzende von Gemeinschaften in einer flexiblen politischen Struktur, die dem Adel bei einer sehr geringen Investition in die abgelegenen Gebiete von Tausenden von Quadratkilometern Ressourcen zutrug. Die Wari erblühten unter diesen sich immer wandelnden Bedingungen, und die Fühler ihres Reichs streckten sich aus und bedrohten die geschwächten Gebiete der Moche.

Warum hatten die Wari Erfolg, während die Moche unter den Anforderungen der Natur ins Wanken gerieten? Das Zentrum des Königreichs der Wari lag auf einem Felsplateau fünfundzwanzig Kilometer nördlich der heutigen Hochland-Stadt Ayacucho. Zwischen zwanzigtausend und dreißigtausend Menschen lebten in der ausgedehnten Hauptstadt aus Steingebäuden. Die Bauern der Wari bauten Kartoffeln und Wurzelgemüse in höheren Lagen an, wo der Gebirgsniederschlag ihre Felder bewässerte. Gleichzeitig entwickelten sie ein äußerst einfallsreiches Bewässerungssystem, indem Wasserquellen hoch über der

Stadt genutzt wurden, die durch einen langen Hauptkanal mit abfallenden Bebauungsanlagen verbunden waren. Der Kanal folgte den Höhenlinien zu weit tiefer liegenden Kanälen und Gräben. Dieses durch die Schwerkraft betriebene System erforderte zur Errichtung und Erhaltung einen ungeheuren Arbeitseinsatz, sicherte die Wari aber gegen Dürren, indem es Wasser viel verläßlicheren höhergelegenen Quellen entzog. Ihre großangelegte Gewinnungstechnik versetzte sie in die Lage, einen riesigen Teil des Gebiets um Ayacucho mit seinen steil abfallenden Hängen zu bebauen. Die Experimente der Bauern mit neuen sehr ertragreichen Abwandlungen der Maispflanze brachten gleichzeitig große Nahrungsüberschüsse hervor.

Die Wari wußten etwas gutes zu nutzen. Sie exportierten ihre neue landwirtschaftliche Technik wie moderne Unternehmer und bepackten sie wie ein Computersystem vollständig mit ihrer Organisationsstruktur an Führern und Beamten, ihren religiösen Glaubensvorstellungen und Kunststilen. Bedeutsamerweise schloß die Ikonographie der Wari die alte stabtragende Sonnentorgottheit von Tiwanaku im südlichen Hochland mit ein, die im Huaca de la Luna bei Cerro Blanco im Stil der Moche gemalt worden war, als die dreißigjährige Dürre des sechsten Jahrhunderts eine politische Krise ausgelöst hatte.

Vor und während der großen Dürre verlieh die einzigartige landwirtschaftliche Technik der Wari ihnen einen Wettbewerbsvorteil gegenüber ihren Nachbarn. Der rasch wachsende Staat führte sein Bebauungssystem, seine Ideologie und seine Führungsmethode in andere Gebiete des Hochlands aus und drang dann auch ins Tiefland ein. Die Anführer der Wari könnten einige Täler mit Gewalt erobert haben, aber ihre hochflexible Anpassungsfähigkeit an unvorhersehbare Wetterbedingungen gab ihnen wahrscheinlich einfach einen Vorteil gegenüber der Konkurrenz, vor allem gegenüber ihren strauchelnden Nachbarn der Moche-Kultur. Als sich die erfolgreiche landwirtschaftliche Technik verbreitete, wuchs die Bevölkerung an. Die Wari etablierten ihre Präsenz weit im Norden, vermutlich um den Handel mit der dortigen Küste zu fördern und um eine regelmäßige Versorgung mit heiligen *Spondyli* zu sichern, tropischen Meeresmuscheln, die eine große rituelle Bedeutung im Hochland hatten. Etwa um 650 n. Chr. errichteten sie ein beeindruckendes Provinzzentrum bei Viracochapampa, etwa 170 Kilometer südlich von Pampa Grande, bewohnten das Gebiet aber nie. Wir wissen nicht, ob die Wari jemals die Moche bekämpften, um die Kontrolle über ihre kostbaren Wasservorräte zu gewinnen. Jedenfalls enthalten Gräber der Moche aus der Gegend von Pampa Grande Tongefäße, die Motive der Wari zeigen, so als hätten sich religiöse Vorstellungen aus dem Hochland im Tiefland verbreitet. Mit ihrer konservativen Wassererhaltungs- und Lagerungspolitik regierten die Herrscher der Moche mit nicht annähernd der Flexibilität ihrer Nachbarn aus dem Hochland. Alles hing von den grünen Bewässerungsanlagen ab, die sich in unmittelbarer Reichweite befanden und stromabwärts von den sorgsam verwalteten Eingängen der Flußtäler. Mit vernichtender Unausweichlichkeit warfen von El Niño getragene Wolkenbrüche die konzentrierte Heftigkeit des Flutwassers von den Wasserscheiden des Lambayeque und Moche auf die sorgfältig angelegten Zufuhrkanäle und Bewässerungsanlagen.

Im späten siebten Jahrhundert schwemmte ein außergewöhnlich schwerer El Niño einen Großteil der Bebauungsanlagen um Galindo und Pampa Grande weg. Eine weitere Dürre breitete sich an der Nordküste aus und verschärfte eine ohnehin schon kritische Nahrungsmittelknappheit. Innere Unruhen und selbst Angriffe von feindlichen Wari traten auf, als eine geschwächte Führerschaft mit Hunger und verlorener religiöser Glaubwürdigkeit rang. Um 700 n. Chr. gaben die Moche beide Niederlassungen auf. Nach Shimada erfuhr Pampa Grande ein jähes Ende. Flammen schlugen um das Huaca Fortaleza und verwandelten die Ziegel an der Spitze in verkohlte Steine. Ob diese Zerstörung eine vorsätzliche Tat war oder sich in der Hitze des Gefechts zutrug, wissen wir nicht. Was aber auch immer der Grund war, wiederholte durch El Niño bedingte Fluten und Dürren hatten das Rückgrat eines wohlhabenden und mächtigen Staates gebrochen.

Wie die Pharaonen Ägyptens überlebten die Herrscher der Moche mindestens eine katastrophale Episode, die ihr Königreich fast zum inneren Zerfall gebracht hätte. Anders als die Ägypter aber lernten sie nicht aus ihren Fehlern, und das in einer Umwelt, die nichts mit der Flexibilität und dem Potential des Niltals Vergleichbares bot. Ihre ausgearbeiteten Bewässerungsanlagen schufen eine künstliche Landschaft, die inmitten einer der trockensten Wüsten der Erde eine dichte Bauernbevölkerung trug, in der Landwirtschaft ohne technische Erfindungsgabe unmöglich gewesen wäre. Die Bauern waren sich der Bedrohungen durch Dürren und El Niños wohl bewußt, aber Technik und Bewässerung konnten das Überleben einer stark zentralisierten Gesellschaft nicht garantieren, die von ideologischen Interessen ebenso stark wie von pragmatischen angetrieben wurde. Den klimatischen Wandlungen, die die Kultur der Moche noch auffangen konnte, waren Grenzen gesetzt. Schließlich gingen den Krieger-Priestern die Alternativen aus, und ihre Kultur zerbrach.

8 DER ZUSAMMENBRUCH DER KLASSISCHEN MAYA

So versprengte sich das Werk, der menschliche Plan. Das Volk wurde zu Boden gedrückt, niedergerissen. Ihre Münder und Gesichter waren zerstört und zermalmt.

POPOL VUH, DAS BUCH DES RATES DER QUICHÉ-MAYA

Seebettablagerungen im Staat Quintana Roo in Mexiko erzählen dieselbe Geschichte wie die Quelccaya-Eiskappe in den Anden. Mitte bis Ende des sechsten Jahrhunderts n. Chr. breitete sich ein schwerer Dürrezyklus über Peru und Mittelamerika aus. Ein Zusammenspiel aus Dürre und El Niños zerstörte fast die Kultur der Moche, und Dürrejahre im tropischen südlichen Tiefland von Guatemala und Mexiko verursachten zu einem Zeitpunkt raschen Bevölkerungswachstums ökonomischen und sozialen Zerfall. Wie die Moche überlebten die Maya, aber die Natur hatte ein Zeichen gesetzt. Dreihundert Jahre später lag ihre Zivilisation in Trümmern.

Die alten Maya zählten zu den schillerndsten und langlebigsten präkolumbianischen Hochkulturen. Ehemals einfache Dorfbauern, wandelten sie ihre tiefliegende tropische Heimat in eine Landschaft großer Städte, die von mächtigen Herren regiert wurden. Zwischen den letzten paar Jahrhunderten vor Christus und 900 n. Chr. erblühte die klassische Hochkultur der Maya im südlichen Tiefland von Mexiko, in Guatemala und Honduras. Der Zusammenbruch ereignete sich plötzlich. Die großen Kultstätten des Petén und des südlichen Tieflands wurden aufgegeben, und große Teile der Region wurden verlassen, um nie wieder bewohnt zu werden. Allein in der Stadt Tikal ging die Bevölkerung von über fünfundzwanzigtausend um ganze zwei Drittel zurück. Die Überlebenden scharten sich um die Ruinen der großen Steinbauten und versuchten einen Schein ihres früheren Lebens zu wahren. Innerhalb weniger Generationen waren auch sie verschwunden.

Der „Zusammenbruch der Klassischen Maya“ ist eine der großen Kontroversen in der Archäologie, aber es besteht kaum Zweifel dar-

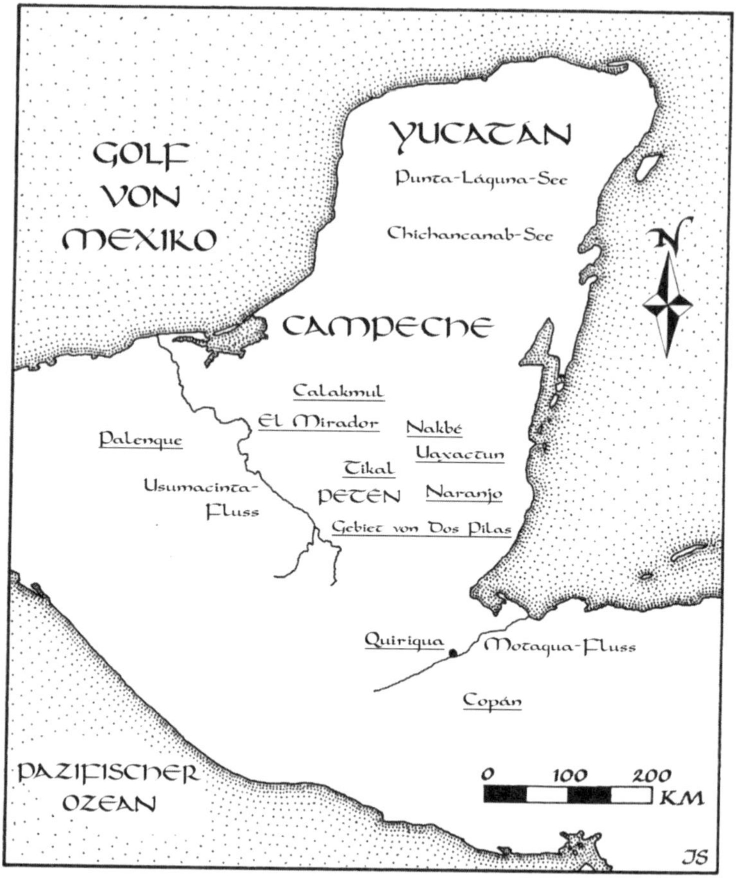

ABB. 8.1 Archäologische Stätten und Orte, die im 8. Kapitel erwähnt werden.

über, daß Dürren, zum Teil durch El Niño bedingt, eine wichtige Rolle bei der Katastrophe spielten.

Ein Großteil von Mexiko gerät unter den Einfluß der innertropischen Konvergenzzone (ITCZ), die sich während des Sommers der nördlichen Hemisphäre nordwärts bewegt und zwischen April und Oktober monsunartige Niederschläge ins Land trägt. Während des nördlichen Winters bewegt sich die ITCZ südwärts auf den Äquator zu, und ein subtropischer Hochdruck bringt beständige trockene Wetterbedingungen mit sich. Die Niederschlagsmuster variieren konstant. Wenn der Monsun schwach und unterdrückt ist und die ITCZ südlicher als gewöhnlich bleibt, suchen anhaltende Dürren Hochland wie Tiefland heim. Das ist oft der Fall, wenn der Index der Südlichen Oszillation niedrig ist und die Bedingungen eines El Niño über einem Großteil der tropischen Welt vorherrschen.

Der große El Niño von 1997/98 ließ in Mexiko viel Land und auch alten Regenwald austrocknen. Verheerende Brände zerstörten etwa ein Sechstel des Chimalapas-Regenwalds in Chiapas, wo mindestens fünfzehnhundert der bedrohtesten Arten der Welt leben. Seltene Brüllaffenarten und Jaguare flohen vor den Flammen, und rare Orchideen und Flechten wurden vernichtet. Die dürren geschwärzten Stämme von dreißig Meter hohen Bäumen ragten wie Splitter aus dem verkohlten Land. Ein feiner Rauchschleier hing über dem dichten Blätterdach des Waldes, während die rasenden Flammen Tausende von Bäumen braunblättrig und versengt zurückließen. So sagte Homero Aridjiis, Mexikos führender Umweltaktivist: „Wir sind dabei, ein Ökosystem zu verlieren, das Tausende von Jahren benötigt hat, um sich zu bilden." Unzählige Menschen kämpften über einen Umfang von vierzigtausend Hektar gegen Unterholzbrände: Feuerwehrmannschaften aus Mexiko und den Vereinigten Staaten, Soldaten, Städter und indianische Bauern. Ein großer Teil des Geländes war so steil und unzugänglich, daß es eines viertägigen Fußmarschs bedurfte, um einen Brand zu erreichen.

Mexikanische Bauern haben seit Tausenden von Jahren Feuer gelegt, um ihre Felder zu roden, noch lange bevor die glänzende Hochkultur der Maya im Tiefland Mittelamerikas erblühte. Feuer zu legen, eine ebenso alte Praxis wie der Maisanbau, ist eine einfache Methode, um trockenes Unterholz zu beseitigen, während die warme Asche die schwache tropische Erde düngt. Dieses Vorgehen bedarf im besten Fall der Sorgfalt, ist aber vor allem riskant, sobald Dürren das Land austrocknen und unvorsichtiges Feuerlegen in den Feldern nicht nur Parzellen des Bodens ergreifen kann, sondern ganze Landschaften. Alles, was nötig ist, ist ein plötzlicher Windstoß, um tobendes Feuer über Felder und Waldstücke freizusetzen, die so trocken wie Zunder sind. Genau das passierte während des letzten El Niño, als uralte Anbaupraktiken eine ökologische Katastrophe ersten Ranges verursachten.

Karten über durch El Niño ausgelöste Dürren von 1983 und 1997/98 verzeichnen schwere Trockenperioden, die weite Teile des Hochlands und Tieflands Mexikos beeinflußten, ebenso wie die Nachbarländer. Die Dürre von 1983 verursachte allein in Mexiko

1,3 Milliarden Mark Schaden. Mit den Dürren kommen auch Feuer und Hunger, Mißernten und wirtschaftlicher Zerfall, was in Gegenden mit dünnem tropischen Erdboden und wachsender Bevölkerungsdichte besonders ernst sein kann. El Niños und Dürren sind in Mexiko nicht voneinander zu trennen, und sie sind verheerend. Während des großen ENSO-Ereignisses von 1782–1783 fiel der Pátzcuarosee im zentralen Mexiko in seinem Wasserstand so ab, daß die örtlichen Dorfbewohner um den Besitz des neu freigelegten Landes stritten. Die Dürre von 1793 fiel mit einem großen Trockenzyklus in der Karibik und in Südost-Asien zusammen. Tausend Jahre früher trug eine anhaltende Trockenperiode dazu bei, die klassische Hochkultur der Maya zu zerstören.

Das Tiefland der Maya ist dem Niltal oder der Heimat der Moche nicht sehr ähnlich. Die Bauern Ägyptens und der Moche-Kultur bebauten und bewässerten Flußniederungen, die über ein großes landwirtschaftliches Potential verfügten. Die Maya bebauten die Halbinsel Petén-Yucatán, die in den Golf von Mexiko ragt; ein großer Kalksteinsockel, der sich über einen ungeheuer langen Zeitabschnitt aus den Tiefen des Meeres erhoben hat. Der poröse Kalkstein verflacht sich, je weiter man vom rauheren südlichen Tiefland nördlich nach Yucatán hinein reist, und sieht aus der Luft betrachtet wie ein eintöniger grüner Teppich aus. Das Tiefland ist heiß und feucht und erlebt von Mai bis Oktober eine sechsmonatige Regenzeit. Der Niederschlag ist weniger reichlich und vorhersagbar, als man es in solch einer tiefliegenden tropischen Umwelt erwarten könnte. Abgesehen vom Usumacinta und dem Motagua sorgen nur wenige permanente Flüsse für befahrbares Gewässer oder reiche Süßwasservorräte. Keine alljährliche Überschwemmung macht das Land mit wohltuender Regelmäßigkeit fruchtbar. Die meisten alten Maya gewannen ihr Trinkwasser aus kreisrunden Vertiefungen im Kalkstein, aus schlammigen Mulden oder aus flaschenförmigen Zisternen mit verputzten Rändern, die während der feuchten Jahreszeit Wasser auffingen. Der unregelmäßige Niederschlag plagte die Bauern der Maya.

Dichte Waldflächen bedeckten einst das südliche Tiefland, in dem einige der großen Städte der Maya erblühten. Mahagonibäume ragten bis zu fünfundvierzig Meter hoch aus dem Boden, durchsetzt mit Sapotill- (jetzt eine Quelle für Kaugummi) und Brotnußbäumen. Auf den niederen und mittleren Höhen des Waldes wuchsen Avocado- und andere Obstbäume in Fülle. An manchen Stellen machten die Wälder für Abschnitte offener Savanne Platz, die mit hartem Gras und verkümmerten Bäumen bedeckt waren. Im Lauf der Zeit rodeten die Maya einen großen Teil des ursprünglichen Waldes. Was wir heute sehen, ist die regenerierte Vegetation von Jahrhunderten.

Die scheinbare Gleichförmigkeit des Tieflands ist eine Täuschung. Der dichte Waldbestand verdeckt eine erstaunliche Vielfalt lokaler Bedingungen, die allesamt besondere Herausforderungen für die Bauern der alten Maya darstellten. Heiß, feucht und unversöhnlich, wie sie war, verfügte die Heimat der Maya über wenig fruchtbaren Boden außer in Teilen des Petén und entlang größerer Flußtäler. Platzregen und intensive tropische Sonneneinstrahlung richteten auf dem gerodeten Land Verheerung an, und bald schon war es unmöglich zu bebauen, weil sich eine steinharte Verwitterungsschicht auf der Oberfläche bildete. Um solch anspruchsvolle Felder durch Brandrodung und die anschließende Pflanzung zu bewirtschaften, bedurfte es großer Erfahrung und einer unbegrenzten Geduld. Ein größerer Kontrast zum Niltal ist schwer vorstellbar.

Wie ihre modernen Nachfahren wurden auch die alten Maya von Dürren und jahrzehntelangen klimatischen Schwankungen heimgesucht, von denen uns durch Kernbohrungen in alten Seeböden bekannt ist. David Hodell, Jason Curtis und Mark Brenner von der Universität in Florida bohrten auf der Suche nach klimatischen Daten einen Kern aus den Sedimenten des salzigen Chichancanabsees in Yucatán. Ihre Probe maß die Veränderungen im Verhältnis der Sauerstoffisotope in den Karbonaten, die im Grundsediment über viele Jahrhunderte erhalten geblieben waren. Zusammen mit der Feststellung des Anteils von Sauerstoff und Gips im feinen Schlick erlaubte dies den Wissenschaftlern, die Veränderungen der Vergangenheit im Verhältnis zwischen Verdunstung und Niederschlag zu rekonstruieren. Sie gingen von der Annahme aus, daß Perioden trockeneren Klimas durch einen Anstieg in der Zusammensetzung von Sauerstoffisotopen angezeigt würden, ebenso wie durch einen höheren Anteil an Gips zu Calcit, wobei für feuchtere Zyklen das Gegenteil zuträfe. Hodell und seine Kollegen entwarfen eine Abfolge klimatischer Veränderungen für die letzten achttausend Jahre bei einer Schwankung von etwa zwanzig Jahren in der Genauigkeit.

Sie fanden heraus, daß sich der Chichancanabsee etwa 6200 v. Chr. erstmalig füllte, zu einer Zeit, als die Meeresspiegel in der Karibik und der Grundwasserspiegel in Yucatán stark anstiegen. Bis etwa 4000 v. Chr. setzte sich diese Tendenz weiter fort. Der Kern zeigt relativ feuchte Bedingungen bis etwa 1000 v. Chr., als es trockener wurde und der Karbonatgehalt in den Seesedimenten als Folge davon anstieg. Die

Trockenheit dauerte an und erreichte etwa zwischen 800 und 1000 n. Chr. einen Höhepunkt, genau zu der Zeit des Zusammenbruchs der Maya. Der Dürrezyklus dieser zwei Jahrhunderte war die trockenste Periode der letzten achttausend Jahre.

Die Dürre im Gebiet des Chichancanab steht nicht alleine. Niedrige Wasserstände im Pátzcuarosee in Michoacán im zentralen Mexiko und das Zeugnis weitverbreiteter Buschfeuer in Costa Rica während derselben zwei Jahrhunderte deuten auch auf eine ausgedehnte Trockenheit hin. Hodell und seine Mitforscher führten auch Bohrungen im Punta-Láguna-See in Quintana Roo durch, der das meiste seines Wassers durch Verdunstung verliert, was bedeutet, daß Veränderungen in den Verhältnissen von Sauerstoff 18 und 16 fast vollständig vom Verhältnis zwischen Verdunstung und Niederschlag bestimmt werden. Die Seesedimente lagerten sich rasch ab, so daß eine Kernbohrung eine höchst genaue, mit der von Baumringen vergleichbare Chronologie von Veränderungen im Niederschlag hervorbringen kann. Die Probe des Punta-Láguna-Sees enthüllte häufige und schwere trockene Zustände zwischen 165 v. Chr. und 1020 n. Chr. Eine besonders heftige Dürre brach 585 n. Chr. herein und fiel mit der in der Quelccaya-Eiskappe in den südlichen Anden nachgewiesenen Trockenperiode zusammen, die die Kultur der Moche tiefgehend beeinträchtigte. Diese Zeitspanne trockener Bedingungen verursachte im Tiefland der Maya einen Bruch, wurde aber von einer Phase verhältnismäßig reichen Niederschlags abgelöst. Zweihundert Jahre uneingeschränkten Wachstums und Wohlstands folgten nun, und die Bevölkerung der Maya nahm schnell zu. Wie der Chichancanab bezeugte auch der Punta-Láguna-See einen anhaltenden trockeneren Zyklus zwischen 725 und 1020 n. Chr., mit zwei schweren Trockenperioden 862 und 986. Die Dürre brach 1020 ganz plötzlich ab. Innerhalb eines Jahrhunderts erfuhr der See mit die feuchtesten Bedingungen der letzten achttausend Jahre. Seitdem war das Klima durch wiederholte feuchte und trockene Zyklen gekennzeichnet, die etwa zehn Jahre andauerten, wobei sich einige der schwersten Dürren während ENSO-Ereignissen entfalteten.

Die Bohrungen in den Yucatánseen offenbaren ein Langzeitmuster tausendjähriger Wandlungen zwischen reichlichem Niederschlag und Dürre und wiederholter viele Jahrzehnte andauernder feuchter und trockener Zyklen, die sie überlagerten. Während einige dieser Dürrezyklen mit ENSO-Episoden zusammenfallen, demonstrieren Beobachtungen in der Karibik und in Mittelamerika aus dem zwanzigsten Jahrhundert eine starke Wechselbeziehung zwischen überdurchschnittlichem Niederschlag und einem ungewöhnlichen Tiefdruck auf der äquatorialen Seite des Hochs nahe den Azoren. Gleichzeitig verlagern sich das nordatlantische Hoch und die Passatwinde nordwärts. Von Afrika bis zum amerikanischen Kontinent ist der Nordatlantik zwischen zehn und zwanzig Grad nördlicher Breite ungewöhnlich warm. Eine erhöhte Konvergenz und eine stärkere Bewölkung über der Karibik und der angrenzenden Atlantikregion niederer Breiten zeigen eine ungewöhnlich hohe Feuchtigkeit an. Im Gegensatz dazu resultieren trockene Jahre aus einem viel weniger intensiven jährlichen Zyklus und den entgegengesetzten Wetterbedingungen über dem Nordatlantik. Die Dürren, die die Maya im achten und neunten Jahrhundert heimsuchten, ergaben sich aus komplizierten immer noch kaum verstandenen Wechselwirkungen zwischen Atmosphäre und Meer, darunter El Niño-Ereignisse und große Wandlungen in der Nordatlantischen Oszillation in Abständen von Jahrzehnten, ebenso wie zwei oder drei Jahrzehnte andauernde Variationen im Niederschlag über einen Zeitraum von vielen Jahrhunderten.

Trotz dieser kurzfristigen klimatischen Schwankungen und einer tropischen Heimat mit schwachem und nur mäßig fruchtbarem Erdboden erblühte die klassische Hochkultur der Maya über achthundert Jahre lang, bevor die harten Realitäten von Überbevölkerung und Naturbelastung ihre stolzen Führer stürzten. Daß sie überhaupt so lange in solch einer beanspruchenden Umwelt überlebte, ist der Fähigkeit der Maya-Bauern zu verdanken.

Wie andere tropische Bebauer wandten die Maya die uralte landwirtschaftliche Methode der Brandrodung an, um Mais und Bohnen zu ziehen. Ein Bauer pflegte am Ende der Trockenzeit auf gut entwässertem Land ein Waldstück abzuholzen und dann das Gehölz und Dickicht abzubrennen. In dieser kritischen Zeit im Bauernjahr war die Luft dicht von Holzrauch und Staub erfüllt. Große, graue Rauchwolken stiegen dem ausgewaschenen blauen Himmel entgegen, und der Nachmittagswind verteilte überall feine Asche und Ruß. Während sich der Brand legte, fielen Asche und Holzkohle auf den Erdboden. Die Bauern und ihre Familien arbeiteten den natürlichen Dünger in die Erde ein und pflanzten dann Maiskörner in Löcher, die mit einem Grabstock in den weichen Erdboden gebohrt worden waren. Der richtige Zeitpunkt bedeutete alles, denn die Anpflanzung mußte mit den ersten Regenschauern zusammenfallen.

Solche gerodeten Anlagen, *milpa* genannt, bleiben nur etwa zwei Jahre fruchtbar. Dann muß ein Bauer auf ein anderes Stück Land übergehen, von neuem beginnen und die ursprüngliche *milpa* für zwischen vier und sieben Jahre brach liegen lassen. Als die Maya noch reine Dorfbauern waren, lagen ihre Niederlassungen inmitten eines Gewebes von neu gerodeten Parzellen und sich regenerierendem Land, umgeben von dichtem Wald, der sie von ihren Nachbarn trennte. Als die Bauernbevölkerung aber anstieg, verbrauchten expandierende Gemeinschaften nach und nach unberührtes Land.

Die Bebauungsmethode der Brandrodung funktionierte gut genug, solange die Bauernbevölkerung der Maya noch klein war, aber die Ernteerträge reichten nie aus, um große Siedlungen zu unterhalten. Außerdem konnten die Vorräte an Getreideüberschüssen nie mehr als eine Handvoll Nichtbauern ernähren, etwa Steinaxthersteller oder Priester. Doch war dieses einfache Bebauungssystem bis wenige Jahrhundert vor Christus die Grundlage einer zunehmend komplizierten dörflichen Gesellschaft, die in einer heißen tiefliegenden Umwelt mit flachen, armen Böden erblühte.

Konnte solch ein elementares Bebauungssystem eine ausgefeilte Hochkultur mit dicht bevölkerten Städten erhalten? Frühe Archäologen, die sich mit den Maya beschäftigten, haben den nie endenden Zyklus von Rodung, Pflanzung und Ernte in modernen Zeiten beobachtet und nahmen an, daß dieselben Bebauungsmethoden tatsächlich eine alte Hochkultur von Dorfbauern unterhalten hatten, die übers Tiefland verstreut war und nur zur Errichtung ausgearbeiteter zeremonieller Zentren wie Copán, Palenque oder Tikal zusammenkam, in denen in Wirklichkeit nur wenige Menschen lebten. Der Maya-Forscher Sylvanus Morley schrieb 1946: „Die moderne Maisanbaumethode der Maya ist über die vergangenen dreitausend Jahre dieselbe geblieben – ein einfacher Vorgang, Bäume zu fällen, trockene Stämme und Unterholz zu verbrennen, anzupflanzen und den Ort der Kornfelder alle paar Jahre zu wechseln."[1]

Morley und seine Zeitgenossen wußten wenig über tropische Bodenverhältnisse und glaubten, daß die *milpa*-Landschaften über das gesamte Tiefland absolut einheitlich gewesen wären, wo die dortige Umwelt doch tatsächlich außergewöhnlich vielfältig ist. So argumentierten sie, daß nichts außer den *milpas* eine grundsätzlich ländliche Gesellschaft getragen hätte, die weit über das Tiefland verstreut war. Das Volk der Maya hätte demzufolge eine Hochkultur ohne eigentliche Städte entwickelt, beherrscht von friedlichen religiösen Führern mit einer Leidenschaft für Kalender und die Bewegung der Himmelskörper.

Ein halbes Jahrhundert später wissen wir, daß Morley und seine Zeitgenossen sich irrten. Die Mayas unterhielten gewaltige Städte und bevölkerte Landstriche mit einer Ackerbautechnik, die zu den hochentwickeltsten gehört, die je in Amerika praktiziert wurden.

1972 nutzten der Geograph Albert Siemans und der Archäologe Dennis Puleston Luftaufnahmen, um ausgedehnte Flächen von Sumpfgebieten im südlichen Campeche Mexikos zu untersuchen. Sie stellten unregelmäßige Anordnungen grauer Linien in Leiter-, Gitter- und Bogenformen fest, die sich als längst vergessene erhöhte Bebauungssysteme entpuppten. Der Großteil davon waren schmale rechtwinklige Parzellen, die sich über dem tiefliegenden jahreszeitlich überschwemmten Flußgrenzland erhoben. Diese erhöhten Felder hatten eine große Ähnlichkeit mit den gutbekannten *chinampas* oder Sumpfgärten, die Jahrhunderte später von den Azteken im Hochland Mexikos genutzt wurden. Die Azteken hielten sich einige Tausend Hektar *chinampas* in der Umgebung ihrer großen Hauptstadt Tenochtitlán, die selbst inmitten eines flachen Sees lag. Diese höchst ertragreichen Felder brachten mehrere Bohnenarten und Maisformen im Jahr hervor und unterhielten allein im Tal von Mexiko über 250.000 Menschen.

Die Forschungsarbeit von Sieman und Puleston sprengte den langgehegten „Mythos der *milpa*" als einziger Existenzquelle der Maya und schien zu erklären, wie Dorfbauern es bewältigt hatten, blühende Städte zu errichten. Die Maya begannen spätestens vor zweitausend Jahren Sümpfe trockenzulegen und zu kanalisieren, wodurch sie agrarwirtschaftlich nutzloses Land in hochproduktive Flächen verwandelten, solange genügend Grundwasser vorhanden war. Außerdem fingen sie an, steile Hänge zu bebauen.

In den späten zwanziger Jahren des letzten Jahrhunderts war eine Anzahl Forschungsreisender auf ausgedehnte Gebiete aufgegebener Terrassenanordnungen aufmerksam geworden, die an abschüssigen Bergabhängen im Tiefland der Maya angelegt worden waren. Kein Archäologe erforschte diese alten Bebauungsanlagen aber, bis die Forschung im Sumpfgebiet ihnen die Verschiedenheit des Ackerbaus der Maya bewußt machte. Die mit Steinmauern eingesäumten Terrassen erheben sich in dichten Reihen, wodurch sie Schlamm aufhalten, der sich sonst bei wolkenbruchartigen Regengüssen die trockenen Berghänge hinunter ergießen würde. Wie die stark bebauten Sumpfgebiete waren die Terrassenanordnungen ein Zeichen einer intensiven Bewirtschaftung, die jedes Stückchen fruchtbaren Landes nutzte.

Maya-Experten machten sich den neuen Beweis einer ausgeprägten Landwirtschaft zu eigen. Hier tat sich eine Erklärung für die scheinbar mysteriöse Bevölkerungsexplosion auf, die die Existenz der ersten Städte im Tiefland begleitete: Etwa um die Zeit, als die Römer die Vorherrschaft über die mediterrane Welt gewannen, wandten sich die Maya angesichts wachsender Bevölkerung und Landknappheit für die *milpa*-Bebauung der Sumpfbewirtschaftung zu, um ihre aufblühenden Städte zu unterstützen.

Das neue Paradigma verwandelte die Maya von friedlichen, von Priestern regierten Dorfbewohnern in friedliebende, die Sümpfe bewirtschaftende Städter, die das gesamte Tiefland bewohnten. Einige Schätzungen setzten ihre Bevölkerungszahl um 800 n. Chr. zwischen acht und zehn Millionen an, eine verblüffend hohe Bevölkerungsdichte für eine tropische Umwelt mit einer so geringen natürlichen Versorgungskapazität.

Es finden sich keine einfachen Antworten auf die Frage, wie die Maya es bewerkstelligten, so viele Nichtbauern zu unterhalten. Die siebziger und achtziger Jahre des letzten Jahrhunderts erlebten eine Verlagerung in der Forschung, die sich von großangelegten Städteausgrabungen abwandte. Stattdessen widmete man sich nun dem Studium gesamter alter Landschaften und des Hinterlandes von Maya-Städten wie Copán in Honduras und Tikal in Guatemala. Forscher beschäftigten sich mit Luftaufnahmen, schlugen tiefe Schneisen in dichte Wälder und untersuchten einfache Bauernhöfe und kleine Dörfer, im Bemühen, sich über einen Zeitraum von vielen Jahrhunderten wandelnde Siedlungsmuster der Maya zu erkennen. Bald stellten sie fest, daß keineswegs alle Sumpfgebiete mit ihren unregelmäßigen Überschwemmungsständen und Grundwasserspiegeln über die Kapazität verfügten, erhöhte Felder mit gutem Ertrag zu erhalten. Einige Bauern legten zur Bewirtschaftung Terrassen auf naheliegenden Hängen an. Andere Gruppen nicht weit entfernt taten das nie. Darüberhinaus stimmten sorgfältig zusammengestellte Standortverteilungen manchmal nicht mit der Häufung fruchtbarer Böden, sumpfigen Untergrunds und anderer potentiell bebaubarer Gebieten in der Umgebung überein. Was die Maya in der Vergangenheit zu bebauen beschlossen, glich nicht immer dem am besten zu bestellenden Land heutiger Tage.

Die auffassungsfähigeren Forscher erkannten nun, daß sie auf ein komplexes Mosaik von Landschaften blickten, die über viele Jahrhunderte bewirtschaftet worden waren. Über viele Generationen wandelten sich diese Landschaften und ihr Potential in der Wahrnehmung der Maya auf radikale Weise. Diese wechselnden Einsichten entsprangen der Institution des Königtums der Maya und der durch Menschen herbeigeführten wie natürlichen Veränderung der Umwelt.

Das Königtum der Maya entwickelte sich aus tiefen Wurzeln in der Vergangenheit. Wie alle Brandrodung betreibenden Bauern lebten die frühesten Maya in einer engen Verbindung zum Land. Ihr Überleben hing vom Fachwissen über Böden und Wetterzeichen ab, über Tiere, Pflanzen und die feinen Veränderungen, die den jahreszeitlichen Übergang markierten. Die Dorfbewohner bevölkerten den Wald mit Geistwesen, die halb Tier, halb Mensch waren. Das war die Welt des wilden Jaguars, der sowohl im Wasser wie in den Bäumen hauste. Die verschiedenen Ebenen des Kosmos der Maya nahmen mit den stillen dunklen Wassern des Uranfangs ihren Beginn, einer ewigen Sphäre, die nur von übernatürlichen Wesen bewohnt war. Viele Jahrhunderte später erzählt uns das *Popol Vuh* der Quiché-Maya, ein altes Buch des Rates: „Die Schöpfer befinden sich im Wasser, einem glänzenden Licht. Sie sind da, sie sind von blaugrünen Quetzalfedern umgeben."[2] Die Götter berieten sich und schufen eine Erde, die aus dem Wasser hervorging und auf der sich der Pflanzenwuchs und der Mensch entwickelten. Vom unmittelbaren Anfang an waren die lebendige und die spirituelle Welt eins.

Lange bevor sich die Hochkultur im Tiefland entwickelte, umgab die übernatürliche Welt die Gemeinschaften der Maya von allen Seiten. Ihre Erde stellte die mittlere Ebene eines Kosmos dar, in dem *wacah chan*, der Weltenbaum, die Reiche des Himmels, der Lebenden und der Unterwelt miteinander verband. Diese machtvolle und sehr alte Lehre verknüpfte vergangene, gegenwärtige und künftige Generationen in einer Welt mit unvergänglichen Banden, in der die Ahnen und Götter die Taten der Menschen bestätigten. Von Anfang an nahmen Schamanen eine große Bedeutung in der Gesellschaft der Maya ein; sie verfügten über die Macht, von der Welt der Lebenden in die übernatürliche überzugehen.

Dorfschamanen waren Heiler und Priester, Individuen mit der Fähigkeit, sich die Kraft von Halluzinogenen nutzbar zu machen und in tiefe Trancezustände einzutreten, die ihnen erlaubten, frei im Kosmos umherzufliegen. Indem sie sich mit Rochenstacheln den Penis ritzten, vergossen sie Blut, das das Tor zur anderen Welt aufstieß, und ohne weitere Anstrengung vollzogen sie den Übergang in das spirituelle Reich. Ihre Verwandlungen in den Trancezustand wurden zunehmend zu ausgefeilten öffentlichen Zeremonien, die vor immer größerem Publikum durchgeführt wurden. Um 300 v. Chr. waren die fähigsten Schamanen zu mächtigen Herrschern geworden, wobei sich ihre Dörfer zunächst zu kleinen Städten entwickelt hatten, dann zu gewaltigen Kultstätten, die die Welt der Maya in Stein und Stuck nachbildeten.

150 v. Chr. konnten sich wachsende Städte wie Nakbé und El Mirador im Petén imponierender Pyramiden rühmen, die mit Masken von Göttern und verehrten Ahnen versehen waren. El Mirador bedeckte sechzehn Quadratkilometer und umfaßte große Pyramidenkomplexe. Die Danta-Pyramide an der Ostseite dieser Stätte erhob sich über siebzig Meter von einer natürlichen Anhöhe. Ein Netz sorgfältig angelegter Fußwege dehnte sich strahlenförmig über einen sumpfigen Untergrund zu nahegelegenen Zentren aus. Die frisch verputzten und bemalten Tempelfassaden legten Zeugnis für eine mächtige neue Institution im Leben der Maya ab: *Ch'ul Ahaw*, das heilige Königtum. Die Städte der Maya wurden zu in Stuck und Stein gearbeiteten symbolischen Landschaften: Die Pyramiden waren heilige Berge, und bemeißelte Stelen stellten Bäume im Wald dar. Der Tempel war das Bergtor zur alles überragenden anderen Welt, das die Schamanen-Herrscher auf ihren durch Trance herbeigeführten Reisen ins spirituelle Reich passierten.

Die frühen Herrscher der Maya blieben anonym. Sie hinterließen keine schriftlichen Aufzeichnungen, und keine Hieroglyphen halten ihre Taten oder persönlichen Geschichten fest. Ihre einzige Hinterlassenschaft an ihre Nachfolger war ein Repertoire machtvoller Rituale, das die Welt der Maya, eingebettet in einen zyklischen Kalender, legitimierte, die Institution des Königtums an sich und eine spezifische Architektur, die dem Kosmos nachempfunden war. Diese Architektur war so bedeutend, daß Generationen großer Herrscher neue Tempel auf den Fundamenten früherer errichteten. Die Geschichte und das Königtum der Maya waren mit der gegenwärtigen und der anderen Welt verknüpft. Daher hing die Glaubwürdigkeit aller Herrscher von ihrer Abstammung und ihrem Platz in der Geschichte ab.

Vor etwa zweitausend Jahren fingen die Herrscher der Maya an, ihre Taten und Abstammungslinien in einer charakteristischen und ausgearbeiteten Schrift festzuhalten. Heute können wir über zwei Drittel der Mayaschrift lesen, bis zu dem Punkt, an dem ein Archäologe, der einen Tempel ausgräbt, die Hieroglyphen zur Anleitung der Ausgrabung nützen und einzelne Gebäude mit Hilfe der ursprünglichen Inschriften, die von ihren Erbauern hinterlassen worden sind, datieren kann. Die Hieroglyphen der Maya berichten uns über Astronomie und den Verlauf der Zeit. Sie dokumentieren auch viel über das Königtum, große historische Ereignisse und den Aufstieg und Fall von Dynastien. Die Inschriften der Herrscher selbst hüllen schweigende Pyramiden und Städte in politische und religiöse Gewänder. Sie sagen uns, daß die Gesellschaft der Maya ein zusammenhängendes Gebilde miteinander wetteifernder Stadtstaaten war, beherrscht von blutdürstenden Fürsten, die nicht von Kalendern und Ritualen, sondern von Genealogien und militärischer Eroberung besessen waren. Als Meister der Diplomatie und der Nutzung ihres Ansehens nährten die grausamen Maya-Herrscher der Vergangenheit mächtige Ambitionen, die ihre Umwelt zerstörten und ihre großen Städte zum Zerfall brachten.

Die Hieroglyphen erzählen uns, daß der König ein Staatsschamane war, ein Vermittler zur anderen Welt, fast in der Form eines Familienpatriarchen. Die Herrscher der Maya glaubten sich in einem heiligen Bund mit den Göttern und Ahnen. Sie stellten sich selbst als den Weltenbaum dar, als die Verbindung, über die die Menschen mit dem übernatürlichen Reich kommunizieren konnten. Im Glauben der Maya waren Bäume die lebendige Umwelt des menschlichen Daseins und ein Sinnbild für die königliche Macht. So waren die Führer der Maya eine Ansammlung symbolischer Weltenbäume in einer natürlich bewaldeten Landschaft. Ihre Stelen und Inschriften bemühen sich bis zum äußersten, ihre Abkunft von vorherigen Herrschern und lange verschiedenen Vorfahren zu legitimieren.

Wie die Pharaonen Ägyptens waren die Fürsten der Maya göttliche Herrscher. Die Weltsicht ihrer Kultur schuf ernsthafte, bindende Verpflichtungen zwischen Herrscher und Adel und den Tausenden Bauern, die sie versorgten. Der Erfolg der Herrscher in der Organisation von Landwirtschaft und Handel bereicherte das Leben eines jeden in spiritueller und zeremonieller Weise. Jeder Führer hatte in seinem Königreich eine ernstzunehmende Verantwortung in der Durchführung großangelegter landwirtschaftlicher Unternehmungen und in der Sammlung und Verteilung von Gütern aller Art. Ein großer Herrscher war weit mehr als ein weltlicher Regent. Er *war* das Leben der Maya und stand mit seiner Familie und den großen und kleinen Gemeinschaften durch die Institution des Königtums in Verbindung und durch seine Abstammungsbande zu den einst stiftenden Vorfahren. Zum Pech der Maya hing die Form des Königtums, für die sie sich entschieden hatten, von einer Agrarwirtschaft und einer natürlichen Umgebung ab, die den unersättlichen Forderungen ihrer Herrscher nicht genügen konnten.

Hier endet die oberflächliche Ähnlichkeit mit dem ägyptischen Königtum, denn die Fürsten der Maya lebten in einer völlig andersartigen ökonomischen und politischen Umwelt. Jeder Maya-Herrscher, ob er nun einer gewaltigen Metropole vorstand oder einer kleinen Stadt, lebte in einer Welt sich wandelnder politischer Bündnisse, ritueller Vorschriften und militärischer Aktionen, die unternommen wurden, um wirtschaftliche Ziele zu erreichen oder um zur Opferung bestimmte Gefangene zu machen. Diplomatische Besucher pendelten ständig zwischen einer Stadt und einer anderen hin und her, um Inthronisierungen zu feiern, politische Hochzeiten oder die offizielle Benennung von Erben. Die meisten Kriege ereigneten sich zwischen Nachbarn. Eine Stadt nahm die andere ein. Der Herrscher wurde von den Eroberern geopfert. Viele Generationen später wurden die Eroberer durch die unsteten Gezeiten politischer Macht zu Eroberten.

Die größten Königsdynastien hielten sich viele Jahrhunderte. Die Herrscherfamilie Tikals stand der Stadt von 219 n. Chr. bis ins neunte Jahrhundert vor. Tikal schritt von Erfolg zu Erfolg. Am 16. Januar 378 besiegte und plünderte der Herrscher Jaguar-Tatze seinen mächtigen Nachbarn Uaxactun und setzte eine Vasallendynastie ein, die vom erfolgreichen General Rauchender Frosch geführt wurde. Auf der Höhe seiner Macht herrschte Tikal über ein Königreich von 2500 Quadratkilometern mit einer geschätzten Bevölkerung von über 360.000 Menschen. Aber nie war der Staat sicher: Rivalen rannten gegen seine Grenzen an, und wohlüberlegte politische Hochzeiten änderten geschickt eingefädelte diplomatische Arrangements.

Mindestens vier große Hauptstädte erblühten um das achte Jahrhundert n. Chr.: Calakmul, Copán, Palenque und Tikal. Zu dieser Zeit wurde die Gesellschaft der Maya zunehmend adellastig, während die landwirtschaftliche Produktivität grundsätzlich unverändert blieb, da die Bauern die natürliche Umwelt bis an ihre Grenzen ausgenutzt hatten. Über ein Viertel Jahrhundert an Ausgrabungen und archäologischen Vermessungen bei Copán erzählen eine bedrückende Geschichte von schnellem Wachstum und plötzlichem Zusammenbruch.

Copáns Pyramiden und Plätze bedeckten zwölf Hektar, beginnend bei den großen und offenen Flächen der Großen und Mittleren Plazas, auf denen verschlungen bemeißelte Stelen an Copáns große Herrscher erinnern. 426 n. Chr. kam der Herrscher Kinich Yax K'uk' Mo' (der Sonnenäugige Quetzal-Makao) in Copán an und begründete eine Dynastie von fünfzehn Regenten, die an ein- und derselben Stätte einen Tempel nach dem anderen errichteten, den Archäologen als die „Akropolis" geläufig. Über einen Zeitraum von vierhundert Jahren wurde Copán ein großes Königreich in der Welt der Maya. Um das achte Jahrhundert lebten über zehntausend Menschen im Copán-Tal nahe der Hauptstadt.

Die Geschichte Copáns ergibt sich aus archäologischen Vermessungen des Hinterlands der Stadt ebenso wie des Stadtkerns. Unter

Verwendung von Luftaufnahmen und Handvermessungen haben die Forscherteams über 1425 archäologische Stätten registriert, die nicht weniger als 4500 Strukturen umfassen und sich über einen Bereich von über 135 Quadratkilometern des Gebiets erstrecken, das den Stadtkern umgibt. Sie gruben eine Auswahl von 252 Siedlungen aus und entdeckten viele Obsidianbruchstücke, die von den Maya als Schmuck, Steinwerkzeuge und Spiegel benutzt wurden. Archäologen schätzen Obsidian, weil sie die Tiefe der Schicht der Wasserabsorption (Hydration) auf der Oberfläche messen und die Zeit festlegen können, die verstrichen ist, seitdem das Bruchstück zu einem Werkzeug verarbeitet wurde oder seit eine frische Schneide Verwendung fand. Über 2300 solcher Daten sorgen für eine Chronologie überraschender Veränderungen in der menschlichen Besiedlung um Copán.

Zwischen 550 und 700 n. Chr. breitete sich der Copán-Staat schnell aus. Die meisten Menschen lebten innerhalb der Stadtgrenzen und in unmittelbarer Nähe der Stadt. Lediglich eine kleine bäuerliche Bevölkerung wohnte in der ländlichen Umgebung. Von 700 bis 850 erhöhte sich die Bevölkerungszahl sprunghaft auf 20.000 bis 25.000 Menschen. Zu einer Zeit, als sich die Bevölkerung alle 80 bis 100 Jahre verdoppelte, lebten noch achtzig Prozent der Menschen innerhalb der Stadt oder am Stadtrand. Doch gibt es Zeichen sich verändernder Bedingungen. Die Landbevölkerung breitete sich weiter außerhalb entlang des Talbodens aus. Daß einige Dörfer anfingen, weniger ertragreiche Gebiete am Fuße der Berge in einiger Entfernung von der Stadt zu bewirtschaften, legt nahe, daß weniger fruchtbares Ackerland zur Verfügung stand. Inzwischen geriet die Schichtung von Copáns sprießender Stadtbevölkerung zunehmend aus dem Gleichgewicht. Zweiundachtzig Prozent der Menschen lebten in ärmlichen Behausungen in einer Gesellschaft, die immer kopflastiger wurde.

Copán geriet 738 n. Chr. erstmals in Schwierigkeiten, als sich der Herrscher Cauac-Himmel der nahen Lehensstadt Quiriguá gegen seinen Herrn wandte, ihn gefangennahm und tötete. Für kurze Zeit wurde der Herrscher zum Beherrschten, aber die große Stadt wurde nie zerstört. 749 bestieg der König „Rauch-Muschel“ Copáns Thron und begann ein ehrgeiziges architektonisches Programm, um seine Herrschaft zu bestätigen. Sein Meisterwerk war die großartige „Hieroglyphentreppe“, verziert mit über 2200 Inschriften, die den übernatürlichen Weg des Maya-Herrschers feiern. Der Stufenbau vermittelt das Gefühl einer wiederbelebten Bewegung, eines Versuchs, Unterstützung hinter der geschwächten Dynastie und einer großen Adligkeit zu vereinen, die, durch Parteiung gespalten, all die kostbaren Privilegien der Elite beanspruchte.

„Rauch-Muschels" Sohn Yax-Pak (Erste Dämmerung) erbte ein wankendes Reich. Zu dieser Zeit hatte der sich immer wieder selbst bestätigende Adel der Maya eine nicht zu kontrollierende Größe erreicht und scharte sich in Wohnstätten für Höflinge nahe der Stadt. Yax-Pak unternahm den beispiellosen Schritt, die Behausungen hoher Würdenträger aufzusuchen und ihre Häuser zu weihen. Davon wissen wir von erhaltenen Inschriften, die an den Besuch des Herrschers erinnern und an seine Bestätigung des Adelsgeschlechts, das durch einen jeden loyalen Höfling aufrechterhalten wurde.

Selbst das hohe Ansehen des Herrschers konnte den Zusammenbruch nicht von Copán abwenden, denn größere Kräfte waren am Werk. Die Vermessungen des Hinterlandes erzählen die Geschichte. Als die Dynastie 820 endete, setzte eine rasche Entvölkerung ein. Der Stadtkern und die Randgebiete verloren nach 850 etwa die Hälfte ihrer Bevölkerung, während die Landbevölkerung um fast 20 Prozent stieg. Kleine regionale Siedlungen ersetzten die große Stadt und die vereinzelten Dörfer früherer Zeiten. Um 1150 waren nur noch fünftausend bis achttausend Menschen im Copán-Tal zurückgeblieben.

Nicht nur Copán erging es so. Um 900 n. Chr. war die Hochkultur der Maya in einer der dramatischsten Implosionen aller frühen Hochkulturen der Menschheitsgeschichte in einem weiten Bereich des südlichen Tieflands zusammengebrochen.[3]

Warum kam es zu diesem Kollaps der Hochkultur der Maya? Jeder, der den Zusammmenbruch der klassischen Maya untersucht, stimmt zu, daß er durch eine Kombination aus ökologischen, politischen und sozialen Faktoren zustande kam. Patrick Culbert von der Universität in Arizona hat gezeigt, daß die Bevölkerungsdichte des südlichen Tieflands unmittelbar vor dem Zusammenbruch bis auf zweihundert Menschen pro Quadratkilometer stieg. Weil davon ein so großes Gebiet betroffen war, wurde es den Menschen unmöglich, sich schlechten Zeiten anzupassen, indem sie zu neuen, ungerodeten Gebieten in einiger Entfernung zogen. Den Maya blieb keine frische Ackerfläche mehr. Culbert glaubt, daß der Umfang des Bevölkerungsverlusts nach 800 n. Chr. derart war, daß eine soziale Fehlfunktion allein nicht dafür verantwortlich sein kann.

Zur Zeit des Zusammenbruchs hatte sich die landwirtschaftliche Produktion der Maya ihren Grenzen genähert. Größere Städte wie Tikal dürften Mengen an Nahrungsmitteln aus einer Entfernung von bis zu über hundert Kilometern in ihre Stadt transportiert haben. Die Intensivierung der Produktion hatte Jahrhunderte früher begonnen, als die Maya den *milpa*-Bebau mit den Feldanlagen und dem Terrassenanbau im Sumpfgebiet kombiniert hatten. Auf kurze Frist hin funktionierten diese Intensivierungsstrategien auf lokaler Ebene, vor allem wenn die Elite durch Tributabgaben und vielleicht auch durch eine sorgfältige Bestandsaufnahme von Ackerland zunehmende Kontrolle über Produktion und Erträge ausübte. Einige Experten glauben, daß die Maya letztendlich einen Schritt weiter gingen und versuchten, Bebauungspraktiken über weite Gebiete zu vereinheitlichen.

Solch eine Vorgehensweise ist in einer Umgebung wie der des Niltals Ägyptens durchführbar, selbst noch in den Flußtälern entlang Perus Nordküste, wo umfassende Bewässerungsanlagen eine scharfe Kontrolle und eine gewisse Vereinheitlichung erfordern, um die Verbreitung kostbaren Flutwassers zu maximieren. Aber die Umwelt der Maya stellte sich bei schwachem Erdboden und unvorhersagbarem Niederschlag als sehr vielfältig dar. Die Bauern konnten nicht auf Gebirgsabflüsse, sondern, selbst im Sumpfgebiet, auf nur unregelmäßige jahreszeitliche Überschwemmungen und schwankende Grundwasserspiegel im porösen Kalkstein zählen. Sie wurden mit wachsenden Forderungen ihrer Herrscher konfrontiert, auch noch als ihre Umwelt sich verschlechterte: Der Boden erschöpfte sich, Wolkenbrüche, die auf abgeforstete Ländereien niedergingen, verursachten weitgreifende Flächenerosionen, und es kam zu einem ständigen Brennholzmangel. Die Bauern fingen in dem Moment an zu verzweifeln, als ein großer Dürrezyklus den Todesstoß führte.

Als die großen Dürren des achten und neunten Jahrhunderts auftraten, litt die gesamte Hochkultur der Maya unter zunehmender Beanspruchung. Wie wir es im Falle von Copán gesehen haben, war der Adel kopflastig und von Uneinigkeit gezeichnet. Die Herrscher Tikals führten aus großer Entfernung Nahrungsmittel ein und stellten zu einem Zeitpunkt steigender Konkurrenz und militärischer Aktivität immer höhere Anforderungen an ihre Untertanen. Möglicherweise versuchten sie, Bebauungsmethoden zu vereinheitlichen, um die Erträge zu erhöhen, doch handelte es sich dabei um eine Strategie, die in solch einer vielfältigen Umwelt, in der zudem die Böden schon fast erschöpft waren, nicht greifen konnte.

Die Dürre war der Todesstoß. Die Erträge fielen katastrophal ab, während die Tributzahlungen rasch nachließen. Vielleicht zogen ehrgeizige Adlige einen Vorteil aus den schlimmen Zeiten, um ihre Interessen zu fördern, als gut gefestigte Dynastien wie die in Copán ihre geistige und politische Autorität angesichts eines unruhigen hungernden Volks schwinden sahen. Anders als die Pharaonen Ägyptens verfügten die Maya nicht über starke Gaufürsten, die drastische Schritte zur Erhaltung des Flutwassers unternahmen. Tatsächlich überstieg die Umweltschädigung die Fähigkeit eines jeglichen Führers, sie zu beheben. Tausende verhungerten, während sich die Überlebenden gegen ihre Führer wandten und einstmals blühende Städte verließen. Unterdessen zerstreuten sich die Dorfbauern auf dem Land in kleinere Gemeinschaften einer Größe, die sie befähigte, ihre Familien und Verwandten zu unterhalten, ohne der Last der Steuerabgabe zu unterliegen. In ihrer Welt war die geistige Autorität vieler Jahrhunderte nun bankrott.

Der Zusammenbruch ereignete sich nicht ohne Aufstand und Krieg. Der Archäologe Arthur Demarest hat im nördlichen Guatemala eine einst wohlhabende Stadt namens Dos Pilas ausgegraben, die 645 n. Chr. von einem abtrünnigen Adeligen aus Tikal gegründet wurde. Die späteren Herrscher von Dos Pilas begannen ehrgeizige Feldzüge, die ihr Gebiet bis Mitte des achten Jahrhunderts auf fast viertausend Quadratkilometer vergrößerten. Dos Pilas wurde zu einem reichen Handelszentrum, das von mächtigen Herrschern gelenkt wurde, die sich auf ihren Monumenten ihrer diplomatischen und militärischen Fähigkeiten rühmten. Um 761 hatten sie sich zu weit ausgebreitet. Das nahegelegene Tamrindo griff seinen einst mächtigen Nachbarn an und tötete den Herrscher. Während die Eindringlinge grobe Verteidigungswälle errichteten, flohen die überlebenden Adligen und erbauten ein neues befestigtes Zentrum bei Aguateca, auf der Spitze eines schroffen Berges, der auf drei Seiten von Steilhängen umgeben war. Trotz wiederholter Angriffe hielten sie dort noch über ein weiteres halbes Jahrhundert aus, bevor eine intensive Kriegführung ihre Nachkommen in vereinzelte kleine Städte und Dörfer trieb, wo sie selbst ihre Felder befestigten. Bei nur noch unter Verteidigung zu bebauenden Flächen müssen die Erträge der Bauern dramatisch gefallen sein. In einem letzten verzweifelten Versuch schufen die überlebenden Aguatecaner eine Inselbefestigung auf einer Halbinsel im Petexbatunsee, indem sie drei Gräben über die Landverbindung zogen, wobei einer über 140 Meter Länge maß. Auch dieser Vorposten ging unter. Die Bewohner verließen ihn im neunten Jahrhundert.

Der Zusammenbruch der Maya ist eine warnende Geschichte bezüglich der Gefahren der Anwendung von Technik und menschlicher

Macht zur Ausdehnung der Versorgungskapazität einer tropischen Umwelt. Als ich das erste Mal die Ruinen Tikals besuchte, staunte ich über die Größe und Komplexität der Pyramiden und Plätze, die von einem Volk erbaut worden waren, das in einem feuchten Regenwald mit sehr armem tropischen Erdboden lebte. Tikal ist eine überwältigende menschliche Leistung, die zu enormen Kosten der natürlichen Umwelt vollbracht worden ist. Die Uhr der Königsdynastie der Stadt war abgelaufen; sie führte Nahrungsmittel ein, beutete ihre Untertanen aus und wirtschaftete das Land unwiederbringlich ab. Tausende von Menschen wohnten in einer Landschaft, die nur ein paar Seelen pro Quadratkilometer unterhalten konnte. Eine sprießende Bevölkerung erblühte und wuchs so lange, wie es genügend Niederschlag und Freiraum gab. Die Zeichen der Gefahr waren selbst zu dieser Zeit schon nicht zu übersehen: reduzierte Erträge, vielleicht weitverbreitete Unterernährung und soziale Unruhen, gefördert von einer starren und unproduktiven Sozialordnung. Die Dürren waren der Todesstoß, der die Autoriät der göttlichen Herrscher zerstörte.

Die Auswirkungen der langen Trockenperioden erschütterten die Welt der Maya. Die Hochkultur des südlichen Tieflands brach fast völlig zusammen, und der Mittelpunkt des Lebens der Maya verschob sich ins nördliche Yucatán. Dort lag der Grundwasserspiegel näher an der Erdoberfläche, so daß die Städte im nördlichen Tiefland überleben konnten, indem sie Seen und natürliche Wasserspeicher nutzten. Im Süden, wo der Grundwasserspiegel viel tiefer liegt, vertrauten die Städte zur Wasserversorgung auf Reservoirs, Regenwasserzisternen und künstliche *aguadas*. Sobald diese austrockneten, steckten große Gemeinschaften in tiefen Schwierigkeiten. Dieselben trockenen Bedingungen schlugen sich auf die Getreideerträge nieder, ebenso wie die Gesamtwirkung jahrhundertelanger Ausbeutung schwachen und dünnen Erdbodens, weitverbreiteter Abholzung und Flächenerosionen ihren Tribut forderten. Wenn es regnete, schwemmten die wolkenbruchartigen Platzregen ungeschützten Boden weg. Das Königtum geriet angesichts von Dürren und unruhigem hungrigen Volk ins Wanken, und der ausgefeilte Überbau der Stadtstaaten brach wie ein Kartenhaus in sich zusammen. Einige der größten Städte der Maya lösten sich innerhalb weniger Generationen in Gewalt und sozialer Revolution auf.

Veränderungen in der atmosphärischen Zirkulation in weiter Entfernung von der Heimat der Maya versetzten den Herrschern den Gnadenstoß; sie waren nicht länger fähig, ihr eigenes Schicksal zu bestimmen, denn sie hatten in einem unaufhörlichen Streben nach

Macht und Ansehen die Alternativen ihrer Umwelt erschöpft. Die Überlebenden der Katastrophe taten das, was die Anasazi-Indianer des nordamerikanischen Südwestens zweihundert Jahre später während einer anderen katastrophalen Dürre taten. Sie zerstreuten sich in kleine, sich selbst erhaltende Dörfer, in denen ihre Nachfahren bis auf den heutigen Tag leben.

9 DIE ALTEN

Überleben, auf diese Weise weiß ich wie.
Diese Weise kenne ich.
Es regnet.
Berge und Schluchten werden voller
Pflanzen wachsen.
Wir reisten auf diese Weise, bemaßen
unsere Entfernung in Geschichten
und liebten unsere Kinder ...
Wir sagten uns immer wieder,
Auf diese Weise werden wir überleben.

SIMON ORTIZ VOM ACOMA-PUEBLO

Der Chaco-Canyon kann ein verwunschener Ort sein, wenn die sinkende Sonne seine rötlichen Felswände in rosiges Licht badet. Die Schatten werden länger, während das verwitterte Mauerwerk der großen Bauten der Anasazi mit der Dunkelheit verschmilzt. Einst lebten fünftausend Menschen in dieser Schlucht. Ich bleibe stehen, blicke hinab in die Tiefe der großen *Kiva* der Casa Rinconada und stelle mir den dichten Holzrauch vor, die Kiefern-Fackeln, die Erregung der maskierten Tänzer, die sich vor und zurück bewegen. Eine Eidechse flieht über den Boden und verschwindet in den *sipapu*, den heiligen Weg, der Menschen in die Welt der Lebenden brachte. Die Tänzer sind schon lange nicht mehr hier, denn eine Dürre zerstreute die Chaco-Anasazi vor neunhundert Jahren.

Die Anasazi, die sogenannten „Alten" des Südwestens, traten aus dem völligen Dunkel, um vor etwa tausend Jahren einige der größten Städte im alten Nordamerika zu errichten. Dann zogen sie plötzlich von ihren großen Pueblos weg und verschwanden aus der Geschichte. Der geheimnisvolle „Zusammenbruch der Anasazi" gab Generationen von Archäologen Rätsel auf. Theorien aller Art wurden entwickelt, um dieses plötzliche Verschwinden zu erklären: Krieg und Eroberung, Dürre und Krankheit. Heute wissen wir, daß der sogenannte Zusammenbruch überhaupt kein Verfall war. Die Anasazi zerstreuten sich einfach aus ihrer Heimat angesichts untragbarer Umweltbedingungen während zweier großer Dürrezyklen, die durch alte Baumringe bestimmbar sind: Von 1130–1180 n. Chr. und die „große Dürre" von 1275–1299 n. Chr.

Diese Geschichte klimatischer Veränderung, Dürre und vor allem anderen ständiger Bewegung ist von der Archäologie und ihren Nebenwissenschaften rekonstruiert worden wie auch durch die Sichtweise der Pueblo-Indianer aufs menschliche Dasein. Das Geheimnis der Reaktion der Anasazi auf klimatische Veränderungen liegt in ihrem komplexen, aber wenig bekannten Glaubenssystem, in dem die Vorstellung von Bewegung eine entscheidende Rolle spielte.

Ich könnte keine Woche vom Land im trockenen Südwesten leben, ganz zu schweigen von Jahren. Die Anasazi überlebten und erblühten über viele Jahrhunderte in dieser vielfältigen Umwelt aus Wüste, Hochebenen und Bergen, weil sie ihre Heimat genau kannten. Sie erbten das gesammelte Wissen von zehntausend Jahren Wildbeutung in einer unerbittlichen Landschaft, in der das Überleben von einer genauen Kenntnis alternativer Nahrungsquellen in Hungerzeiten abhing. Die Anasazi gliederten den Anbau in diese Erfahrung ein, denn sie lernten, wie man voraussagen kann, wo die Bebauung erfolgreich sein wird. Vor allem waren sie Experten im Umgang mit Wasser.

Das Colorado Plateau des nördlichen Südwestens war das Herz des Landes der Anasazi. Der Großteil ihrer Heimat lag zwischen 1200 und 2400 Metern über dem Meeresspiegel, mit raschen Veränderungen in der Höhe und der entsprechenden Vielfalt der Natur. Wie beim fernen Gebirgszug der Anden handelt es sich hier um eine schnell ansteigende Umgebung, in der für jeden Höhenanstieg von 330 Metern die Temperatur um etwa zweieinhalb Grad Celsius fällt. Der Niederschlag verstärkt sich mit zunehmender Höhe über dem Meeresspiegel, seine Verteilung hängt aber von den vorherrschenden Winden ab, von der Entfernung zu den Bergen und von der Ausrichtung der Hänge. Die größte Vielfalt an eßbaren Wildpflanzen und an Tierarten trat zwischen 1400 und 2000 Metern über dem Meeresspiegel auf. Getreide kann bis 2130 Meter Höhe gezogen werden, jedoch bedarf es unterhalb 1700 Metern der Bewässerung. Die Anasazi bauten mit großem Erfolg Mais, Bohnen und Kürbis an, aber sie vertrauten auch immer auf wildwachsende pflanzliche Nahrung und waren immer bereit weiterzuziehen, da die Fruchtbarkeit ihrer Umwelt von einem Gebiet zum anderen dramatisch variierte.

Im Land der Anasazi ist der Einfluß El Niños schwächer, Niederschlag aber ist von ausgesprochener Bedeutung. Ihre Heimat im nördlichen Südwesten liegt zwischen zwei großen Feuchtigkeitsquellen: dem Golf von Mexiko im Süden und dem Pazifischen Ozean im Westen, die beide unter einem starken Einfluß von ENSO-Episoden stehen. Der sommerliche Niederschlag, der zwischen Juli und September fällt, kommt aus beiden Gebieten, während der winterliche von den breit angelegten Frontensystemen stammt, die ihren Ursprung an der kalifornischen Küste haben und zwischen Dezember und März über die Region ziehen. Herbst und Frühling gestalten sich trocken. Die Anasazi waren für kurzfristige Wandlungen im Niederschlag anfällig, die durch veränderliche Luftbedingungen im Pazifik und im Golf von Mexiko verursacht werden. Wenn die Südliche Oszillation einen starken El Niño erzeugte, konnte sich der Niederschlag im Winter beträchtlich erhöhen, während der des Sommers verhältnismäßig beständig blieb. In anderen Jahren brachten Variationen im winterlichen Niederschlag vom Pazifik, erzeugt durch nordwärtige Verschiebungen des Sturmkorridors, unregelmäßige, manchmal anhaltende Dürrezyklen ins Land der Anasazi. Manchmal können wir Widerspiegelungen dieser Zyklen an weitverbreiteten Feuerspuren bei Baumringmessungen erkennen. Wir wissen aber immer noch nicht, was für entfernte Wechselwirkungen zwischen Atmosphäre und Meer große Schwankungen im südwestlichen Niederschlag verursachten.

Jeder, der diese Umgebung bebaute, kannte den Wert der Wasserbewahrung und die Wichtigkeit der Mobilität.

„Wir kommen von irgendwo unter der Erde her. Als sie von dort kamen, fingen sie an, zu kommen und weiterzuziehen, und dann ließen sie sich nieder und standen wieder auf und fingen dann wieder an, weiterzuziehen. Als sie anfingen, sich zu bewegen, fingen sie an, sich an einen anderen Ort zu bewegen, und dann blieben sie dort für ein paar Jahre." Erzählungen aus der Vergangenheit, die von Pueblo-Indianern wie den Tewa des nördlichen New Mexico wiedergegeben werden, teilen ein gemeinsames Element: Bewegung. Bewegung ist eines der fundamentalen ideologischen Konzepte im Denken der Pueblos, denn Mobilität setzt das menschliche Dasein fort. So sagt der Tewa Tessie Naranjo: „Umherziehen, Wolken, Wind und Regen sind eins. Ihr Ziehen muß von den Menschen nachgeahmt werden:"[1] Umherziehen war der Weg zu überleben.

Die Geschichte der Pueblos war immer schon ein ständiger Prozeß gewesen: Umherziehen, Niederlassen, dann Weiterziehen. Die Menschen zogen umher, vereinigten sich, und trennten sich wieder, lange bevor der Ackerbau im Südwesten vor über dreitausend Jahren begann. Die Pueblos glauben, daß ohne das Umherziehen kein Leben existiert. Ihre Vorgänger, die Anasazi, müssen dasselbe geglaubt haben, sonst hätten sie nicht in einem der rauhsten Ackerbaugebiete des amerikanischen Kontinents überleben können.

Ein Land unvorhersagbaren Niederschlags und häufiger Dürren kann nicht mehr als eine Handvoll Menschen auf hundert Quadratkilometern ernähren. Die entferntesten Wildbeutervorfahren der Pueblo-Indianer entwickelten ein großes Fachwissen im Umgang mit wildwachsender pflanzlicher Nahrung, mit der Realität spärlicher Wasservorkommen und den Gewohnheiten von Kleinwild. Über Tausende von Jahren überlebten sie, ja erblühten sogar, in einer unwirtlichen und sehr vielfältigen Umwelt und reagierten auf Dürre und langfristige Klimawandlungen, indem sie auf weniger gehaltvolle Nahrungsmittel zurückgriffen und vor allem, indem sie durchs Land zogen und enge Verwandtschaftsbande förderten. Die Gewohnheit konstanter Anpassung an veränderliche Umweltbedingungen hatte sich von Anfang an tief in der Psyche der südwestlichen Bauern verwurzelt.

Die Vorfahren der Anasazi bebauten die Täler und Berghänge des Colorado Plateau schon, als Rom noch eine aufstrebende Kleinstadt war und die Assyrer die Macht über einen Großteil Südwest-Asiens innehatten. Aber ihre erfolgreiche Anpassung an ihre Heimat geschah nie in langfristiger Gleichmäßigkeit. Veränderliche Niederschlagsmuster, eine ständige Ab- und Zunahme der Bauernbevölkerung und zahlreiche Verhaltensänderungen vollführten einen verschlungenen Tanz durch den Lauf der Jahrhunderte. Grundlegend für diesen Tanz war die Versorgungskapazität: die Fähigkeit des Landes, eine sich ständig verändernde Zahl an Menschen pro Quadratkilometer zu erhalten.

Dank eines begabten Astronomen mit einem Interesse an Sonnenflecken verfügen wir über ein außerordentliches Verständnis für die anspruchsvolle Welt der Anasazi von vor tausend Jahren.

Andrew Ellicott Douglass war ein Astronom am Lowell Observatorium in Flagstaff, Arizona und ein Experte für die Beziehungen zwischen der Sonnenaktivität und dem Klima auf der Erde. Als er 1901 Wetterdaten zum Vergleich mit dem bekannten zweiundzwanzigjährigen Sonnenfleckenzyklus benötigte, wandte er sich den Jahreswachstumsringen von Bäumen zu, als einer möglichen Quelle für die Klimabestimmung. Als seine anfänglichen Ergebnisse nicht sehr vielversprechend waren, gab er die Arbeit fast auf, aber dann erwähnte er den Forschungsgegenstand beiläufig während einer Lesung in New York. Zufällig befand sich der Archäologe Clark Wissler mit Schwerpunkt im Südwesten im Publikum, und er zeigte sich so vom Potential der Baumringdatierung (oft als Dendrochronologie bezeichnet, nach dem griechischen Wort für Baum, *dendros*) beeindruckt, daß er mit Douglass Kontakt aufnahm und ihn überredete, seine Experimente wiederaufzunehmen.

1914 stellte Douglass ein quantitatives Verhältnis zwischen dem Baumwachstum und dem Klima fest, als er die starke Wechselbeziehung zwischen der Ringweite und dem Niederschlag des vergangenen Winters aufzeigte. Bald war es ihm möglich, Baumsegmente zu datieren, indem er den Querschnitt eines Holzes und die darauf angeordneten Ringe mit einer sich ausdehnenden Leitkurve von Baumringen verglich, die bei heutigem Holz begann und sich Jahrhunderte zurück in die Vergangenheit zog. Um 1918 setzte Douglass einen speziellen Kernbohrer ein, um eine Probe vom Holz alter Pueblobalken von Anasazibauten und von dem alter spanischer Kirchen zu entnehmen. Er brauchte noch einmal zehn Jahre, um die Kluft zwischen historischen Baumringen und seiner „schwebenden Chronologie" von Anasazi-Pueblos wie dem Pueblo Bonito im Chaco-Canyon zu schließen. Die fehlenden Ringe fanden sich bei einem großen Pueblo, das unter einem Mormonenhof in Show Low, Arizona, lag, wo ein verkohltes Holzstück Ringe trug, die bis 1237 n. Chr. zurückdatierten und die beiden Ringfolgen miteinander verbanden.

Während seiner frühen Experimente beharrte Andrew Douglass auf einer strengen Verfahrensweise, die den Standard für die moderne Wissenschaft der Baumringstudien festlegte. Er und seine Zeitgenossen führten all ihre Vergleiche mit bloßem Auge und mit Berechnungen auf Papier durch, aber ihre Genauigkeit bereitete die Bühne für die heutigen auf Computern basierenden Analysen, die die gleichzeitige systematische Untersuchung einer großen Anzahl von Baumring- und Umweltvariablen über einen Zeitraum von vielen Jahrhunderten zulassen. Diese Verfahren haben schlüssige Beziehungen zwischen dem Baumwachstum und Umweltfaktoren festgestellt, die uns erlauben, Klimawandlungen in den Zeiten der Anasazi mit bemerkenswerter Genauigkeit zu rekonstruieren. Nichtsdestotrotz können moderne Baumringexperten wie Jeffrey Dean von der Universität Arizona ein Holzsegment datieren, indem sie einen bloßen Blick darauf werfen. Douglass' Methoden liegen immer noch am Kern der Wissenschaft.

Dendrochronologien für die Anasazi sind jetzt bis auf ein Jahr präzise und stellen uns die genaueste Zeitskala einer frühen menschlichen Gesellschaft weltweit zur Verfügung. In den letzten Jahren wurde von Wissenschaftlern eine großangelegte dendroklimatische Studie durchgeführt, die eine Rekonstruktion relativer klimatischer Variabilität im

Südwesten von 680 bis 1970 n. Chr. ergeben hat. Unter der Führung von Jeffrey Dean bringen dieselben Wissenschaftler jetzt die ersten quantitativen Rekonstruktionen jährlichen und jahreszeitlichen Niederschlags hervor, ebenso von Temperaturen, Dürren und Wasserläufen dieses Gebiets. Solch eine Forschung ist äußerst kompliziert und bezieht nicht nur Baumringabfolgen mit ein, sondern auch knifflige mathematische Ausdrucksformen der Beziehungen zwischen dem Baumwachstum und solchen Variablen wie Niederschlag, Temperatur und Ernteerträgen. Diese Berechnungen erbringen statistische Schätzungen der Schwankungen dieser Variablen auf jährlicher und vierteljährlicher Basis.

Durch den Gebrauch eines räumlichen Gitternetzes, das siebenundzwanzig lange Baumringabfolgen aus dem ganzen Südwesten berücksichtigt, haben Dean und seine Kollegen für jedes zehnte Jahr Karten erstellt, die die verschiedenen Standortwerte und ihre Schwankungen wie eine Höhenlinienkarte verzeichnen. Diese Karten versetzen sie in die Lage, solche Phänomene zu studieren wie das Vorrücken der von Dean manchmal so genannten „großen Dürre" von 1276–1299 n. Chr., die sich von Nordwesten nach Südosten über die ganze Region erstreckte. 1276 traten die Anfänge der Dürre im Nordwesten in Form von negativen Abweichungen vom Standard des Durchschnittniederschlags auf, während sich der Rest der Region überdurchschnittlichen Niederschlags erfreute. Im Lauf der nächsten zehn Jahre verbreiteten sich sehr trockene Verhältnisse über den gesamten Südwesten, bevor nach 1299 wieder eine Besserung im Niederschlag eintrat. Diese Art der Kartographie gibt auch Aufschluß über enge Wechselbeziehungen zwischen aufgegebenen großen und kleinen Pueblos und kurzfristigen Klimaschwankungen.

Als das Forschungsteam sich die gesamte Periode von 966 bis 1988 n. Chr. ansah, stellte es fest, daß für die Baumringstandorte in der nordwestlichen Region nicht weniger als 60 Prozent der Niederschlagsabweichung zu verzeichnen war. Im Gegensatz dazu war Standorten im südöstlichen Teil des Südwestens nur 10 Prozent zuzurechnen. Diese allgemeine Struktur, die über Jahrhunderte fortdauerte, fällt mit der modernen Verteilung jahreszeitlichen Niederschlags im Südwesten zusammen: Vorhersagbarer Niederschlag im Sommer bestimmt die südöstlichen Gebiete, während die nordwestliche Region sowohl winterlichen wie sommerlichen Niederschlag erhält. Der Regen im Winter ist viel unsicherer. Als die Wissenschaftler dieses allgemeine Niederschlagsmuster in Intervallen von hundert Jahren von 539 bis 1988 prüften, beobachteten sie, daß es für den größten Teil der Zeit Bestand hatte, auch wenn sich die Grenze zwischen den beiden Zonen leicht hin und her verschob.

Aber dieses Langzeitmuster brach von 1250 bis 1450 n. Chr. vollständig zusammen, als ein vollkommen andersartiges Muster im nordwestlichen Gebiet vorherrschte. In der südöstlichen Region blieb alles unveränderlich, sonst aber kam es zu einer großen Störung. Über annähernd zweihundert Jahre machte das verhältnismäßig einfache Langzeitmuster sommerlichen und winterlichen Niederschlags einem komplizierten unvorhersagbaren Niederschlag und schweren Dürren Platz, vor allem auf dem Colorado Plateau. Der Wechsel zu einem unbeständigen Muster müßte ein schwerer Schlag für die Bauern der Anasazi gewesen sein, vor allem da er mit der großen Dürre von 1276–1299 n. Chr. zusammenfiel.

Warum trat dieser Zusammenbruch auf? Dean unterteilt die Beziehungen zwischen Klimawandel und menschlichem Verhalten in drei grobe Kategorien. Bestimmte offensichtlich beständige Elemente in der natürlichen Umwelt der Anasazi haben sich im Lauf der letzten zweitausend Jahre nicht verändert, etwa die Geologie des Untergrunds und der Klimatypus. Dann treten Umweltveränderungen in geringer Häufigkeit auf – solche, die in Zyklen erscheinen, die eine menschliche Generation von fünfundzwanzig Jahren zeitlich übersteigen. Nur wenige Menschen bezeugten diese Wandlungen im Lauf ihres Lebens. Veränderungen in den hydrologischen Bedingungen, etwa zyklische Erosionen und Anschwemmungen entlang Flußläufen, Schwankungen im Grundwasserspiegel in Flußniederungen und Veränderungen in der Verbreitung von Pflanzen, übersteigen Generationen, aber sie konnten die Umwelt drastisch beeinflussen, vor allem im Verlauf von Dürreperioden.

Kurzfristigere Veränderungen starker Häufigkeit waren bereits für jeden Anasazi ersichtlich: jährliche Wandlungen im Niederschlag, jahrzehntelange Dürrezyklen, jahreszeitliche Veränderungen und dergleichen mehr. Im Lauf der Jahrhunderte waren sich die Anasazi wahrscheinlich kaum einer längerfristigen Wandlung bewußt, denn die gegenwärtige Generation und deren Vorfahren verfügten über dieselbe grundsätzliche Fähigkeit zur Anpassung, die man durchaus als eine Art „Stabilität" bezeichnen könnte. Dürrezyklen, durch El Niño bedingte Niederschläge und andere Veränderungen hoher Häufigkeit erforderten vorübergehende und flexible Anpassungen, etwa die Bebauung von mehr Land oder ein stärkeres Vertrauen auf wildwachsende Pflanzennahrung und vor allem das Umherziehen in dem Gebiet.

Solche Strategien funktionierten jahrhundertelang gut, solange die Anasazi ihr Land ein gutes Stück unter seiner Versorgungskapazität be-

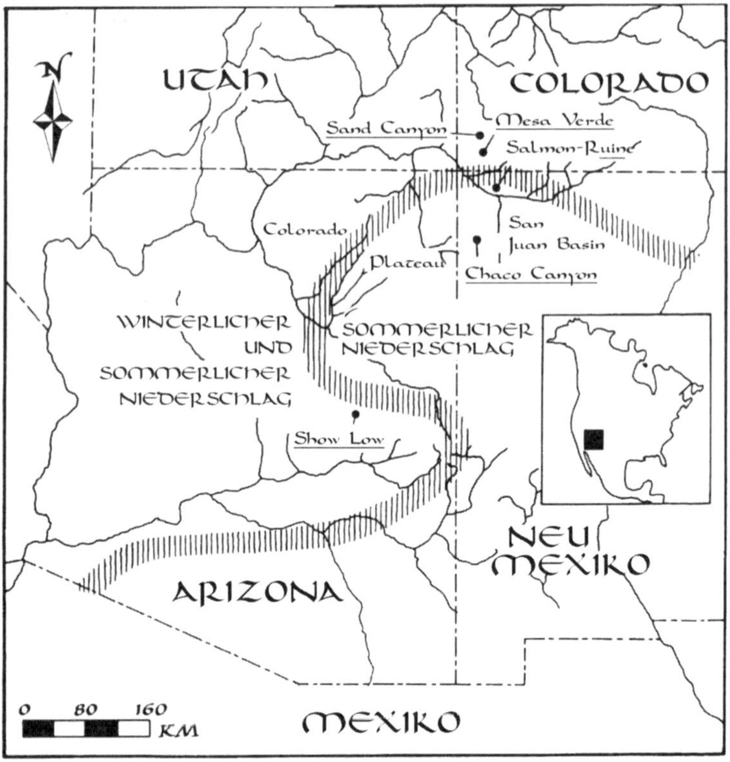

ABB. 9.1 Orte und Gebiete, die im 9. Kapitel erwähnt werden, und Niederschlagsregionen im Südwesten Nordamerikas. Die schraffierte Linie bezeichnet die Grenze zwischen den winterlichen und sommerlichen Niederschlagsmustern der nordwestlichen Region und dem vorhersagbareren sommerlichen Niederschlag der südöstlichen Region.

wirtschafteten. Als sich die Bevölkerungszahl aber der Grenze der Versorgungskapazität näherte, wie es etwa im Chaco-Canyon im zwölften Jahrhundert der Fall war, wurden die Menschen zunehmend anfälliger für kurze Ereignisse wie El Niños oder Dürren, die die Tragfähigkeit einer örtlichen Umgebung innerhalb von Monaten, ja sogar Wochen überstrapazieren konnten. Ihre Anfälligkeit verstärkte sich noch, sobald langfristige Veränderungen – etwa ein halbes Jahrhundert oder mehr viel trockenerer Bedingungen – Ackerland betrafen, das schon an die Grenzen seiner Tragfähigkeit gedrängt war. Unter diesen Umständen konnten eine zwölfmonatige Dürre oder Wolkenbrüche schnell die Befähigung einer örtlichen Bevölkerung zunichte machen, sich selbst zu versorgen. Wie den Maya blieben den Familien der Anasazi in dieser Situation wenig andere Möglichkeiten, als sich zu zerstreuen. Die Moche hatten nicht einmal diese Alternative.

Die Anasazi lebten und wirtschafteten als Familienverbände. Auf diese Weise existierten sie unter einem verringerten Risiko, denn sie konnten genug Nahrung für sich anpflanzen und für Verwandte in nahegelegenen Dörfern, wenn für diese Hungerzeiten anbrachen. Sie paßten sich ihrer rauhen Umwelt an, indem sie ein Fachwissen in der Auswahl von Böden entwickelten, die in den richtigen Anteilen Feuchtigkeit hielten. Solche erstreckten sich über nach Norden und Osten ausgerichtete Hänge, auf die nur wenig direktes Sonnenlicht fiel. Ihre Bauern pflanzten in Flußniederungen und an Bach-Mündungen, wo der Erdboden natürlich bewässert war. Sie leiteten Wasser von Strömen und Quellen ab und verwerteten jeden Tropfen Niederschlagsabfluß, über den sie verfügen konnten. Sie entwickelten Maisformen mit besonderen Wurzelstrukturen, die tief in den Boden gepflanzt werden konnten, wo eine gestaute Grundfeuchtigkeit das Wachstum nährte. Es wurde alles unternommen, um die Möglichkeit von Mißernten einzuschränken. Gewohnheitsmäßig verteilten die Bebauer ihre Anlagen weit über die Landschaft, um die Gefahr einer örtlichen Dürre oder Überschwemmung so gering wie möglich zu halten. Sie lernten, die Reifezeit von gewöhnlich 130 bis 140 Tagen auf manchmal fast nur 120 Tage zu verkürzen, indem sie an schattigen Hängen pflanzten, in verschiedenen Höhen und auf unterschiedlicher Bodenart. Solange sie innerhalb der Versorgungskapazität ihrer Umwelt blieben, hatten sie reichlich Alternativen.

Im frühen neunten Jahrhundert lebten einige Anasazi in größeren Niederlassungen. Kleine Dörfer wurden zu viel größeren Gemeinschaften, deren Wohn- und Speicherräume in eigenen, benachbarten Blöcken errichtet wurden. Viele Anasazi blieben auch in verstreuten Dörfern, viel dichtere Bevölkerungen aber erblühten an Orten wie dem Chaco-Canyon und in höheren Lagen im Norden im Moctezuma-Tal und im Gebiet von Mesa Verde der *Four Corners*-Region. Zwischen 840 und 860 n. Chr., als die Hochkultur der Klassischen Maya im Zenit stand, beherbergten einige Gemeinschaften der Anasazi im Dolores-Tal Dutzende von Familien. Wir wissen nicht, warum so viele Familien in eine unmittelbarere Nachbarschaft zogen, aber Baumringe sagen uns, daß der Niederschlag des Gebiets im frühen neunten Jahrhundert überdurchschnittlich gut war.

Dahinter verbirgt sich eine Geschichte ständiger Bewegung. Das Leben der Anasazi war niemals völlig gleichmäßig, denn die Launen trockener und feuchter Jahre hielten die Familien und Gemeinschaften in einem Zustand ständiger Anpassung. Es ist kein Zufall, daß Pueblo-Indianer heutiger Tage komplexe soziale Dualitäten kennen, unter denen sich eine zwischen Winter- und Sommermenschen befindet. Die Wintermenschen sind Sammler wilder Pflanzen und Jäger, und die Sommermenschen sind Bauern. Das heißt nicht, daß die Wintermenschen nie das Land bebauen, sondern einfach, daß ihr Beitrag darin besteht, die Gesellschaft als Ganze mit Wild und pflanzlicher Nahrung zu versorgen. Wir können sicher sein, daß die Anasazi viele Formen von Dualität kannten, denn Spaltung und Gruppenbildung sind immer in einer Gesellschaft gegeben, in der Familien und Verwandtschaftsbande im Umgang mit Dürre und in der Anpassung an eine unberechenbare Heimat von überragender Bedeutung sind.

Mitte des neunten Jahrhunderts verließen die Anasazi der *Four Corner*-Region ihre großen Pueblos und zerstreuten sich weit übers Land, als Reaktion auf einen Zyklus unsicheren Niederschlags. Ihre Verwandten im Chaco-Canyon im Süden lebten jedoch in einer trockeneren Umwelt, in der der bestbewässerte Platz im Umkreis von Kilometern ihr eigener Heimatcanyon war. In gewissem Sinne waren sie zwischen seinen Steilwänden gefangen, so daß sie neue Strategien entwickeln mußten, um mit unbeständigem Niederschlag umgehen zu können.

Der Chaco-Canyon in New Mexico liegt in einer starren, überwältigenden Landschaft. Die steil abfallenden Klippen der tiefen Schlucht leuchten goldgelb in der untergehenden Sonne und bilden einen Kontrast zu den weicheren Tönen des Wüstensands, des Salbeis und gelegentlicher Baumwollpflanzen. Ein paar Quellen und das die Wände des Canyon herabsickernde Wasser machen das ganze zu einem attraktiven Ort für die Maiszucht. Kleine Seen etwas südlich des Chaco zogen die Bauern der Anasazi schon lange Zeit an, bevor sich irgendwelche Pueblos im Schatten seiner Steilwände erhoben.

Mehr als zweitausendvierhundert archäologische Stätten erzählen die Geschichte dieses Ortes. Etwa 490 n. Chr. tauchten die ersten dauerhaften Siedlungen im Süden des Canyon auf, als kleine Gruppen örtlicher Anasazi ihren Nutzen aus lokal entwickelten Getreidearten und reicherem Niederschlag zogen. Die Bauern hausten in kleinen Dörfern. Um 750 waren viele der Dörfer zu kleinen Pueblos geworden, Ansammlungen von in kleinen Bögen angeordneten Wohnräumen, die nach Südosten ausgerichtet waren, um von der winterlichen Sonne zu profitieren. Die Bogenanordnung stellte jede Familie in gleiche Entfernung zu den *Kivas*, den heiligen Räumen im Zentrum des Pueblos.

Im neunten und zehnten Jahrhundert, dem Zeitraum des Zusammenbruchs der Maya, war der sommerliche Niederschlag sehr unbeständig. Anstatt sich zu zerstreuen, erbauten die Chaco-Anasazi drei „große Häuser", große Pueblos, die an den Knotenpunkten der wichtigsten Abflüsse angesiedelt wurden. Das größte von ihnen, Pueblo Bonito nahe der nordöstlichen Canyonwand, stand entlang seiner rückwärtigen Mauer fünf Stockwerke hoch und blieb über zweihundert Jahre in Gebrauch. Der erste Pueblobau entstand an der Stelle eines Grubenhausdorfes und vergrößerte sich rasch. Die Errichtung der halbrunden kleinen Stadt setzte in den fünfziger Jahren des neunten Jahrhunderts ein und beschleunigte sich zwischen 1030 und 1079, als die Erbauer die beiden großen *Kivas* anfügten. Während seiner Blütezeit im elften Jahrhundert wurden im Pueblo Bonito mindestens sechshundert Räume genutzt, und es konnte etwa tausend Menschen beherbergen. Niemand weiß, warum sich die Menschen im Chaco-Canyon in solch gewaltigen Pueblos sammelten. Es könnte eine Möglichkeit gewesen sein, die Errichtung von Gebäuden auf wertvollem Ackerland zu vermeiden und die Nahrungsquellen zu konzentrieren. Interressanterweise lebte keinesfalls jeder in den großen Behausungen, die auf der Nordseite des Canyon liegen. Seine gegenüberliegende Wand schützte kleinere Siedlungen, von denen sich viele aus nicht mehr als ein paar Familien zusammensetzten und die sich in Bereichen befanden, in denen sich Ackerland breiter ausdehnte.

Die Meinungen von Archäologen gehen darüber auseinander, ob Pueblo Bonito und die anderen großen Häuser entsprechend eines Gesamtplans errichtet wurden. Die Stadt bestand eigentlich aus einer Ansammlung von Familien, die sich anhand von Verwandtschaftsbanden organisierten; jede Sippe errichtete ihre eigenen Wohnräume innerhalb der halbrunden äußeren Mauer, die durch gemeinschaftliche Anstrengung aufgerichtet worden war. Die Außenmauern waren so hergerichtet, das massive Gewicht von fünf Stockwerken an Räumen zu tragen, die terrassenförmig angelegt waren, um einen Zugang ohne ein inneres System von Leitern zu ermöglichen. Jede Sippe benutzte ihre kleineren *Kivas* im Herzen der Wohnraumblöcke als Werkstätten und als Örtlichkeiten zur Kindererziehung, zum Geschichtenerzählen und für Familienfeiern. Die großen *Kivas*, zwölf bis fünfzehn Meter breit, standen zu beiden Seiten einer Reihe von Räumen, die das Pueblo in zwei Bereiche teilten, wodurch die Dualität sozialer Organisation in den Anasazi-Pueblos widergespiegelt wurde, die sich unter modernen Pueblos in Winter- und Sommermenschen zeigt. Hier versammelten sich die Menschen zu offizielleren Zeremonien und um Entscheidungen über die Lenkung der Gemeinschaft als Ganzer zu fällen.

Um 1050 n. Chr. beherrschten fünf große Pueblos Chaco-Canyon. Wir wissen nicht, wie viele Menschen innerhalb seiner Steilwände und in der unmittelbaren Umgebung lebten. Schätzungen reichen von zweitausend bis zu einer Zahl von zwanzigtausend. Der Archäologe Gwinn Vivian hat die potentielle Versorgungskapazität des Canyonbodens berechnet. Er glaubt, daß nicht mehr als etwa fünftausendfünfhundert Menschen je im Canyon lebten: Das Land konnte nicht mehr tragen. Wahrscheinlich hat Vivian recht, Chaco war kein Garten Eden. Die nahegelegene Mesa ist die hervorstechendste topographische Kontur im Umkreis von vielen Kilometern und eine reiche Quelle wildwachsender Pflanzennahrung. Trotz dieser Vielfalt an Ressourcen waren die Menschen in Chaco in den engen Begrenzungen ihres Canyons gefangen. Unfähig, sich einfach über ein weiteres Gebiet zu zerstreuen, zogen sie ihren Vorteil aus lange bestehenden Sippschafts- und Handelsverbindungen mit Gemeinschaften, die in anderen Gebieten auf dem Colorado Plateau lebten, und machten sich selbst zum Nabel einer viel größeren Welt.

Das Chaco des elften Jahrhunderts wurde ein Hauptzentrum für das Verfahren, Türkise in fertigen Schmuck umzuarbeiten. In Chaco selbst fanden sich keine Türkise, aber die Menschen hatten einen Zugang zu 160 Kilometer östlich gelegenen Quellen nahe Santa Fe, ja kontrollierten sie vielleicht sogar. Davon wissen wir, weil über sechzigtausend Türkisbruchstücke in den Dörfern und Pueblos in Chaco gefunden wurden, viel davon schon teilweise verfertigter Schmuck.

Der Handel macht nur einen Teil des Gesamtbildes aus, denn Chaco scheint ebenfalls Familien abgestoßen zu haben. Um 1115 n. Chr. hatten sich mindestens siebzig Gemeinden über mehr als fünfundsechzigtausend Quadratkilometer des nordwestlichen Neu-Mexiko verteilt, und Gebiete des südlichen Colorado erfreuten sich wirtschaftlicher, politischer und ritueller Verknüpfungen mit den großen Häusern Chacos. Als die Archäologin Cynthia Irwin-Williams die Salmon-Ruinen nahe Bloomfield, New Mexico, erforschte, legte sie ein aus 290 Räumen bestehendes Pueblo frei, mit einer großen *Kiva* und einer turmförmigen *Kiva*, wobei alles sorgfältig geplant worden sein muß, bevor man einen Raum erbaut hatte. Die Bewohner errichteten das Pueblo in drei aufeinander abgestimmten Etappen. Irwin-Williams fand in der Turm*kiva* und angrenzenden Räumen große Mengen von Tonwaren im Stile Chacos, die eine enge Verbindung zwischen den religiösen Glaubenspraktiken in Chaco und in Salmon nahelegen.

Orte wie Salmon waren keine Kolonien, sondern eher Ablegergemeinden, Niederlassungen, die infolge von Bevölkerungswachstum oder Uneinigkeit in älteren Pueblos entstanden und nahe gutem Ackerland angesiedelt wurden. Einige wurden gegründet, um Ressourcen in der Nähe zu nutzen, etwa Türkise. An den meisten Orten setzten die Menschen eine Architektur im Stile von Pueblo Bonito um und wählten für ihre Pueblos oft beeindruckende Umgebungen, etwa Steilhänge oder Canyonwände. Es ist so, als sei die natürliche Umwelt von einer mythischen Qualität durchdrungen worden, so daß die Ortswahl der Pueblos von einer mächtigen, aber inzwischen vergessenen heiligen Geographie hergerührt hätte, die der Welt der Anasazi ihre Form verlieh.

Wenn wir mit der Annahme recht haben, daß Orte wie Salmon von Chaco-Familien gegründet wurden oder daß sie eine übermäßige Bevölkerung aufnahmen, dann ergibt auch das außergewöhnliche Straßennetz, das von den Chacoanern errichtet wurde, einen Sinn. „Straßen" der Chacoaner wurden zuerst in den neunziger Jahren des neunzehnten Jahrhunderts und erneut in den zwanziger Jahren des letzten Jahrhunderts identifiziert. Vor etwa siebzig Jahren enthüllten frühe Luftaufnahmen schwache Spuren, die wie vom Canyon ausgehende Kanäle erschienen. Während der siebziger und achtziger Jahre des zwanzigsten Jahrhunderts nutzte eine neue Forschergeneration Rundsicht-Radar- und Luftaufnahmen, um den Canyon in den Mittelpunkt einer gewaltigen alten Landschaft zu stellen. Mehr als 650 Kilometer ungepflasterter alter Wege verbinden Chaco in einem verschlungenen Netz mit über dreißig abliegenden Siedlungen. Die Straßen erreichen eine Breite von zwölf Metern und waren entweder ein paar Zentimeter in den Boden geschnitten oder durch niedrige Erd- oder Steinwälle bezeichnet. Sie verlaufen über große Entfernungen geradeaus, in einem Fall über fünfundneunzig Kilometer. Jede von ihnen nähert sich dem Canyon und läuft dann über in den Stein gehauene Stufen die Steilwände zum Talboden hinunter. Dort gehen sie in schmalen Hohlwegen auf und teilen sich, wobei jede zu einem anderen großen Haus führt. An drei Örtlichkeiten, an denen sie ineinander übergehen, existiert eine Furche im Zentrum der Straße, die eine Seite klar von der anderen trennt.

Das Straßensystem der Chaco ist als Wegnetz dargestellt worden, das hunderte oder gar tausende von Händlern und Pilgern zu wichtigen Ritualen in den Canyon brachte. Ein Modell sieht Chaco als Ort der Pilgerbehausung, der die meiste Zeit des Jahres nur eine geringe Bevölkerung erhielt. Zu den Sonnenwenden und vergleichbaren Zeiten strömten Menschen von außerhalb liegenden Gemeinschaften nach Chaco, um zu handeln und wichtige Rituale zu begehen. Sie kamen in den großen Häusern unter, deren Speicherräume Nahrung für alle Besucher bereithielten. Diese Form der Argumentation setzt voraus, daß die Anasazi von Chaco in einer hierarchisch angeordneten Gesellschaft lebten, der mächtige Häuptlinge vorstanden, die sowohl den Handel für ihre weit verstreuten Gemeinschaften kontrollierten als auch die Struktur des rituellen Lebens.

Diese geistreiche Theorie hinkt an zwei Punkten. Erstens lag der Fokus des Lebens der Anasazi auf den Familien und den Verwandtschaftsbanden, die die Mittel darstellten, durch die sich die Menschen selbst versorgten und gesammelte Überlebensstrategien über Generationen weitergaben. Zweitens führen viele der Straßen der Chaco ins nichts, auch wenn sie mit einer großen Behausung oder *Kiva* verbunden sind. Wir im Westen neigen dazu, uns Straßen als Reisstrecken von A nach B vorzustellen, und so hatte man die Tendenz, unvollständige Abschnitte von Chacoer Straßen auf dem Papier mit geraden punktierten Linien zu verbinden. Die Straßen müssen nicht wirklich verbunden gewesen sein. Während große Wege strahlenförmig von Chaco nach Norden und Süden ausgingen, sind nur etwa 250 Kilometer der Straßen am Boden nachgewiesen worden.

Eine wahrscheinlichere Erklärung liegt in der Kosmologie der Pueblos. Die sogenannte Große Nördliche Straße zieht sich dreiundsechzig Kilometer von Chaco aus nach Norden, bevor sie sich im Kutz-Canyon ganz plötzlich in nichts auflöst. Norden ist die elementare Richtung unter den Keres-sprachigen Pueblovölkern, die ihre Vorfahren unter den Chaco haben könnten. Der Norden führte zum Ursprung, zum Ort, an den die Geister der Toten reisten. Vielleicht war die Große Nördliche Straße eine Nabelschnur zur Unterwelt und eine Leitung spiritueller Macht. Die Keres glauben auch an einen Mittleren Ort, einen Punkt, an dem die vier Kardinalrichtungen zusammenlaufen. Pueblo Bonito ist entsprechend dieser Richtungen angelegt und könnte als Mittlerer Ort Chacos gedient haben.

So hätten Chaco und seine Wege eine heilige Landschaft bilden können, die der Welt eine Ordnung gab und außerhalb liegende Gemeinschaften durch spirituelle Bande mit einem machtvollen Mittleren Ort verknüpfte; diese Bande wären auch dann vorhanden geblieben, als viele Familien aus dem Canyon wegzogen. Wenn man sich ein gewaltiges ideologisches Spinnennetz vorstellt, mit einem Gitter an

Verpflichtungen unter seinen Bestandteilen, hat man wahrscheinlich ein glaubwürdiges Modell für die Rolle Chacos in der Welt der Anasazi des elften Jahrhunderts. Die großen Häuser des Canyon lagen im Zentrum dieses Netzes von Zwischenverbindungen (von Cynthia Irwin-Williams als „Chaco-Phänomen" bezeichnet) zu Gemeinschaften in einer Entfernung von vielen Kilometern, die durch Verwandtschaftsbande und den regelmäßigen Austausch von Nahrungsmitteln und anderen Waren aufrechterhalten wurden. Gwinn Vivian nennt die Landschaft eine machtvolle Erklärung, die er als „Wir, die Chaco" formuliert.

Zwischen 1050 und 1100 n. Chr. war der Niederschlag reichlich. Eine rege Bautätigkeit verschlang den Canyon, als sich die großen Häuser ausbreiteten. Das Chaco-Phänomen erblühte, vielleicht für eine längere Phase, als es in trockeneren Zeiten der Fall gewesen wäre. Der ständige Anstieg in den Bevölkerungszahlen der Chaco war kein ernsthaftes Problem, so lange der Niederschlag im Winter die Felder fruchtbar machte. 1130 ließ sich dann eine intensive Dürre über dem Colorado Plateau nieder, die fünfzig Jahre andauerte. „Wir, die Chaco" wurde angesichts von Mißernten und Hungersnot zu einer bedeutungslosen Vorstellung. Bald ließen die außerhalb liegenden Gemeinschaften davon ab, mit den großen Häusern Handel zu treiben und Nahrungsmittel zu teilen, was die Städte des Canyon dazu zwang, auf ihre eigene, bereits überbeanspruchte natürliche Umwelt zu vertrauen. Die Strategie, die sie sich vor einigen Jahrhunderten angeeignet hatten, zerbrach und hielt sie unter verzweifelteren Bedingungen als jemals zuvor in ihrer Heimat gefangen. Die einzige Zuflucht lag tief in der Philosophie der Anasazi verwurzelt – Bewegung. Innerhalb weniger Generationen standen die großen Pueblos leer; gut über die Hälfte der Bevölkerung der Chaco hatte sich in große und kleine Dörfer und in Pueblos zerstreut, in weiter Entfernung vom großen Arroyo. Jene, die blieben, ließen sich als kleine Gemeinschaften nieder, die selbst das verdörrte Land tragen konnte. Im frühen dreizehnten Jahrhundert waren auch sie verschwunden.

Wir verfügen natürlich nicht über Mittel, in Kenntnis zu bringen, wie viele Menschen starben, als die fünfzig Jahre währende Dürre das Land austrocknete. Es handelte sich dabei aber nur um eine kurzfristige Episode in einem viel größeren klimatischen Zusammenhang, der langfristige Schwankungen in Niederschlagsmustern, in Grundwasserspiegeln und in der Flußwasserführung in Intervallen von etwa fünfhundert Jahren mit sich brachte. Aus einer Distanz von neunhundert Jahren mag das Verlassen von großen Häusern wie Pueblo Bonito und

Chetro Ketl wie ein epochales Ereignis erscheinen, aber es war nur Teil der ständigen Ebbe und Flut im Dasein der Anasazi.

Einige Chaco-Anasazi zogen nach Norden ins nördliche San Juan Basin, wo eine großartige Blüte alter Pueblo-Kultur über eine weiteres Jahrhundert andauerte. Die *Four Corners*-Region liegt höher, ist besser bewässert und verfügt über viele Täler und Schluchten, in denen Trockenfeldbau gut funktionierte und ein genügender Wild- und Wildpflanzenbestand als Polster in hungrigen Monaten dienen konnte.

Im zwölften Jahrhundert zogen Hunderte von Anasazifamilien aus versprengten Gemeinschaften in größere Städte, die an Flußufern lagen, in geschützten Tälern und im natürlichen Felsschutz von Wänden tiefer Canyons. Einige große Siedlungen, wie Sand Canyon Pueblo im Gebiet *Four Corners*, hatten eine stolze Einwohnerzahl von etwa siebenhundert Menschen. Sand Canyon ordnete sich um eine große Wasserquelle an, ebenso wie andere ausgeprägte Städte der Gegend. Etwa 1250 n. Chr. errichteten die zukünftigen Bewohner eine riesige Schutzmauer, deren Bau dreißig bis vierzig Leute an die zwei Monate beschäftigt hätte. Im Verlauf der nächsten dreißig Jahre fügten sie über 20 einzelne Wohnraumblöcke ein, die mindestens 90 *Kivas* in sich schlossen und etwa 420 Räume. Aber jede Familie erhielt sich ihre eigene Identität, mit einer unabhängigen strukturellen Anordnung – ein Wohnraum, ein Speicher, ein Platz zum Essen und eine *Kiva* –, gerade wie es in ihren früheren vereinzelten Niederlassungen der Fall gewesen war. Zur gleichen Zeit lebte eine Vielzahl von Familien innerhalb eines einzigen architektonischen Komplexes, als ob die weitläufigeren Familienbanden im Verhältnis zu früheren Zeiten wichtiger geworden wären.

Sand Canyon und andere Pueblos auf offenem Land im Gebiet des Moctezuma-Tals erlangten eine beträchtliche Größe, aber keines von ihnen ist so berühmt oder so auffallend wie das Cliff House in Mesa Verde. 1888 besuchte Richard Wetherill, der berühmte Viehzüchter und Puebloforscher, als erster westlicher Mensch das Cliff House. Drei Jahre später ritt der schwedische Wissenschaftler Gustav Nordenskiöld stundenlang durch eintönigen Kiefernwald, bis er plötzlich am Rand eines steilen Canyon herauskam. Über dem Tal erblickte er das Cliff House, „oben von der massiven Felswölbung eingerahmt und unten von einem Bett sonnenerleuchteter Zedern und Kiefernbäume ... Mit seinen Rundtürmen und hohen Mauern, die aus der Anhäufung von Steinen ragten und in ihrer geschützten Lage tief im geheimnisvollen

Halbdunkel der Höhle dem Zahn der Zeit trotzten, erinnerte es auf einige Entfernung an ein verwunschenes Schloß."[2]

Das Cliff House mit seinen 220 gemauerten Räumen und 23 *Kivas* hat eine spektakuläre Einbettung, unterscheidet sich aber tatsächlich nur wenig von großen Pueblos in anderen Gebieten. Vielleicht die Hälfte der Bevölkerung der nahegelegenen Chapin Mesa bewohnte diesen Sitz. Nordenskiöld war der erste, der eine wissenschaftliche Ausgrabung in diesem Pueblo unternahm. Feiner Staub verteilte sich überall in den Räumen, aber die trockenen Bedingungen hatten ihre Einrichtung in vollkommenem Zustand erhalten: Baumwolltuchfetzen, hölzerne Grabstöcke, einige Längen Faden und Fellstücke lagen überall herum, als wären die Anasazi-Bewohner erst vor einem Tag weggezogen.

Die Anasazi von Mesa Verde lebten mehr als zweitausendeinhundert Meter über dem Meeresspiegel, in einem gebirgigen Terrain, in dem die winterlichen Temperaturen minus zwanzig Grad Celsius erreichen können. Jedoch lebte nur eine kleine Zahl von ihnen in unzugänglichen Canyons. Ein weit größere Zahl an Bauern wohnte an den großen Abflußkanälen nordwestlich von Mesa Verde, wo die Bevölkerungsdichte rasch anstieg – von 13 bis 30 Menschen pro Quadratkilometer während des zehnten Jahrhunderts bis auf 130 dreihundert Jahre später. Gleichzeitig verdoppelte sich die durchschnittliche Dorfgröße von sechs auf zwölf Räume. Bald hatte eine wachsende Bevölkerung die Grenzen der Versorgungskapazität des Landes erreicht. Die Katastrophe zeichnete sich schon am Horizont ab.

Eine Gruppe Wissenschaftler hat die landwirtschaftliche Ergiebigkeit im Gebiet von Sand Canyon untersucht, wobei sie sowohl auf Umwelt- und Landwirtschaftsdaten heutiger Tage zurückgriff als auch auf Baumringmessungen, die eine Angabe alter Wetterbedingungen liefern können. Die Umweltwissenschaftlerin Carla Van West hat die Schwere von Dürren für den Monat Juni zwischen 900 und 1300 n. Chr. für Böden in fünf unterschiedlichen Höhenlagen rekonstruiert. Sie kalibrierte außerdem Variationen der Feuchtigkeitsstände mit einer potentiellen landwirtschaftlichen Fruchtbarkeit, wobei sie Daten von Ernteerträgen zwischen 1931 und 1960 heranzog.

Van West gab all ihre Daten in ein großes Computerprogramm zur Verarbeitung geographischer Information ein, das es ihr erlaubte, Umweltmodelle zu entwerfen und Höhenkurvenkarten zu erstellen und sie dann mit Gebieten potentieller landwirtschaftlicher Ergiebigkeit für ein bestimmtes Jahr zu überlagern. Sie kam auf eine Grafik potentieller Maisergiebigkeit im untersuchten Gebiet für den Zeitraum, in dem die

Anasazi die Region des Sand Canyon zunächst bewohnten und sie dann verließen. Indem sie moderne Daten der Versorgungskapazität des Landes heranzog, schätzte Van West, daß das Gebiet genügend Mais hervorgebracht haben könnte, um eine örtliche Durschschnittsbevölkerung von etwa 31.360 Menschen bei einer Dichte von 21 Menschen pro Quadratkilometer über eine zeitliche Phase von vierhundert Jahren zu versorgen. Ihre Berechnungen zeigen, daß die Dürre des zwölften Jahrhunderts, die die Zerstreuung der Anasazi aus Chaco verursacht hatte, wenig Auswirkungen in Gebieten wie Sand Canyon zeigte, wo immer noch genug Land vorhanden war, um die zersprengte Bauernbevölkerung zu erhalten. Mit anderen Worten hatten die Menschen genug Platz, die Bewegung zu vollziehen, die für ihr Überleben entscheidend war.

Es war Van West auch möglich, zu zeigen, daß die potentielle landwirtschaftliche Ergiebigkeit von Ort zu Ort und von Jahr zu Jahr erheblich variierte. Die Bauern neigten dazu, sich nahe dauerhaft ertragreichen Böden anzusiedeln. Sie konnten die härtesten Dürrezyklen überleben, *wenn* es zu keiner Einschränkung der Mobilität oder im Zugang zu den besten Böden kam und *wenn* sie bei Mißernten Nahrungsmittel von ihren Nachbarn erwerben konnten. Ihre Fähigkeit, sich zu bewegen, war aber ernsthaft eingeschränkt, sobald sich die Bevölkerungsdichte einmal der Grenze der Versorgungskapazität des Landes näherte und die Menschen die ertragreichsten Böden schon bis zum äußersten bewirtschaftet hatten. An diesem Punkt wurde das Überleben extrem kurzfristiger klimatischer Wandlungen viel schwerer, vor allem wenn es geschah, daß längerfristige klimatische Zyklen mit einer schweren Dürreperiode zusammentrafen, wie es während der großen Dürre von 1276–1299 n. Chr. der Fall war.

Als die Dürreperiode hereinbrach, erlahmte der Pueblobau plötzlich; während der neunziger Jahre des dreizehnten Jahrhunderts hatte er dann insgesamt aufgehört. Einige Bereiche von Sand Canyon waren verlassen und als Abfallplätze genutzt worden, aber die letztendliche Aufgabe geschah in aller Eile. Eine große Zahl von Tongefäßen und Steinwerkzeugen liegen noch da, wo sie von ihren Besitzern zurückgelassen wurden. Einige *Kivas* bergen Spuren von Abschiedsritualen, als hätten die Bewohner eine vorsätzliche Entscheidung getroffen, woanders hinzuziehen. Manche der abwandernden Anasazi ließen große, schwer zu transportierende Gebrauchsgegenstände zurück, weil sie sich auf eine lange Reise begaben. Um 1300 lagen die großen Anasazi-Pueblos bei *Four Corners* still. Die Menschen hatten sich weit zerstreut und sich entfernten Gemeinschaften in anderen Gebieten angeschlossen.

Über zweihundert Jahre hin sah das Colorado-Plateau eine gewaltige soziale Umwälzung. Die Anasazi gaben den Abflußkanal bei San Juan größtenteils auf, während sie sich in weniger beeinträchtigte Gebiete zerstreuten. Viele Familien zogen zum Abfluß des Little Colorado River, ins Mogollon-Hochland und ins Tal des Rio Grande. Ihre Nachfahren etablierten einen hochwertigen Bewässerungs- und verfeinerten Trockenfeldbau und lebten in einer großen Vielfalt an Siedlungen. Über viele Generationen kultureller Ungewißheit hin entwickelten sie neue soziale und religiöse Ideen, bis sich nach 1450 n. Chr. unter verbesserten Umweltbedingungen wieder eine Stabilität einstellte.

Die Anasazi selbst mögen von der kulturellen Landkarte verschwunden sein, aber ihre Einrichtungen und glänzenden Leistungen sind Teil der Welt des heutigen Südwestens. Sie überlebten die Verheerungen von Dürren und El Niños dank einer Ideenwelt, die Bewegung und Flexibilität ins Zentrum der menschlichen Existenz stellte. In den Worten eines Ältesten der Tewa: „Sie fingen an, zu kommen und weiterzuziehen, und dann ließen sie sich nieder und standen wieder auf und dann fingen sie an, sich wieder zu bewegen."[3] Immer noch haben wir keine Vorstellung davon, welchen Preis an Hunger und Leiden sie dafür bezahlt haben, generationenlang nahe der Grenze der natürlichen Umwelt zu leben. Nach Jahrhunderten der Fülle und mit einer kaum ein Menschenalter überdauernden Erinnerung an die Auswirkungen von Dürren waren die Anasazi in ihren Städten gefangen und konnten sich nur wegbewegen, um zu überleben. Diese Alternative hatten sie jedenfalls, ebenso wie die Verwandtschaftsbande, die sie darin unterstützten, sie zu nützen.

TEIL III

KLIMAWANDEL UND DER FLUSS DER ZEIT

In aller Logik kann ich nicht erkennen, wie irgendeine Gesellschaft ihr Los verbessern soll, wenn das Bevölkerungswachstum regelmäßig das Wirtschaftswachstum übersteigt … Es wird uns nicht gelingen, die Geburtenrate zu drosseln, wenn wir uns nicht der Armut zuwenden. Und es wird uns nicht gelingen, die Umwelt zu schützen, bevor wir uns nicht dem Problem der Armut und des Bevölkerungswachstums im gleichen Atemzug zuwenden.

DER PRINZ VON WALES, 22. APRIL 1992

In der westlichen Welt bestehen viele materielle Ziele: Wirtschaftswachstum, sozialer Wohlstand, verbesserte Kommunikation, mehr Freizeit, und so weiter. Aber zu unserer menschlichen Erfüllung bedarf es auf keinen Fall nur materieller Herausforderungen, sondern auch solcher der moralischen oder geistigen Art … Von Individuen über Gemeinschaften, Industriezweige und Regierungen bis zu multinationalen Konzernen, gerade in der relativ wohlhabenden westlichen Welt, ist es eine angemessene Herausforderung für jeden, diese dringliche Aufgabe der Verwaltung der Umwelt unserer Erde gründlich einzubeziehen.

JOHN HOUGHTON, GLOBAL WARMING

10 DIE KLEINE EISZEIT

Ich kam zu einer gewaltigen Eismasse ... Sie war zwei oder drei Piken dick und so breit wie die Schußweite eines starken Bogens. In der Länge erstreckte sie sich grenzenlos bergauf, so daß man das Ende nicht erblicken konnte. Für jeden Betrachter war es ein furchterregender Anblick. Der Schrecken wurde noch durch zwei hausgroße Eisblöcke verstärkt, die sich von der Hauptmasse gelöst hatten.

SEBASTIAN MÜNSTER ÜBER EINEN RHONEGLETSCHER AM 4. AUGUST 1546

Erst vor 150 Jahren ging in Europa ein 500 Jahre währender Kälteeinbruch zu Ende, der so streng war, daß Tausende von Bauern verhungerten. Diese „Kleine Eiszeit“[1] änderte den Lauf der europäischen Geschichte. In den Niederlanden froren die Kanäle zu, Schiffe konnten nicht auslaufen, und die Gletscher begruben in den Schweizer Alpen ganzen Bergdörfer unter sich. Fünfhundert Jahre von viel kälterem Wetter veränderten die europäische Landwirtschaft, halfen dabei mit, die politischen Machtverhältnisse zugunsten des Nordens gegenüber den Mittelmeerstaaten zu verschieben, und trugen zu den gesellschaftlichen Unruhen bei, die in der Französischen Revolution gipfelten. Die Armen litten am meisten. Sie waren am wenigsten dazu in der Lage, sich an die veränderten Umstände anzupassen, und am anfälligsten für Krankheiten und erhöhte Sterblichkeit. Diese fünf Jahrhunderte anhaltender ökonomischer und gesellschaftlicher Krisen in einem wesentlich geringer besiedelten Europa sind eine eindringliche Mahnung an die drastischen Folgen, die selbst ein moderates Absinken der globalen Temperaturen mit sich bringt.

Die Kleine Eiszeit war die jüngste von drei relativ langen Kälteeinbrüchen während der letzten zehntausend Jahre. Die erste Dryaszeit, die den Ackerbau in Südostasien ausgelöst hat, war die strengste, denn sie brachte die Vergletscherung zurück nach Europa. Ein weiterer Kälteeinbruch um 6200 v. Chr. dauerte vier Jahrhunderte an und verursachte große Dürren. Die Kleine Eiszeit hatte einen größeren Einfluß auf die Geschichte als ihre beiden Vorgänger, denn sie ereignete sich nach Jahrhunderten von ungewöhnlich warmen Temperaturen. Man kann sie mit Recht die Mutter aller geschichtsverändernden Ereignisse nennen.

El Niños haben mindestens seit fünftausend Jahren Zivilisationen zerstört und unvorstellbares Leid gebracht. Sie bilden das eine Ende des Spektrums der Klimaänderungen – kurze, oft heftige Ereignisse, die die tropischen Regionen der Erde überrollen und eine Spur der Zerstörung hinterlassen. Da sie mächtige Herrscher und ganze Gesellschaften gestürzt haben, war ihr historischer Einfluß auf lokaler Ebene genauso dramatisch wie die längerfristigen Klimaschwankungen, die über Jahrhunderte hinweg gemessen werden und ganze Kontinente verändert haben. All diese Schwankungen, ob El Niños oder La Niñas, Perioden von außergewöhnlich häufigen Stürmen oder auch plötzliche Kälteeinbrüche, sie alle sind Teil einer komplexen Klimamaschine, die Veränderungen aller Größenordnungen beinhaltet. Wir wissen, daß diese Maschine zumindest teilweise von den komplizierten Interaktionen zwischen der Atmosphäre und den Ozeanen angetrieben wird, und von den ozeanischen Tiefenströmungen, die warmes und kaltes Wasser von den Tropen in höhere Breitengrade und wieder zurück transportieren. Aber viele der Verbindungen zwischen solchen Phänomenen wie El Niño und längerfristigen Zyklen wie der Kleinen Eiszeit bleiben ein völliges Geheimnis.

Dieses Kapitel schaltet in einen anderen klimatischen Gang und erzählt die Geschichte von vier Jahrhunderten von ungewöhnlich kaltem Wetter, das den Lauf der europäischen Geschichte verändert hat. Die Kleine Eiszeit funktioniert auf einer anderen Ebene als ein kurzlebiger El Niño. Sie tanzt zum Rhythmus eines anderen Klimatrommlers als das vielgestaltige Christkind. Wir wissen nicht, was diesen oder frühere Kälteeinbrüche verursacht hat, außer der vagen Vermutung, daß ozeanische Tiefenströmungen und das Abschmelzen der Arktis wichtige Teile der klimatischen Gleichung waren. Wir wissen mehr über die Ursachen von El Niño als über die viel längere Kleine Eiszeit.

Die Kleine Eiszeit war kein tiefgefrorener monolithischer Block, sondern eine Periode konstanter und manchmal bedeutender klimatischer Wechsel zwischen heißen Sommern und frostigen Wintern. Wie der Pazifik unterliegt auch der Atlantik eigenen Druckschwankungen. Ein hohes Druckgefälle der Nordatlantischen Oszillation bringt Regen, starke Weststürme und wärmere Temperaturen. Wenn die Nordatlantische Oszillation gering ist, kommen kalte Jahre. Diese Perioden wärmerer und kälterer Bedingungen, die während der Kleinen Eiszeit mit unberechenbarer Rasanz kamen und gingen, wurden durch komplexe und noch immer wenig erforschte Phänomene wie die Bewegungen der Innertropischen Konvergenzzone am Äquator und komplizierte Wechselspiele der Atmosphäre des tropischen Atlantiks und Pazifiks ausgelöst. Die nächste Generation wird viele dieser Vernetzungen über große Distanzen hinweg besser verstehen. Wir werden dann herausfinden, ob das ständige Auf und Ab der Südlichen Oszillation auf der anderen Seite der Welt eine aktive Rolle in der europäischen Geschichte gespielt hat. Bis dahin erteilen uns die vier Jahrhunderte der Kleinen Eiszeit eine aufschlußreiche Lektion darüber, wie langfristige Klimaschwankungen den Lauf der Geschichte sowohl allmählich als auch plötzlich zu ändern vermögen.

Als die Zivilisation der Maya um 900 zusammenbrach und die Anasazi unter der großen Dürre im 12. Jahrhundert litten, erfreuten sich die Europäer fünfeinhalb Jahrhunderte warmer Temperaturen und reichlicher Niederschläge, die gemeinhin die Mittelalterliche Wärmeperiode genannt werden. Die Durchschnittstemperaturen der Britischen Inseln lagen zwischen 1140 und 1300 um 0,8 Grad Celsius höher als die zwischen 1900 und 1950. Erst heute erreichen einige Temperaturen im Sommer das Niveau der Mittelalterlichen Wärmeperiode.

Aus den Eisschichten in Grönland können wir ablesen, daß sich zwischen 600 und 650 im hohen Norden ein Ausbruch von warmem Wetter ereignete, der eine längeren Wärmeperiode einleitete, die etwa um 800 begann und zwischen 1150 und 1300 ihren Höhepunkt erreichte. Norwegische Bauern bauten nördlich von Trondheim auf dem 64. Breitengrad Weizen an, was niemals zuvor möglich gewesen war. Englische Winzer pflanzten in Westengland bis hinauf nach Herefordshire Weinstöcke, und das in einer Höhe von 200 Metern über dem Meeresspiegel. Die Gutsbesitzer in den Lammermuir Hills im Südosten von Schottland bauten 425 Meter über dem Meeresspiegel Getreide an. Das war während des Goldenen Zeitalters der schottischen Geschichte, als man von Clankriegen noch nichts gehört hatte. Im 12. Jahrhundert breitete sich in Europa explosionsartig der Bau von Kathedralen aus. Die Kathedrale von Chartres wurde in nur einem Vierteljahrhundert nach 1195 fertig-

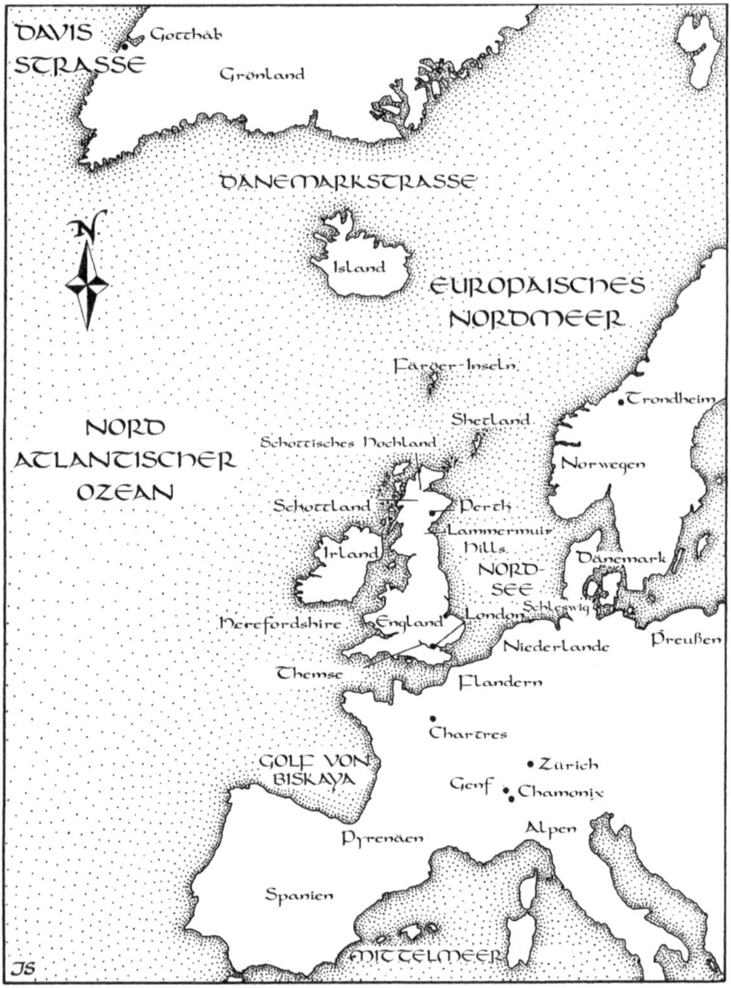

ABB. 10.1 Die Karte zeigt Orte und geographische Gebiete, die im 10. Kapitel erwähnt werden.

gestellt. Sie ist ein Wunder aus Glas und Stein, in dem sich an Festtagen zehntausend Gläubige aus der Umgebung versammelten, um Gott ihre Verehrung zu erweisen. Chartres und die anderen Kathedralen waren eine Verherrlichung der Fruchtbarkeit des Bodens und des Reichtums von Generationen.

Das waren die klimatisch begünstigten Jahrhunderte, als die Wikinger Grönland kolonisierten und nach Westen bis Nordamerika vorstießen. Wilhelm der Eroberer landete in Britannien und errichtete die Normannenherrschaft. Und die Kultur der Inkas erreichte im Andenhochland ihre Blüte. Wärmere Temperaturen und ein höherer Meeresspiegel hatten Auswirkungen auf Neuseeland und den südwestlichen Pazifik. Vielleicht lösten sie die weiträumigen polynesischen Wanderbewegungen aus. Es mag kein Zufall sein, daß die Bewohner der Gesellschaftsinseln genau zu dieser Zeit in ihren Kanus aufbrachen und sich im Norden Neuseelands niederließen, obwohl uns das exakte Datum der ersten Besiedelung nicht bekannt ist.

Während des 13. Jahrhunderts wurde das Klima jedoch unberechenbarer. Die Alpengletscher schoben sich vor, und die saisonalen Temperaturschwankungen verstärkten sich. Als die arktischen Regionen sich abkühlten, wurde der thermische Kontrast zwischen der Region von Grönland und Island auf der einen und den mittleren Breiten des Atlantiks auf der anderen Seite schärfer. Das war die Ursache zunehmender Stürme. Starke Weststürme im Verein mit dem hohen Meeresspiegel richteten große Verwüstungen an. Mächtige Winde und wogende Seen überfluteten die tiefliegenden Nordseeküsten und ertränkten in einigen der schlimmsten Wetterkatastrophen, die verzeichnet sind, Hunderttausende von Menschen. Bei den Sturmfluten von 1240 und 1362 wurden im Bistum Schleswig sechzig Pfarrbezirke „von der salzigen See verschlungen". Um die Lage noch zu verschlimmern, vergrößerte sich der Tidenhub nach 1300 und erreichte um 1400 sein Maximum.

Die Kleine Eiszeit hatte begonnen.

Die kälteren Bedingungen der Kleinen Eiszeit waren nicht auf Europa und Nordamerika beschränkt. Die gesamte Erde war durchschnittlich ein oder zwei Grad kälter als heute (während der Eiszeit waren es sechs bis neun Grad). Exakt datierbare Stalagmiten aus der Cold Air Höhle aus dem nördlichen Südafrika legen auch dort Zeugnis von kälteren Temperaturen während der Kleinen Eiszeit ab. Die Gletscher schoben sich vor, die Baumgrenze sank und die Meere kühlten sich ab.

Der zwölf Kilometer lange Franz-Josef-Gletscher in den Südalpen von Neuseeland zeigte mir eindrücklich, wie stark viele Gletscher während kleinerer klimatischer Änderungen wie der Kleinen Eiszeit wandern. Ich stieg zur Gletscherzunge hinauf, die sich ein tiefes Tal herabschiebt, das von Bergen umgeben ist, die sich in 3.494 Meter Höhe zu den steilen Gipfeln des Mount Tasman auftürmen. Der Pfad windet sich durch das unwirtliche Tal und kreuzt schnellströmende Gebirgsbäche, die vom schmelzenden Gletscher gespeist werden. An den Ufern erstreckt sich der einheimische Regenwald. An den Abhängen markieren Veränderungen in der Vegetation die Grenzen, bis zu denen das Eis in den vergangenen Jahrhunderten vorgestoßen war. Wir nahmen den Weg zwischen massiven Blöcken aus hartem Fels, die von den Geröllmassen zu Buckeln abgeschliffen worden waren, als sich das Eis im Tal vor- und zurückschob. Die sich langsam zurückziehende Gletscherzunge glitzerte in der heißen Sonne, nur noch ein Schatten ihrer selbst, selbst wenn man nur ein Jahrhundert zurückblickt. Der Franz-Josef-Gletscher ist ständig in Bewegung.

Vor acht Jahrhunderten war der Franz-Josef-Gletscher bloß ein Eisklumpen auf einem gefrorenen Schneefeld. Dann begann die Kleine Eiszeit, und der Gletscher schob sich das Tal hinab, brach durch die großen Wälder, die dort wuchsen und machte erst drei Kilometer vor dem Pazifik halt. Heute markieren Zeichen seinen Rückzug. Zwischen 1850 und 1893 ging das Eis so schnell zurück, wie die Kleine Eiszeit endete. Im 20. Jahrhundert gab es vor- und rückläufige Bewegungen, mit einem effektiven Rückgang von ungefähr einem Kilometer zwischen 1871 und 1946. Die gelegentlichen Vorstöße in diesem Jahrhundert, ein paar hundert Meter über zwei oder drei Jahre, sind zeitweise Unterbrechungen eines steten Rückzugs talaufwärts, der nur durch einen größeren Umschwung im globalen Klima umgekehrt werden kann.

Die Kleine Eiszeit war nirgendwo annähernd so streng wie die tausend Jahre währende Jüngere Dryaszeit, die vor zehntausend Jahren den Ackerbau hervorgebracht hatte. Auf ihrem Höhepunkt zwischen 1550 und 1700 waren die mittleren Temperaturen 1,2–1,4 Grad niedriger als die der Mittelalterlichen Wärmeperiode.

Was hat die Kleine Eiszeit ausgelöst? Die Wissenschaftler sind sich noch immer zutiefst uneins über diese Frage. Alle stimmen darin überein, daß sie für das Verständnis des heutigen Klimawandels eine Episode von enormer Wichtigkeit ist, denn sie erstreckte sich während sechs Jahrhunderten der jüngeren Geschichte, als die

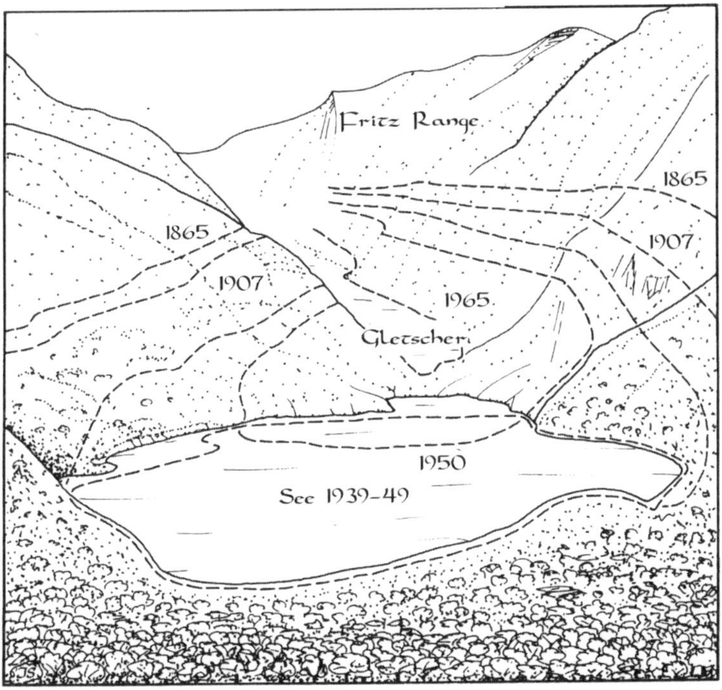

ABB. 10.2 Der Rückzug des Franz-Josef-Gletschers, Südinsel, Neuseeland, 1865–1965. Die Gletscherzunge hat sich seit den sechziger Jahren des zwanzigsten Jahrhunderts noch weiter zurückgezogen. Quellen zur Nachzeichnung wurden von staatlichen Stellen in Neuseeland zur Verfügung gestellt; siehe auch Jean M. Grove, The Little Ice Age *(London: Routledge, 1988).*

von Menschen verursachte globale Erwärmung noch keine Rolle spielte.

Wie wir gesehen haben, sind die komplexen Kreislaufsysteme und Interaktionen zwischen Atmosphäre und Ozean die wichtigsten Antriebskräfte bei kurzfristigen klimatischen Änderungen. Könnte der massive Zufluß von Süßwasser in die nördlichen Meere, der von tauenden Gletschern und Eisbergen verursacht wurde, den Nordatlantischen Strom und den Großen Transmissionsriemen einfach „ausgeschaltet" haben, wie Theorien von Wissenschaftlern wie Wallace Broecker nahelegen? Oder haben Schwankungen der Sonneneinstrahlung auf der Erdoberfläche die Kleine Eiszeit ausgelöst? Die wissenschaftliche Jury hat noch keine Entscheidung getroffen. Eine

Verringerung der Strahlungsintensität der Sonne um ein Prozent würde ausreichen, um die globalen Durchschnittstemperaturen um ein oder zwei Grad absinken zu lassen. Die Eis- und Schneedecke auf den Kontinenten würde sich ausdehnen und Veränderungen in den atmosphärischen und ozeanischen Kreislaufsystemen verursachen. Zwischen 1715 und 1845 war zum Beispiel die Aktivität der Sonnenflecken außergewöhnlich gering. Das war eine der kältesten Perioden der Kleinen Eiszeit. Könnte die Helligkeit und der Energieaustoß der Sonne um soviel zurückgegangen sein, daß dies die Ursache eines weltweiten Temperatursturzes gewesen war? Leider weiß niemand genau, in welcher Weise solare Schwankungen Klimaänderungen beeinflußen.

Die Kleine Eiszeit war auch eine Phase beachtlicher vulkanischer Aktivitäten. Im Durchschnitt ereigneten sich fünf größere Eruptionen pro Jahrhundert, die in ihrer Stärke dem Ausbruch des Krakatau von 1883 entsprachen. Bei solchen Ereignissen werden enorme Massen von Mikropartikeln und Gasen in die Atmosphäre geschleudert, die große Staubwolken bilden, das Licht von Sonne und Mond abschwächen und die globalen Temperaturen beeinflussen. Der Ascheanteil in Bohrkernen aus grönländischem Eis belegt, daß die Jahre der Mittelalterlichen Wärmeperiode zwischen 1100 und 1250 nur geringe vulkanische Aktivitäten aufwiesen. Zwischen 1250 und 1500 und zwischen 1550 und 1700 gab es jedoch viele Eruptionen, einschließlich einer gewaltigen um 1600, die sich an einem unbekannten Ort ereignet hat. Viele Wissenschaftler sind sich sicher, daß die vulkanischen Aktivitäten während der fünf kalten Jahrhunderte kurzzeitige klimatische Extreme verursacht haben. Sie wissen, daß der Ausbruch des Mount Pinatubo auf den Philippinen von 1991 die weltweite Durchschnittstemperatur für zwei Jahre um ungefähr ein Grad abgesenkt hat. Sie verweisen auch auf 1816, „das Jahr ohne Sommer", um die Bedeutung der vulkanischen Aktivitäten zu belegen.

Zwischen April und Juni 1815 erlebte der Mount Tambora, ein Vulkan auf der Insel Sumbawa in Indonesien, einen gewaltigen Ausbruch. Die Explosion war noch auf dem 1.600 km entfernten Sumatra zu hören. Nur sechsundzwanzig der 12.000 Inselbewohner überlebten. Im 500 km entfernten Java ging Ascheregen nieder. Tambora war der größte Vulkanausbruch in der Neuzeit. Der explodierende Vulkan schleuderte zehn Mal mehr Asche in die Atmosphäre als der berüchtigte Krakatau. Riesige Mengen von Staub und Schwefeldioxiden erzeugten einen umgekehrten Treibhauseffekt, indem sie rund um die Erde einen Sonnenschirm bildeten. Europa und Nordamerika zitterten im Jahr 1816 vor Kälte. Die Gletscher der europäischen Alpen wuchsen kräftig. In den Neuenglandstaaten fiel im Juni und Juli Schnee. Europaweit verdarb die Ernte, und der Hunger griff um sich. Das raue Sommerklima zwang den englischen Dichter Percy Bysshe Shelley und seine Frau Mary während ihres Aufenthaltes am Genfer See im Haus zu bleiben. Sie unterhielten ihre Freunde, indem sie Gruselgeschichten erzählten. Mary erstaunte ihre Zuhörerschaft mit einer Erzählung namens *Frankenstein*, die von einem Monster handelte, das mit seinem Schöpfer im Eis der Arktis umkommt.

Vielleicht haben eine schwächere Sonne und eine verstärkte vulkanische Aktivität bei der Kleinen Eiszeit eine Rolle gespielt. Was auch immer ihre Ursache war, die fünf Jahrhunderte kälteren Wetters lösten in der europäischen Geschichte bedeutende Veränderungen aus.

Um 982 n. Chr. segelte der Wikinger Erik „der Rote" Thorvaldson von Island aus Richtung Westen, um das geheimnisvolle Land zu erforschen, das bei Nordwind manchmal am fernen Horizont erschien. Drei Jahre später kehrten er und seine Männer mit Berichten über ein fruchtbares, unbewohntes Land zurück, wo es Fisch in großen Mengen gab und die Weiden grün und saftig waren. Erik nannte es Grönland, grünes Land, „denn er sagte, die Leute würde es stärker dorthin locken, wenn es einen schönen Namen trägt".[2]

986 überredete Erik fünfundzwanzig Schiffsbesatzungen von Siedlern, nach Grönland zu segeln. Sie gründeten im Südwesten das Dorf Brattahlid und eine „Westliche Siedlung" bei Gotthåb, etwa 650 km weiter im Norden. Das Leben war hart. Die rastlosen und abenteuerlustigen Grönländer erschlossen das Land an den inneren Fjordküsten, wo sie ihr Vieh weiden und vielleicht auch etwas Getreide anbauen konnten. Während der langen Winter lebten alle Tiere im Haus, und die Siedler ernährten sich von getrocknetem Fleisch und Fisch und von Vorräten an Milchprodukten. Ihr Hauptnahrungsmittel war Seehundfleisch, das im Mai und Juni tonnenweise beschafft wurde, wenn die Tiere die Westküste entlang Richtung Norden zogen.

Die Existenz der Wikinger auf Grönland war stets gefährdet. Ihr Überleben hing davon ab, daß sie die saisonalen Wanderungen der Seehunde und Karibus dazu ausnutzten, ihre Wintervorräte an Fleisch anzulegen. Während der Sommer unternahmen die Siedler

Eisbär- und Walroßjagden nach Nordsetur, der „Nordküste" an der Discobay. Das lag mehr als 800 km von ihren westlichen Hauptsiedlungsgebieten entfernt. Bärenfelle und Walroßstoßzähne waren die einzigen Handelsgüter, die für die Außenwelt von Interesse waren. Die Wikinger von Grönland zahlten ihren jährlichen Kirchenzehnten ans ferne Norwegen mit Walroßstoßzähnen. Manchmal betrug der Zehnte mehr als vierhundert Stoßzähne. Das überstieg bei weitem die Menge, die sie um ihre Siedlungen herum erbeuten konnten.

Die Siedler waren hervorragende Seeleute, die jeden Fjord und jede Bucht in Westgrönland erforschten. Schon sehr bald segelten junge unerschrockene Männer weit nach Norden zum arktischen Eis und über die neblige und gefährliche Davis Straße nach *Ubygdir*, den „unbewohnten Gefilden", neue Länder hinter dem westlichen Horizont.

In den Jahren vor der Jahrtausendwende segelte Leif Erikson, der Sohn von Erik dem Roten, nach Baffinland hinüber und dann bei Nordostwind die Küste von Labrador südwärts Richtung Neufundland und zur Mündung des Sankt Lorenz Stromes. Leif Erikson überwinterte in einem bewaldetem Gebiet, das er Weinland nannte, wegen des wilden Weins, der dort wuchs. Es befand sich wahrscheinlich in der Gegend von Passamaquoddy Bay im nördlichen Maine. Im folgenden Jahr kehrten er und seine fünfunddreißig Leute mit einer Schiffsladung Holz sicher nach Grönland zurück.

Die Wikinger unterhielten in Nordamerika keine dauerhaften Siedlungen. An der rauen Küste Grönlands konnten sie so lange überleben, wie das Klima einigermaßen berechenbar blieb, aber ihnen fehlte es an Leuten und Mitteln, um im fernen Westen Brückenköpfe zu unterhalten und auszubauen. Dort mußten sie sich mit einer zahlreichen einheimischen Bevölkerung auseinandersetzen, und der Weg führte durch gefährliche, eisführende Gewässer. Es gab auch keine zwingenden Gründe für die Errichtung einer Kolonie, wie etwa religiöse Verfolgung in der Heimat oder die Aussicht auf Gold und fruchtbare Ländereien, die gierige Abenteurer anziehen konnte. So segelten die Wikinger nur sporadisch nach Westen, auf der Suche nach Holz, an dem es in Grönland mangelte.

Die Grönländer waren jedes Jahr aufs neue von einer gleichbleibenden Temperatur und den Eisbedingungen abhängig. Selbst kleine Störungen hatten eine immense Auswirkung auf das Nahrungsangebot. Während einer Periode leicht kühlerer Jahre zwischen 1954 und 1974 ging zum Beispiel die Beute bei der Seehundjagd in dem Gebiet um Gotthåb stark zurück. Höher im Norden an der Kapisigdlit Station, die an einem geschützten Fjord liegt, sank der Anteil der Seehunde an der Jahresbeute von 30 auf magere 4 Prozent. Wenn selbst diese geringe Abkühlung solche dramatischen Einbußen verursacht, können wir uns die Folgen ausmalen, die eine längere und härtere Kälteperiode für eine Bevölkerung hat, die hart am Rande des Existenzminimums lebt. Und während die Seehundjagd zurückging, zwangen längere Winter die Siedler dazu, das Nutzvieh länger in den Häusern zu halten. Gleichzeitig wuchs im kürzeren Sommer weniger Gras, so daß es auch weniger Heu gab. Kältere und längere Winter könnten auch die Schneedecke verstärkt haben, was wiederum zu einem Rückgang oder gar zum zeitweiligen Aussterben der Karibus im südwestlichen Grönland geführt hat.

Mit dem Entzug ihrer Nahrungsgrundlage schwand das Glück der Wikinger dahin. Unterernährung und vorzeitiger Tod suchten die gut entwickelten Siedlungen heim. Die isolierten Gehöfte wurden anfälliger gegenüber Attacken feindlicher Eskimogruppen. Inzwischen gedieh die Kultur der Inuit, denn sie hatten sich dem rauen und unberechenbaren Klima Grönlands seit Tausenden von Jahren angepaßt. Sie trugen mehreren Schichten Kleidung aus zusammengenähten Häuten, in der sie auch bei Temperaturen unter Null jagen konnten. Die leichten Boote aus Tierhäuten und die Kayaks waren ideal für die eisführenden Gewässer geeignet. Ihre Harpunen aus Knochen und Elfenbein gehörten zu den am besten entwickelten der Welt. Damit konnten sie mitten im Winter die kälteliebenden Ringelrobben und Fische in den Eislöchern erjagen. Anders als die Wikinger waren sie nicht allein auf die sommerlichen Wanderungen der Seehunde angewiesen.

Unfähig, die Meeressäuger im Winter zu erjagen, und offensichtlich nicht willens, ihre Lebensweise zu ändern, gaben die Wikinger dem klimatischen Druck nach. Um 1350 gaben sie die Siedlung von Gotthåb auf, vielleicht nach einem Angriff der einheimischen Inuit. Um 1500 war auch die größere östliche Siedlung verwaist. Als das Eis weiter nach Süden vordrang und die direkte Segelroute nach Grönland gefährdete, brachen auch die letzten Verbindungen ab, während die bittere Kälte der Kleinen Eiszeit europaweit schwere Störungen der Lebensbedingungen verursachte.

Wie die Grönländer waren auch die Isländer den Unbilden einer plötzlichen Klimaänderung ausgeliefert. Sie ernährten sich hauptsächlich von Fisch und Viehzucht, also waren die Wasser- und Lufttemperaturen und die Erträge der Heuernte für sie von lebenswichtiger Bedeutung. Das Gras, aus dem Heu gewonnen wird, ist sehr empfindlich gegen Temperaturschwankungen. Überdurchschnittlich kalte Winter mit strengem Frost und tiefem Schnee können das Wachstum hemmen oder das Gras sogar noch vor Beginn des Sommers abtöten. Der Boden bleibt vielleicht bis ins späte Frühjahr hinein gefroren, dann setzt plötzliches Tauwetter die Wiesen unter Wasser und tötet das junge Gras sofort ab. Im außergewöhnlich kalten Jahr 1967 fiel die Heuernte um ein Fünftel geringer aus, was pro Hektar 870 kg weniger ausmacht. Experten haben ausgerechnet, daß eine Temperaturabweichung von einem Grad Celsius von dem Mittel von 3,2 Grad von 1901–1930 die landwirtschaftlichen Erträge um 30 Prozent schrumpfen läßt. Trotz modernster Anbaumethoden muß die isländische Regierung in kalten Jahren noch immer für enorme Geldsummen Heu einkaufen und auf die Insel transportieren.

Die Wassertemperaturen rund um Grönland und um Island gingen in der Zeit zwischen 1600 und 1830 rapide zurück. Dadurch dezimierten sich die Kabeljaubestände, ein anderer Grundstock der isländischen Ernährung. Der Kabeljau gedeiht bei einer Wassertemperatur zwischen zwei und dreizehn Grad Celsius, in kälterem Wasser versagen seine Nieren. Bei der kleinsten Änderung im Polarmeer weicht der Fisch in wärmere Gewässer aus. Die Wikinger haben sich zur Blütezeit ihrer grönländischen Siedlungen vom Kabeljau ernährt, aber während der Kleinen Eiszeit gab es vor der Küste Grönlands keine Bestände mehr. Der Kabeljau verschwand während des 17. Jahrhunderts völlig aus den norwegischen Gewässern, als das Wasser des Polarmeeres sich nach Süden ausbreitete.

Island exportiert seit dem 14. Jahrhundert Fisch, obwohl die Frachtkapazitäten bis zur Einführung von Schiffen mit Decks um 1890 begrenzt waren. Aber die Fischerei war stets den Launen der Wassertemperaturen ausgeliefert. Selbst mit den modernen industriellen Fangmethoden steigen und sinken die Herings- und Kabeljaufänge mit den Wassertemperaturen. Einer der Hauptgründe für Islands bittere Auseinandersetzung mit Großbritannien über die Fischereirechte in den 60er Jahren war der Schwund der Fischbestände um Island in Folge sinkender Wassertemperaturen. Islands Abhängigkeit von Kabeljau und Hering macht es anfällig gegenüber plötzlichen klimatischen Veränderungen und führt zu starren und sogar extremen politischen Standpunkten in Bezug auf das Fischereirecht.

Bis zum Beginn der Kleinen Eiszeit haben die Isländer im Norden, Süden und Südosten ihrer Insel auch eine winterharte Gerstenart angebaut. Am Ende des 12. Jahrhunderts haben die Bauern jedoch den Anbau im Norden aufgegeben. Im fünfzehnten Jahrhundert wurde überhaupt kein Getreide mehr angebaut. Trotz gelegentlicher Experimente ist die Gerste seit achthundert Jahren nicht nach Island zurückgekehrt.

Die Kleine Eiszeit hat vom 17. bis zum 19. Jahrhundert in Island großes Leid angerichtet. Die Berggletscher wurden größer, die Heuernte verringerte sich dramatisch, und das Vieh starb zu Tausenden vor Hunger und Kälte. 1757 berichtete der Dorfschulze von Salasyala im Nordwesten, daß „in diesem Jahr 21 Kühe und Bullen, 1.292 Schafe, 3.209 junge Lämmer und 151 Pferde in diesem einen Distrikt gestorben sind. 45 Menschen sind Hunger und Schwäche erlegen, und 15 Gehöfte sind verwaist". Er berichtet auch von mageren Fischzügen und schreibt, daß es „ein wahres Wunder sein wird, wenn nicht ein Drittel der Bevölkerung des Hungers stürbe".[3] Die Isländer fischten mit offenen Booten. Selbst wenn sie ihre Fahrzeuge in dem mit Eisschollen bedeckten Meer zu Wasser bringen konnten, konnten sie nicht weit hinaus fahren. In den brutal kalten Jahren von 1750 bis 1758 zogen viele Fischer landeinwärts und suchten ihre hungrigen Verwandten unter den Bauern heim. Beinahe 17.000 Menschen von einer Inselbevölkerung von 50.000 starben an Hunger und den damit einhergehenden Leiden.

Der Beginn der Kleinen Eiszeit hatte augenblicklich Auswirkungen auf die europäische Landwirtschaft. Die Weinberge Nordeuropas verödeten zwischen 1300 und 1310. Zwischen 1313 und 1317 verursachte eine Folge von ungewöhnlich feuchten und kalten Sommern großflächige Ernteausfälle. Die daraus resultierende Hungersnot raffte Tausende dahin. Es gab Ausbrüche von Kannibalismus, und ganze Dörfer wurden verlassen oder ihre Bevölkerung stark dezimiert. Die kühlen, nassen Sommer und die katastrophalen Ernten zerstörten die Überlebensfähigkeit vieler kleiner Bauerndörfer. Dreißig Jahre später verwüstete der Schwarze Tod Europa. Er schlug oft dort am härtesten zu, wo vorher schon der Hunger die Menschen geschwächt hatte.

Zu Beginn des 15. Jahrhunderts hatten die meisten Bauern in Nordeuropa den Weizenanbau völlig aufgegeben. Weizen war selbst zu den besten Zeiten im Norden eine schwierige Pflanze, die ständige Pflege brauchte und häufig und sorgfältig gedüngt werden mußte. Außerdem mußten regelmäßig die Felder gewechselt werden. Englische Gäste einer Hochzeitsfeier in Dänemark berichteten 1406 von dem völlig durchnäßten Boden und dem Fehlen von Weizenfeldern. In Norwegen, wo das kalte Wetter und die Pest die Bevölkerung im Jahrhundert davor um zwei Drittel reduziert hatte, lagen die Höfe des Hochlandes verödet da. Um 1430 waren die Steuereinnahmen vieler Bezirke auf ein Viertel ihres Niveaus von 1300 gesunken. Viele arme Familien aßen Roggenbrot, das, wie ein französischer Arzt 1702 schrieb, „nicht so nahrhaft ist und die Gedärme ein wenig ausleiert".[4] Die Brotgetreide hatten jedoch noch nie allein die Fülle ausgemacht. Die Bauern aßen Erbsen und Bohnen und machten aus Buchweizen oder Kastanien Mehl. Das Vieh war genauso wichtig wie das Getreide, denn es lieferte Fleisch, Milch und auch Dünger. Aber die Bauern waren in einem Teufelskreis gefangen, denn sie brauchten die Tiere zum Ziehen der Pflüge und um den Boden zu düngen. Die Tiere brauchten wiederum zusätzliches Weideland auf Kosten der Anbaufläche. Ein Almanach aus dem 14. Jahrhundert beschwört die Bauern, „den Viehbestand zu vergrößern, denn er ist es, der dem Boden den Dünger gibt, der für reiche Ernten sorgt".[5] Aber auch Getreide wie Gerste, Hafer und Roggen brachten keine höheren Erträge. Die Pflanzen erstickten einander. Vom vierzehnten bis zum achtzehnten Jahrhundert ernährten sich Europas Bauern von einfachen Suppen und Haferschleim, wie in vorgeschichtlicher Zeit.

In den dreißiger Jahren des fünfzehnten Jahrhunderts gab es lange Perioden strengen Winterwetters, unterbrochen von sehr trockenen, heißen Sommern und außergewöhnlich nassen Frühjahren und Herbsten, was von England bis zu den Alpen ein Chaos auslöste. Das schottische Hochland versank in Kriegen zwischen den bis dahin friedlichen Clans. Die strengen Winter zwangen viele der Hochlandbewohner, ihr Brot aus Baumrinde herzustellen. Die Ermordung von König James I, als er 1436 in der Nähe von Perth auf der Jagd war, war eine direkte Folge der vom Hunger verursachten gesellschaftlichen Verwerfungen. Aufgrund dieses Ereignisses wurde die Hauptstadt in die Festung Edinburgh verlegt.

Um 1500 waren die europäischen Sommer um sieben Grad kälter als in der Mittelalterlichen Wärmeperiode. In England war die Anbauperiode drei Wochen kürzer geworden, und im 17. Jahrhundert sogar fünf Wochen. Gleichzeitig wurde der Boden immer nasser. Das Marschland weitete sich aus, und die Flüsse schwollen an, was der Landwirtschaft noch mehr Probleme bereitete. Im nördlichen

Norwegen fiel die Höhe, in der Landwirtschaft noch möglich war, zwischen 1300 und 1600 um mindestens 150 Meter. Glücklicherweise hielten die warmen Strömungen des Atlantik die isländische und norwegische Fischerei am Leben, während jedoch die Landwirtschaft zugrunde ging. Zu Anfang des 16. Jahrhunderts erwärmte sich das Klima ein wenig und verschaffte den Menschen etwas Erleichterung. Die Weizenerträge stiegen ein wenig an, nur um wieder abzusacken, als die Kleine Eiszeit zwischen 1550 und 1700 ihren Höhepunkt erreichte. Dieses Mal fielen auch die Wassertemperaturen der nördlichen Meere stark, und der Kabeljaufang ging dramatisch zurück und verstärkte die Nöte.

Mit das größte Leid spielte sich im Schatten der Alpen ab. Im Juni 1644 machte sich eine Prozession von dreihundert Leuten, angeführt von dem Bischof von Genf, Charles de Sales, auf den Weg hoch hinauf in die Alpen, zu „einem Ort namens Les Bois, wo über dem Dorfe ein gewaltiger und schrecklicher Gletscher hing. Er kam vom Berg herab und drohte dem Dorf mit der totalen Vernichtung".[6] Die Dorfbewohner hatten guten Grund zur Sorge, denn der Les-Bois-Gletscher wuchs „jeden Tag um einen Musketenschuß (120 Meter), selbst im August". Der Bischof segnete den Gletscher und wiederholte seine Beschwörungen an einer ganzen Reihe von Eisblöcken, die sieben kleine Dörfer einzuschließen drohten. Es war gut, daß seine Segnungen wirkten, weil der Les-Bois-Gletscher das Tal von Chamonix selbst abriegelte und es in einen See zu verwandeln drohte. Ein Vierteljahrhundert später hatte sich die Eisschicht zurückgezogen, aber „der Boden, den sie bedeckt hatten, war so unfruchtbar und ausgelaugt, daß dort weder Gras noch sonst etwas wachsen wollte".

Die Bemühungen des ehrenwerten Bischofs hatten kurzfristig allerdings nur wenig Wirkung. Zwischen 1640 und 1650, einem Jahrzehnt mit kalten und extrem feuchten Sommern, schoben sich die Gletscher der europäischen Alpen so weit vor wie seit der Eiszeit nicht mehr. In ihrer Verzweiflung beteten die Menschen um Gnade. Im September 1653 bedrohte der Aletsch-Gletscher soviel Ackerland, daß die Menschen die Jesuiten um Hilfe baten. Die Pater Charpentier und Thomas predigten der Gemeinde eine Woche lang Vertrauen. Dann schritt eine feierliche Prozession vier Stunden lang mit bloßen Köpfen durch den Regen zu dem „schlangenförmigen" Gletscher. Die Pilger hörten die Messe und eine kurze Predigt, dann besprengten die Priester die Gletscherzunge im Namen des Heiligen

Ignatius mit Weihwasser und rezitierten „die wirkungsvollsten Exorzismen". „Genau an dieser Stelle, direkt vor dem Gletscher, errichteten sie eine Säule mit seinem Bildnis: Es sah aus wie ein Bild von Jupiter, der nicht nur seinen marschierenden Truppen einen Waffenstillstand befahl, sondern dem hungrigen Gletscher selbst."

Uns ist überliefert, daß der heilige Ignatius den Lauf des Gletschers aufhielt, aber schnell wachsende Eisflächen bedrohten in den Alpen weiterhin Bauerngemeinden zu Füßen der Berge. In den östlichen Alpen verriegelte der sich schnell ausbreitende Vernagt-Gletscher wiederholt Flußtäler und staute Seen hinter Gerölldämmen auf. Diese brachen regelmäßig und überfluteten alles, was flußabwärts lag. Weihnachten 1677 verbrannten Dörfler einen Landstreicher, den sie verdächtigten, mit Zauberei das Tal blockiert zu haben. Hunderte von Leuten starben in unerwarteten, katastrophalen Fluten. Die Zahl der Gehöfte nahm rapide ab, als die Menschen vor dem vordringenden Eis flohen. Die Gletscher am Rande von Chamonix brachten eine Eiseskälte, Dauerfrost und „so starke Winde, die manchmal Teile des Heus hinwegfegten, sobald es geschnitten war".

Die Kirchenbücher der kleinen Berggemeinden hoch oben in den Alpen erzählen die Geschichte des Leids während der kleinen Eiszeit. Der französische Historiker Le Roy Ladurie hat die Fluktuation der Alpengletscher mit dem endlosen Kreislauf der Gezeiten des Ozeans verglichen. Nach Jahrhunderten von „Niedrigwasser" während des Mittelalters befand sich die Eisdecke oben in den Bergen. Um 1300 begannen die Gletscher die Hänge herabzukommen. Eine Gletscher-„Flut" brachte zwischen 1590 und 1850 das Eis bis an die Füße der Berge hinab. Zu den weitesten Vorstößen kam es im 17. Jahrhundert und dann wieder 1818–1820 und 1850–1855, ganze Dörfer und Almen wurden zerstört. Um 1860 ebbte die Flut wieder ab, und der große Rückzug begann. Um 1900 hatten sich viele Gletscher mehr als zwei Kilometer in die Berge zurückgezogen, und das in nur vierzig Jahren. Im Lauf der letzten zehn Jahre herrschte immer noch Ebbe, denn wir erleben das wärmste Wetter seit sechs Jahrhunderten.

Der Blick auf ein paar zeitgenössische Wetterberichte zeigt, wie extrem die Bedingungen waren. Durch die Ausbreitung des arktischen Wassers nach Süden Richtung Nordsee war zeitweise das Meer zwischen Island und Norwegen durch Eis blockiert. 1695 steckte sogar die gesamte norwegische Küste in Packeis. Die Wintertemperaturen in England waren bis zu anderthalb Grad niedriger als der Durchschnitt zwischen 1900 und 1950. 1608 war die Themse von mehreren Metern Eis bedeckt. Der außergewöhnlich kalte Winter von 1648 fror den Boden in Teilen von Südengland bis zu einer Tiefe von mehr als einem Meter ein, und an der englischen Kanalküste bildete sich ein fünf Kilometer breiter Eisgürtel. Die Schneedecken waren wesentlich tiefer und die winterlichen Frostperioden dauerten wesentlich länger als im 20. Jahrhundert – im Zürich von 1684 ganze 112 Tage. Interessanterweise kam das schlimmste Wetter oft im März. In den achtziger Jahren des 19. Jahrhunderts war er ganze drei Grad kälter als der Durchschnitt im 20. Jahrhundert. Das hatte folgenschwere Konsequenzen für die Bauern, denen das Heu ausging und die ihr Vieh mit Kiefernzweigen und Stroh füttern mußten. Sie schlachteten viele Tiere, weil es auch nur magere Ernten gab, die teilweise durch einen Schädling verursacht wurden, der unter der Schneedecke das nachwachsende Getreide anfraß.

Es war aber nicht so, daß es ununterbrochen ungewöhnlich kalt gewesen wäre. Es gab auch während des Höhepunktes der Kleinen Eiszeit milde Winter, oft nach extrem kalten Jahren. Europa erlebte während dieser Jahrhunderte enorme Schwankungen. Die Standardabweichung der Wintertemperaturen in England und den Niederlanden war während der härtesten Jahrhunderte der Kleinen Eiszeit um 40 bis 50 Prozent größer als im frühen 20. Jahrhundert, als vom Atlantik kommende Westwinde daß Wettergeschehen beherrschten. Es gab sogar gelegentliche sommerliche Hitzewellen, eine besonders hervorzuhebende im Juni und Juli 1665, als die Pest in London wütete. Im folgenden Jahr gab es die zwölftwärmste Sommertemperatur seit 320 Jahren – und den großen Brand von London.

Trotz aller Entbehrungen machten die Londoner das Beste aus den kalten Wintern. Sie liefen Schlittschuh und veranstalteten Feste auf den zugefrorenen Flüssen, die sie auch als Straßen benutzten. Am 24. Januar 1684 schrieb der Chronist John Evelyn von „Frost, der strenger und strenger wird; die Themse bei London ist mit Reihen von Marktbuden übersät, so wie die Straßen in der Stadt … Es ist eine schwere Heimsuchung für das Land: nicht nur, daß die Bäume wie vom Blitz getroffen zersplittern, sondern es stirbt an vielen Orten Mensch & Vieh, und das Meer ist mit Eis versperrt, so daß kein Boot in See stechen oder in den Hafen einlaufen kann“. Die stillstehende kalte Luft fing den aufsteigenden Ruß der Kohlefeuer ein, so daß es zu einer ernsten Luftverschmutzung kam. Der „rußige

Rauch der Seekohle“ nahm den Londonern die Sicht über die Straße hinweg und füllte ihre Lungen mit „groben Partikeln“. Evelyn hörte Berichte von extrem kaltem Wetter auch aus dem tiefen Süden, „aus Spanien & den meisten südlichen Gefilden“.[7]

Während die Londoner feierten, litten die Schotten. Bis zu einem Drittel der Bevölkerung des Hochlandes starb zwischen 1693 und 1700, während der Jahre, die der Vereinigung mit England 1707 direkt vorausgingen. Das harte Klima mag dazu beigetragen haben, die Vereinigung unvermeidbar zu machen. Ein zeitgenössischer Beamter schrieb:

> Während dieser katastrophalen Jahre wurde die Ernte durch österliche Hagel und Nebel zerstört, durch verregnete Sommer ohne Sonne, durch Stürme und durch frühe strenge Fröste und tiefen Schnee im Herbst. Sieben Jahre lang schlug das Wetter Kapriolen, das Getreide gelangte kaum zur Reife .... Selbst in den Monaten Januar und Februar versuchten die hungernden Leute in manchen Gegenden noch die Reste ihres ruinierten Hafers zu ernten, der vom Frost zerstört wurde. Sie starben vor Schwäche, Kälte und Hunger.[8]

In ganz Nord- und Westeuropa waren die kältesten Jahre um 1690 und 1740 und von 1816–1819 Perioden steter Hungersnöte. Die Ernte von 1693 war seit dem Mittelalter die Schlechteste in Westeuropa. Frankreich wurde ein „großes desolates Spital ohne Versorgung“. Die durch ungewöhnlich heftige Niederschläge verursachten Ernteausfälle, die Teil globaler klimatischer Anomalien waren, die vielleicht im Zusammenhang mit der großen ENSO-Episode der späten 80er und frühen 90er Jahre des 18. Jahrhunderts standen, diese Ernteausfälle trugen zu den Unruhen bei, die zur Französischen Revolution führten.

Eine unerwartete Rettung kam aus Südamerika. Vor der Entdeckung Amerikas waren die europäischen Bauern vor allem auf Getreide wie Gerste, Weizen, Hafer und Roggen angewiesen. Brot und verschiedene Breie, die aus diesen Getreidearten hergestellt wurden, bildeten das Grundnahrungsmittel für Millionen von Bauern. Außer ein paar Wurzelsorten, die als Beilage gegessen wurden – wie Karotten, Pastinak und Rüben –, lebten sie fast ausschließlich von Getreide. Gerste und Weizen, die an langen Stengeln hoch über dem Boden wachsen, sind anfällig gegen Wind, Hagel und starke Niederschläge. Vögel und Insekten fressen das reifende Korn. Im wärmeren mediterranen Klima konnte Getreideanbau höchst profitabel sein, aber unter den extremen nordeuropäischen Wetterbedingungen kam es zu Ernteausfällen und Nahrungsknappheit. Die Landwirtschaft, die sich während der Mittelalterlichen Wärmeperiode zur ihrer Blüte entwickelt hatte, war für die Kleine Eiszeit völlig ungeeignet.

Die Lösung für die heimischen Hungersnöte kam in Form einer häßlichen Knolle, die zuerst hoch in den peruanischen Anden kultiviert worden war.

Die Hochlandindianer der Anden bauten mindestens dreihundert verschiedene Kartoffelsorten an. Wie Mais oder Tabak wurde auch die Kartoffel von den spanischen Konquistadoren nach Europa gebracht. Zuerst verschmähten die Europäer die Kartoffel. Im Volke ging die Mähr, daß die mißgestaltete Kartoffel Lepra auslöst. Einige russisch-orthodoxe Priester erklärten das Kartoffelessen zur Sünde und nannten sie „Teufelskraut". Preußische Leibeigene drohten damit, ihren Herren zu wechseln, falls sie Kartoffeln zu essen bekämen. Zwei Jahrhunderte lang war die Kartoffel wenig mehr als eine Kuriosität, die in einigen Klostergärten angebaut oder von ein paar Gourmets als Neuheit geschätzt wurde. Der kulturelle Widerstand gegen die Kartoffel war so groß, daß die Bauern lieber wiederholt Hungersnöte durchlitten, als ihre Ernährungsgewohnheiten umzustellen.[9]

Einmal eingeführt gedieh die Kartoffel jedoch bestens in Nordeuropa, einer Gegend so kühl und feucht wie ihre heimatlichen Anden. Irland war das erste Land, das die Kartoffel im großen Maßstab anbaute. Die Legende will, daß die Knolle 1588 an Bord eines Schiffswracks der spanischen Armada anspülte, aber sie wurde bis zum späten 17. Jahrhundert kein Grundnahrungsmittel. Die irischen Bauern entdeckten, daß ein Stück Land, das mit Weizen eine Person ernähren würde, mit Kartoffeln zwei ernähren konnte. Die irische Bevölkerung verdreifachte sich als Folge davon, von 3,2 Millionen im Jahre 1754 auf 8,2 Millionen im Jahre 1845. Wären die Iren der Praxis der amerikanischen Eingeborenen gefolgt und hätten ihre Kartoffelsorten weiter diversifiziert, dann hätten sie vielleicht die katastrophalen Folgen der Kartoffelfäule vermeiden können, die Mitte des 19. Jahrhunderts die schrecklichen Hungersnöte auslöste.

Von Irland breitete sich der Kartoffelanbau Richtung Osten über Britannien und das schottische Tiefland aus. Der große Ökonom Adam Smith schenkte der Kartoffel in seinem 1776 veröffentlichtem Werk *Wealth of Nations* Beachtung. Er sagte voraus, daß sie eine große Menge von Arbeitern ernähren könne und die Männer stärker und die Frauen schöner machen würde. Im 18. Jahrhundert zwang Friedrich der Große seine Untertanen in Preußen entweder Kartoffeln anzubauen oder zu sterben. Andere Monarchen taten es ihm nach. Ihre Ratgeber hatten herausgefunden, daß die Kartoffel bei weniger Arbeit pro Hektar mehr Nahrung liefert als jede Getreidesorte, und das bei einer Wachstumszeit von drei bis vier Monaten, gegenüber fast dem doppelten bei Getreide. Kartoffeln gediehen in weit mehr Bodenarten, benötigten weniger Pflege nach der Aussaat, und man mußte sie, anders wie Hafer und Weizen, nicht aufwendig mahlen und weiterverarbeiten. Sie ließ sich bis zu einem Jahr lagern und konnte als Brot oder als die verschiedensten Gerichte zubereitet werden.

Als sie erst einmal angenommen war, avancierte die Kartoffel schnell zum Grundnahrungsmittel. Zwischen 1693 und 1791 fiel der Getreideverbrauch allein in Flandern von 758 Gramm pro Person und Tag auf 475 Gramm. Die Kartoffel hatte 40 Prozent des Getreideverbrauchs ersetzt. Mangelerscheinungen gingen in ganz Europa zurück. Um 1830 war Nordeuropa zu einer wirtschaftlichen Macht geworden, zum Teil, weil die Kartoffel den Kreis der Hungersnöte durchbrochen hatte, der für die Kleine Eiszeit so typisch gewesen war. In Frankreich gab es zum Beispiel zwischen 1371 und 1791 111 Hungersnöte, sechzehn davon allein im 18. Jahrhundert. Die Kartoffel hat diesen Zyklus von Katastrophen wirkungsvoll zerstört. Der hohe und zuverlässige Ertrag des Kartoffelanbaus trug zum Bevölkerungswachstum in Europa bei und setzte mehr Arbeiter für nichtlandwirtschaftliche Tätigkeiten frei – zum Beispiel in den Fabriken der industriellen Revolution.

Die kalten Jahrhunderte endeten um 1850, auf dem Höhepunkt der industriellen Revolution. Die Erde trat in eine neue wärmere Ära mit weniger extremen klimatischen Schwankungen ein, die offensichtlich ausschließlich von natürlichen Faktoren ausgelöst wurde. (Manche Experten stellen die Vermutung an, ob der höhere, durch die Fabriken verursachte Kohlendioxidausstoß in die Atmosphäre zur Erwärmung beigetragen hat.) Die Erwärmung setzt sich bis auf den heutigen Tag fort, nur gelegentlich durch kühlere Episoden unterbrochen. Die drei strengen Winter von 1939–1942 schadeten Adolf Hitler in Frankreich und Rußland. Zwischen 1940 und 1975 kühlte sich das Weltklima trotz steigender Kohlendioxidwerte ganz geringfügig ab, was sofort zu Diskussionen über eine bevorstehende Eiszeit führte. Seit den siebziger Jahren setzte sich die Erwärmung wieder fort. Klimatologen berichteten, daß 1997 das wärmste Jahr des 20. Jahrhunderts gewesen war und von 1998 wohl noch übertroffen würde. Inwieweit diese Erwärmung auf die Verbrennung fossiler Brennstoffe und andere menschliche Aktivitäten zurückzuführen ist, ist Gegenstand einer kontroversen Diskussion. Vielleicht ist eine erneute Kleine Eiszeit jetzt weniger wahrscheinlich, als sie es gewesen wäre, wenn die Nutzung fossiler Brennstoffe im 20. Jahrhundert nicht so dramatisch gestiegen wäre. Aber es wäre töricht anzunehmen, daß eine weitere Kleine Eiszeit unmöglich ist.

Fünf Jahrhunderte der Kälte haben in Europa eine existentielle Nahrungskrise ausgelöst. Heute erwirtschaften dieselben Länder mit industrieller Landwirtschaft riesige Nahrungsüberschüsse. Aber woanders hungern die Menschen noch immer. Heute leidet Afrika unter Hungersnöten, die durch Dürren, soziale Unruhen, Krieg und massive kulturelle Veränderungen ausgelöst werden.

11 „DÜRRE FOLGT DEM PFLUG“

Trotz der Kargheit der Vegetation waren große Herden und Schwärme zu sehen, und der von Gestrüpp durchsetzte Wald und die Weiden sind verbrannt, während große Feuer über das Land laufen. Überweidung und Abholzung im übriggebliebenen Wald, die jährlichen Brände und der Sandeinfall legen die Frage nahe: Seit wann breitet sich die Wüste schon aus?

E. P. STEBBING, „THE ENCROACHING SAHARA …“

Ich erinnere mich daran, einer Gruppe von Bemba-Männern und -Frauen im nördlichen Sambia zugesehen zu haben, wie sie sich mit eisernen Hacken über ihre gerodeten Felder beugten. Sie hatten früh am Tag bei noch tiefem Sonnenstand mit der Arbeit begonnen und sich in Reihen über die trockene und harte Erde verteilt, die dicht mit Unkraut und Disteln übersät war. Wieder und wieder trafen die Hacken den starren Erdboden, oft Dutzende Male an derselben Stelle. Wochen unablässiger Knochenarbeit zur heißesten Zeit des Jahres verzehrten alle Kraft der Bauern. Es gab keine Pflüge oder Karren, die die Aufgabe erleichterten, und es gab keine Garantie, daß der Regen zur rechten Zeit kommen würde. Jede Familie brauchte etwa drei Hektar bewirtschafteten und brachliegenden Landes, um sich selbst zu versorgen. Der erforderliche Arbeitsaufwand, um solche Anlagen ertragreich zu halten, ist selbst in Jahren reichen Niederschlags enorm hoch.

Jeder von der Landwirtschaft lebende afrikanische Bauer, den ich je gesprochen habe, ist philosophisch veranlagt. Er weiß, daß er mindestens einmal in seinem Leben unter Dürre und Unterernährung leiden wird.

Doch haben die Afrikaner schon häufig über ihre feindliche Umwelt triumphiert. Sie schufen bedeutende Königreiche – Ghana, Mali, Simbabwe –, handelten über lange Wege mit den entlegensten Winkeln der Erde und entwickelten große Kunstwerke und glänzende Kulturen. Viele fristeten aber auch immer eine Randexistenz. Gebiete wie der südliche Grenzbereich der Sahara sind so trocken und unvorhersagbar in ihren Bedingungen, daß es einer bemerkenswerten Erfindungsgabe und einer echten Kenntnis der Umwelt bedarf, um dort zu überleben. Hungersnot und Krankheit befielen Bauern wie Viehzüchter, selbst wenn die Bevölkerungsdichte niedrig war. Als im zwanzigsten Jahrhundert Kolonialregierungen das sensible Gleichgewicht zwischen Mensch und Klima auf einem Kontinent aus dem Lot brachten, der niemals große Bevölkerungszahlen oder gewaltige Stadtkulturen versorgt hatte, traten diese sozialen Katastrophen gehäuft auf. Europa litt während der Kleinen Eiszeit unter wiederholten existentiellen Krisen, aber Afrika erduldet seit dem späten zwanzigsten Jahrhundert viel schwerwiegendere Nahrungsmittelknappheiten, die durch ein Zusammenspiel aus Dürren, Bevölkerungswachstum und menschlicher Aktivität ausgelöst werden.

Die Sahara und das Niltal nehmen etwa die Hälfte des gesamten afrikanischen Kontinents ein, ein Gebiet größer als die Vereinigten Staaten, inklusive Alaska. Das Atlasgebirge Marokkos und das Hochland Äthiopiens erheben sich aus entgegengesetzten Randzonen der Wüste. Im Osten bedroht der Sand der Sahara das Niltal, seit dem Beginn der Eiszeit eine Oase für Mensch und Tier. Die südlichen Randgebiete der Wüste gehen allmählich in verkümmertes Weideland über, dann in Trockensavannen. Jährlich dehnen sich die südlichen Grenzen aus und ziehen sich zusammen, wenn Dürren kommen und gehen oder gelegentliche Zyklen stärkeren Niederschlags es zulassen, daß trockenes Gras ein paar Kilometer weiter nördlich wächst.

Die Sahara ist eine der heißesten Gegenden der Erde. Der vorherrschende trockene, aus dem Nordosten wehende Wind läßt die Temperatur an mehr Tagen im Jahr auf über siebenunddreißig Grad Celsius ansteigen als irgendwo sonst auf der Welt. Die Hitze verursacht in einem Gebiet einen gewaltigen Verdunstungsverlust von Oberflächenwasser und Vegetation, in dem der durchschnittliche Niederschlag weniger als 380 Millimeter im Jahr beträgt. Gewaltige Gebiete der Wüste haben seit fast fünftausend Jahren überhaupt kein tierisches oder menschliches Leben gestützt.

Die Sahara war nicht immer so unwirtlich. Langfristige Klimawandlungen während der Eiszeit brachten ihr höheren Niederschlag. In wärmeren Phasen bedeckten gewaltige seichte Gewässer und halbtrockene Weiden Tausende von Quadratkilometern, gespeist durch periodische Flüsse, die strahlenförmig von den Bergen der Wüste ausgingen. Der Tschadsee im gemeinsamen Grenzgebiet des heutigen Tschad, Niger und Nigeria stellt ein klimatologisches Barometer der vorgeschicht-

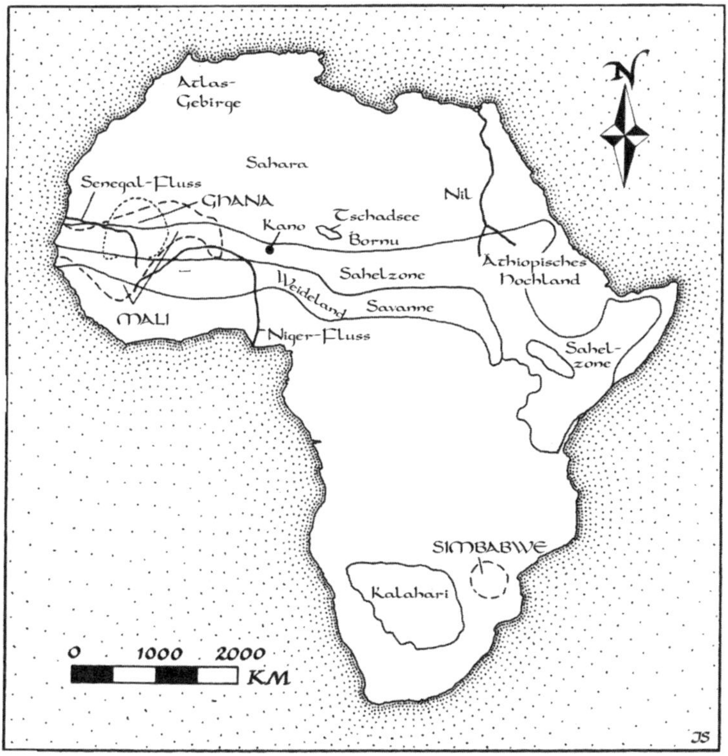

ABB. 11.1 Afrika, alte Staaten und die Sahelzone.

lichen Sahara dar. Im Vergleich mit dem Tschadsee von vor 120.000 Jahren, der ein größeres Becken als das Kaspische Meer füllte, ist der heutige nur sehr unbedeutend.

Die alten Uferlinien des Tschadsee sagen uns, daß die Wüste auf dem Höhepunkt der letzten glazialen Periode sehr trocken war, etwa von 18000 bis 10500 v. Chr. Die globale Aufwärmung nach dem Ende der Eiszeit brachte feuchtere Bedingungen mit sich. Während dieser besser bewässerten Jahrtausende erhielt die Sahara spärliche Populationen von Jägern und Sammlern, die sich an Seen und permanenten Wasserlöchern konzentrierten. Es ist nicht so, daß die Sahara ein Paradies war. Das Klima war bestenfalls halbtrocken, mit unregelmäßigem Niederschlag.

Um 5000 v. Chr. domestizierten einige dieser kleinen nomadischen Gruppen entweder wilde Rinder und Ziegen oder erwarben sich gezähmte Tiere von den Menschen, die im Niltal oder an den nördlichen Grenzen der Wüste lebten. Wir wissen, daß Viehzüchter einst in dieser Wüste lebten, weil sie ihre Tiere in Höhlenmalereien hoch oben in den Bergländern der Sahara darstellten. 4000 v. Chr. hätten mindestens drei Millionen Quadratkilometer der Sahara Hirten unterhalten können und theoretisch auch bis zu einundzwanzig Millionen Stück Vieh. Selbstverständlich grasten nirgendwo dort auch nur annähernd so viele Tiere, aber die Hirtenbevölkerung des trockenen Landes wuchs stetig.

Irgendwann vor 2500 v. Chr. begann die Sahara aus noch nicht erkannten Gründen auszudorren. Eine kleine Senkung im jährlichen Niederschlag reichte aus, um das ohnehin schon trockene Land unbewohnbar zu machen. Wie es schon in früheren Jahrtausenden der Fall gewesen war, betätigte sich die Wüste als gewaltige Pumpvorrichtung. In feuchteren Zeiten nahm sie Menschen in ihre Grenzen auf, die sich an flachen Seen und auf kühlen Gebirgszügen niederließen. Dieselben Gruppen zogen in die Randgebiete der Wüste, sobald trockenere Bedingungen die Seen verdunsten ließen und die Weiden zerstörten. Während die ersten Pharaonen des Alten Ägypten danach strebten, ihr Königreich zu vereinigen, zogen die Hirten der Sahara an den Rand des Niltals und südwärts in die Sahelzone, einen Savannengürtel, der sich vom westlichen Afrika über den Kontinent bis zum Nil erstreckt. Ihre entfernten Nachkommen lassen ihre Herden noch bis auf den heutigen Tag dort weiden.

Das Wort *Sahel* stammt von dem arabischen *Sahil*, das „Küste“ bedeutet, eine passende Beschreibung für ein Grenzland, das sich an das größte Sandmeer der Erde anschließt. Die Sahelzone ist eine sanft gewellte grasbewachsene Steppe von einer Breite zwischen zweihundert und vierhundert Kilometern, die im Norden von der Sahara und im Süden von einer Vielfalt an bewaldetem Gebiet begrenzt wird. Die Region unmittelbar südlich des Sahel ist auch die Heimat der Tsetsefliege, was sich für das Vieh als fatal und für die Menschen als gefährlich darstellt. Verkümmerte Weiden bestimmen die Randgebiete der Wüste, in denen die Regenzeit lediglich drei bis fünf Monate im Jahr dauert. Weiter im Süden machen die Grasfluren allmählich einer baumbewachsenen Steppe Platz und schließlich einem Gebiet dichterer Vegetation. Dieses unwirtliche Land mit weiten Gebieten aus Sanddünen und längst ausgetrockneten Seen erhielt Viehhirten, als die Pharaonen des Alten Königreichs ihre Pyramiden erbauten und Julius Cäsar Gallien eroberte. Über einen Zeitraum von vielen Jahrhunderten entwickelten die Hirten wirkungsvolle Strategien, um in einer höchst unberechenbaren Umwelt zu überleben.

Die meiste Zeit steht der Sahel unter einer verhältnismäßig trockenen Wetterordnung. Die subtropische Hochdruckzone über dem nordwestlichen Afrika bringt trockene Bedingungen, während die nord-südlichen Bewegungen der innertropischen Konvergenzzone (ITCZ) Regen verursachen. Global gesehen bezeichnet die ITCZ die Konvergenz der nordöstlichen und südöstlichen Passatwinde. In der Sahelzone bildet sie den Übergang zwischen den trockenen nordöstlichen Harmattanwinden, die über die Sahara wehen, und der feuchten südwestlichen Monsunströmung, die ihren Ursprung im Südatlantik hat. Diese Konvergenz bewegt sich mit ihrer schweren Wolkendecke und ihrem intensiven Niederschlag während des Sommers der Nördlichen Hemisphäre nordwärts und bringt eine kurze Regenzeit über die äquatoriale Seite der Sahara. Der Niederschlag in jeder beliebigen Breite hängt von der Anzahl der Monate ab, in denen die ITCZ das lokale Wetter bestimmt. Je weiter südlich die Lage von der Wüste, desto länger dauert die Regenzeit. Später im Jahr wechselt die ITCZ wieder nach Süden. Hochdruck erfüllt die Luft über der Sahara, und die Trockenzeit setzt ein. Diese Bewegungen sind Teil der tropischen atmosphärischen Zirkulation, der Hadley-Zirkulation: Nahe dem Äquator steigt Luft auf, die sich in subtropischen Breiten wieder senkt, etwa dreißig Grad vom Äquator entfernt.

Das Szenario ist freilich komplizierter als das skizzierte, denn die ITCZ ist in Zeit und Raum diskontinuierlich. Alle drei bis fünf Tage ziehen Wetterstörungen westwärts über Afrika und stellen sich als Wolkenballungen mit starkem Niederschlag oder als sich schnell bewegende Windstöße dar, die eine Geschwindigkeit von bis zu fünfzig Kilometern die Stunde erreichen können. Es handelt sich um Wetterbedingungen, die sich weitläufig auswirken, denn die Böen der nach Westen ziehenden Winde haben über Ost-Afrika ihren Ursprung und können bis zum Atlantik und in die Karibik fortschreiten, wo sie mitunter Orkane erzeugen.

Der Niederschlag im Sahel ist von Jahr zu Jahr sehr wandelbar, wobei niemand versteht, warum. Über Jahre hinweg nahm man an, daß die Bewegungen der ITCZ dafür verantwortlich seien. Wenn sich die ITCZ nicht weit genug nach Norden bewege, so wurde argumentiert, blieben die südlichen Randzonen der Sahara trocken. Das erklärt aber nicht, warum sich der Niederschlag nicht nur über der Sahelzone vermindert, sondern über ganz Afrika, vor allem über der Kalahari und über seinem südlichen Teil: Kärglicher Niederschlag in der Sahelzone fällt fast konstant mit einem vergleichbar geringen Regen am anderen Ende Afrikas zusammen, über den Randgebieten des südlichen Ge-

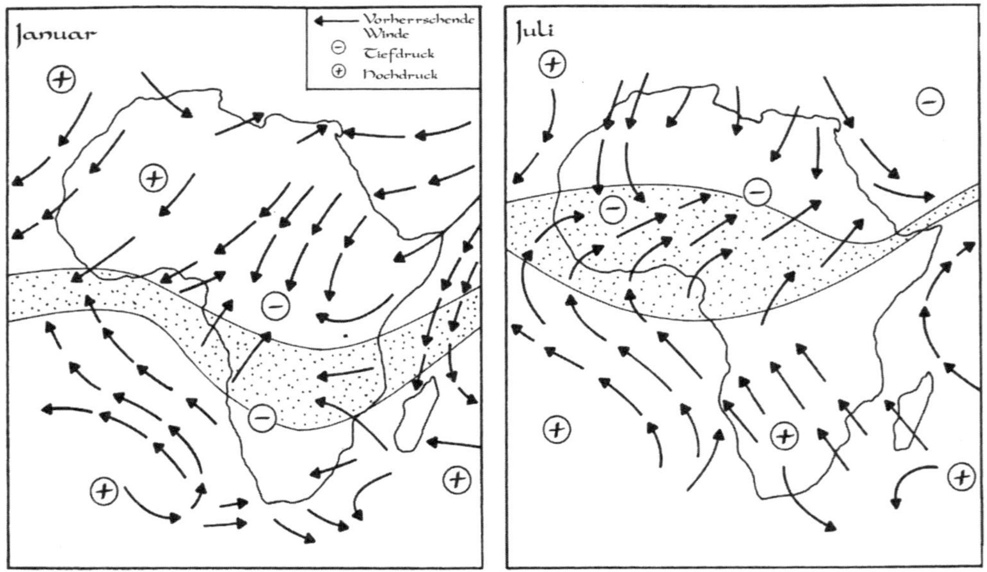

ABB. 11.2 Die Bewegung der ITCZ über Afrika verursacht Niederschlag über der Sahara. Im Winter (links) bewegt sich die ITCZ tief über Zaire und dem östlichen Afrika. Die Sahara erreichen trockene nordöstliche Winde. Im Sommer (rechts) bewegt sich die ITCZ nördlich in die Sahelzone und den südlichen Teil der Sahara. Die ITCZ trennt die trockenen nordöstlichen Winde, die über die Sahara wehen, und den feuchten, vom Südatlantik kommenden südwestlichen Monsun. Während des nördlichen Sommers bewegt sich die ITCZ mit schwerer Wolkendecke und heftigem Niederschlag nach Norden und bringt eine kurze Regenzeit in die südlichen Randgebiete der Sahara. Während des nördlichen Winters wechselt die ITCZ nach Süden, und in der Sahelzone fällt kein Regen.

genstücks der Sahara. Die Erklärungen finden sich am wahrscheinlichsten in viel größeren weltweiten Telekonnektionen, komplexen und immer noch kaum verstandenen Wechselwirkungen zwischen der Atmosphäre und dem Meer. Wie wir gesehen haben, treffen Dürrebedingungen im südlichen Afrika häufig mit starken ENSO-Episoden zusammen.

Auch die El Niño-Jahre von 1972 und 1982/83 brachten der Sahelzone Dürren, und weit im Süden verursachten akute Dürren, die 1983 und 1992 von El Niños hervorgerufen wurden, in Simbabwe schwere Ernteverluste. Die Dürre von 1992 bedrohte bis zu achtzig Millionen Menschen im südlichen Afrika mit den frühen Stadien einer Hungersnot. Die Trockenperiode trat nach schwachen Niederschlägen auf, und unter dem Durchschnitt liegende Ernten im Jahr zuvor hatten viele Bauerngemeinschaften bereits hungernd zurückgelassen. Regionale Getreidevorräte waren in Simbabwe alarmierend niedrig, weil der Internationale Währungsfonds (IWF) ein „strukturelles Anpassungsprogramm" gefördert hatte, um das Defizit im Budget des Landes und eine steigende Inflation zu reduzieren und zugleich ein stagnierendes Wirtschaftswachstum zu bekämpfen. Als Reaktion darauf exportierte Simbabwe einen großen Teil seiner Nahrungsmittelreserven, sowohl um die Regierungsausgaben für die Nahrungsmittellagerung zu mindern als auch um wertvolle Auslandsdevisen einzunehmen. Vor dem Einsatz des strukturellen Anpassungsprogramms standen dem Land Nahrungsmittelreserven aus sechs Monaten zur Verfügung, mehr als genug, um sie auf die Gebiete der Hungersnot zu verwenden. Nun mußte die Regierung auf dem internationalen Markt Mais zu Preisen einkaufen, die bis zu dreimal höher lagen als noch früher im selben Jahr. Diese Ankäufe und energische Anstrengungen durch private Träger wendeten eine weitverbreitete Hungersnot ab, jedoch zu hohen Kosten.

Wie die Sahara war auch die Sahelzone nicht immer so trocken. Fossile Pollen zeigen, daß die Ufer des Tschadsee um 3000 v. Chr. eine gut bewässerte baumbewachsene Savanne förderten. Zu dieser Zeit wird die Sahelzone einen durchschnittlichen Niederschlag von 650 Millimetern im Jahr gemessen haben, im Gegensatz zu heutigen 350 Millimetern. Als eine zunehmende Trockenheit die Hirten der Sahara in die Randzonen der Wüste drängte, ließen sie sich zunächst in viel besser bewässertem Land nieder, in dem bereits einige Züchter lebten. Dann setzten noch trockenere Bedingungen ein und senkten den Tschadsee auf einen nahezu modernen Stand, der sich seitdem mit kurzfristigen Schwankungen erhalten hat.

Im Verlauf der letzten zweitausenfünfhundert Jahre hat die Sahelzone ein Klima erlebt, das durch unregelmäßige und manchmal schwere Dürren charakterisiert war, ebenso wie durch einschneidende Veränderungen im jährlichen Niederschlag. Der meiste Regen fällt in kurzen gewaltigen Stürmen, die sich ungleichmäßig über eine chronisch trockene Region verteilen. Die Flüsse Niger und Senegal und auch der Tschadsee stellen eine permanente Wasserquelle für die Lebewesen in ihrer Umgebung, Viehhirten aber müssen sich hauptsächlich auf Wasserlöcher verlassen, dauerhafte Ströme und flache in Flußbetten gegrabene Brunnen. Es ist kein Leben, das einem schnellen Bevölkerungswachstum oder einer hohen Bevölkerungsdichte förderlich ist.

Die Chroniken mittelalterlicher arabischer Geographen und Pollendaten aus dem Tschadsee deuten darauf hin, daß die Sahelzone zwischen dem neunten und dreizehnten Jahrhundert n. Chr. etwas feuchter war, während der europäischen Mittelalterlichen Wärmeperiode. Arabische und später europäische Reisende schrieben in diesen Jahrhunderten und der Folgezeit von beständigen Gewässern und reichen Weiden, aber es gibt Zeugnisse stetiger Veränderungen in den Niederschlägen. Beispielsweise fiel der Wasserstand des Tschadsee in den paar Jahrzehnten vor 1450 n. Chr. um etwa fünf Meter, stieg dann um 1500 wieder um drei Meter an, um ein halbes Jahrhundert später erneut zu fallen. Das siebzehnte Jahrhundert erlebte einen Stand, der fünf Meter über dem heutigen lag. In der Folgezeit schwankte der Wasserstand des Sees zwischen seiner modernen Höhe und Uferlinien, die sich bis zu drei Meter darüber bewegten, wobei es zu zwei großen Senkungen im achtzehnten Jahrhundert kam, zu einer um 1850 und einer nach 1913 und zu einer weiteren während der siebziger Jahre des letzten Jahrhunderts. Schwere kurzfristige Dürren traten in der jüngeren Geschichte drei bis viermal in einem Jahrhundert auf. Das zwanzigste Jahrhundert durchbrach dieses Schema nicht. Ganz ohne Zweifel reicht diese Chronik, in der sich feuchtere mit trockeneren Zyklen und lang- und kurzfristigere Dürren mit stärkeren Niederschlägen abwechseln, weit in die Vergangenheit zurück.

Der Begriff *Dürre* nimmt in der Sahelzone eine komplizierte Bedeutung an. Hier gibt es eigentlich keinen „durchschnittlichen" Niederschlag, und der Regen fällt in hohem Maße örtlich beschränkt, in kurzen, oft gewaltigen Perioden. In jedem beliebigen Jahr erleben bis zur Hälfte aller heutigen Wetterstationen einen unter dem Durchschnitt liegenden Niederschlag. Im Lauf der feuchten Monate kann es sein, daß fast überhaupt kein Regen fällt, oder es regnet einige Wochen lang stark, um dann für den Rest der Zeit vollkommen trocken zu bleiben, was junges Getreide und frisches Weidegras noch im Keim vernichtet. Darüberhinaus senkt sich wenig Feuchtigkeit in den Boden, da der meiste Niederschlag während der heißen Monate in schweren Schauern fällt und die Verdunstungsverluste enorm hoch sind, so daß sich das Potential für den Pflanzenwuchs stark verringert.

Dürre hat in der Sahelzone Dimensionen, die sowohl die Menschen als auch die Natur betreffen. Ein einziges trockenes Jahr kann das Vieh vernichten, das Weideland reduzieren und die Ernten verheeren, höherer Niederschlag im nächsten Jahr aber kann die Auswirkung mäßigen. Eine Folge trockener Jahre hat jedoch mitunter eine Gesamtwirkung auf Mensch und Vieh, die den Punkt erreichen kann, an dem eine ungewöhnlich schwere Dürre ohnehin schon geschwächten Gemeinschaften den Todesstoß versetzt. Trockenzyklen in der Sahelzone können bis zu fünfzehn Jahren andauern, ebenso wie Perioden höheren Niederschlags. Letztere wiegen jeden in trügerischer Sicherheit. Die Viehherden wachsen, und die Felder werden immer weiter nach Norden in die gewöhnlich verdorrten Landstriche hinein ausgedehnt, was beides zur Katastrophe beiträgt, sobald eine lange Trockenperiode ohne Vorwarnung anbricht. Wenn irgendetwas in den Grenzgebieten „normal" ist, dann ist es die Gewißheit, daß schwere Dürren wiederkehren. Die alten Rinderzüchter der Sahelzone richteten ihr Leben dementsprechend ein.

Bevor die europäischen Mächte Afrika im späten neunzehnten Jahrhundert aufteilten, wandelte sich der Rhythmus der Viehzucht und des Ackerbaus in der Sahelzone von Jahr zu Jahr nur geringfügig. Der flüchtige Beobachter einer Hirtengemeinschaft könnte annehmen, daß die konstanten Bewegungen von Mensch und Vieh fast wahllos waren. Tatsächlich besprachen die Ältesten jede Bewegung aufs genauste und handelten konservativ. Sie verließen sich auf ein bemerkenswert detailliertes Wissen über die sie umgebende Region, ihre Wasservorräte und ihr Weideland, und sie forschten ständig nach Informationen über Bedingungen in anderen Gebieten. Die Menschen waren an unzureichende Nahrungsaufnahme und Monate voller Hunger gewöhnt, sobald der Regen ausblieb und Weidegras oder Getreide in der unbarmherzigen Sonne verdorrte. Über viele Generationen hatten sie wirkungsvolle Vorgehensweisen entwickelt, um Verluste an Vieh so gering wie möglich zu halten und trockene Jahre zu überstehen. Sie hingen von engen Familienbanden ab und von ständigen gegenseitigen Verpflichtungen zu engeren und entfernteren Nachbarn, um ihre Tiere treiben zu können, Getreideanleihen zu machen und einen Teil ihres Viehs von der Rinderpest und anderen verheerenden Krankheiten verschont zu halten.[1]

Gruppen wie die Fulani pflegten sich über weite Entfernungen zu bewegen, manchmal bis zu über zweihundert Kilometer. Diese Bewegungen waren auf die Jahreszeiten abgestimmt. Während der feuchten Monate von Juni bis Oktober zogen die Hirten mit den Niederschlägen nach Norden und ernährten ihre Rinder mit frischem Gras. Die Herden wanderten solange nordwärts, wie sich die vor ihnen liegenden Weiden grün zeigten. In einem guten Jahr nahm das Vieh an Gewicht zu und gab reichlich Milch. Nichtsdestotrotz zogen die Menschen stetig weiter, um das beste Weideland zu finden und das Vieh von sumpfigem Untergrund fernzuhalten. Wenn die Herden das nördliche Grenzgebiet des Regengürtels erreichten, wandten sie sich nach Süden und fraßen das Weidegras ab, das unter dauerhafter Wasserzufuhr in ihrem Rücken gewachsen war.

Wieder in ihrem Gebiet für die Trockenzeit angekommen, fanden die Herden Weideland vor, das ihnen etwa über die nächsten acht Monate hinweghelfen konnte. Zwischen November und März weideten viele Herden auch auf Ackerland, wobei sie ringsum von einem Dorf zum nächsten zogen, denn ihr Mist trug dazu bei, den Boden für das Getreide des kommenden Jahres zu düngen, während ihre Besitzer im Austausch Hirse erhielten. Zur Hälfte der Trockenzeit waren die Hirten permanent auf der Suche nach guten Weidegebieten, zogen häufig umher und hielten sich wenn möglich nahe Flußniederungen auf. Das Ende der Trockenzeit im April und Mai war die schlimmste Zeit im Jahr. Die Menschen verfielen in Lethargie, hungerten häufig und waren in tiefer Sorge über den Zustand ihrer Tiere, die selbst in einem guten Regenjahr nicht genug zu fressen haben konnten. Dann fiel der erste Regen, junge grüne Halme bedeckten die Landschaft, und der gesamte Zyklus begann aufs neue.

Die Lebensweise der Hirten blieb über Tausende von Jahren existenzfähig, weil sie wirksame Vorgehensweisen im Umgang mit Dürren anwandten. Sie zogen bestmöglichen Nutzen aus periodischen Weiden und verwandten große Sorgfalt auf die Planung ihrer Bewegungen. Sie trieben ihre Herden ständig weiter, um eine Überweidung wertvoller Gebiete und die Ausbreitung von Krankheiten wie der Rinderpest zu vermeiden. Gleichzeitig verstanden sie Vieh als einen Reichtum an sich, so daß ein Hirte danach strebte, so viele Rinder wie möglich zu besitzen, etwa um den Brautpreis entrichten zu können oder anderen sozialen Verpflichtungen nachzukommen und um eine Art Versicherung zu haben. Je mehr Tiere er besaß, umso mehr würden die nächste Dürre überleben.

Während jede Kernfamilie ihre eigenen Herden besaß, tauschten sie über weite Gebiete Informationen aus. Sie verringerten die Gefahr von

Krankheit und Dürren, indem sie Weideland vieler ihrer Tiere mit größeren Familien und Verwandtschaftsgruppen wechselten, die in beträchtlicher Entfernung lebten. Wie die !Kung legten die Fulani und andere Hirtengruppierungen einen hohen Wert auf gegenseitige Verpflichtungen, als eine Methode, unvorhersagbare Wetterbedingungen zu bewältigen. Sie litten zwar, aber sie überlebten.

Das zwanzigste Jahrhundert und die europäischen Mächte änderten alles. Die Franzosen, die nach 1889 die Kontrolle über einen Großteil Zentralafrikas von den lokalen Bewohnern übernahmen, betonten die Notwendigkeit, daß jede ihrer neuen Kolonien finanziell selbstgenügsam werden mußte, womit gemeint war, daß die Menschen Steuern für die Kosten ihrer Regierung zahlen mußten. Zur gleichen Zeit bestanden französische Machthaber auf der für alle freien Nutzung von Herdenland und schafften das traditionelle politische Gefüge ab, das die Kontrolle über Weiderechte aufrechterhalten hatte. Diese drakonische Politik öffnete der Überweidung der besten Weidegebiete am Wüstenrand den Weg. Neue Kolonialgrenzen überschnitten sich zudem mit traditionellen Weidegebieten, wodurch die überkommene Kultur noch weiter aufgebrochen wurde. Dank einer verstärkten Brunnenaushebung und einer Verbesserung der medizinischen Versorgung und der sanitären Situation stieg die Bevölkerung der Sahelzone um das Dreifache. Nationalregierungen schränkten die Mobilität ein, begannen Bewirtschaftungsplanungen für Exportgetreide und hielten Viehhirten dazu an, sich in dauerhaften Dörfern niederzulassen. Die Kolonialwirtschaft hatte in der Sahelzone Einmarsch gehalten. Die Kornspeicher mochten vor Getreide anschwellen, aber der Überschuß wurde für Bargeld verkauft, um Steuern zu zahlen, was es vielen Gemeinschaften unmöglich machte, sich in mageren Jahren selbst zu versorgen. Sobald eine Dürre hereinbrach, hatten die Menschen drei Alternativen: still zu leiden und zu hungern, alternative Nahrungsvorräte aufzutun oder wegzuziehen, um Nahrung zu finden oder Geld zu verdienen, um sich selbst zu versorgen. Nahrung war erwerbbar, aber die Preise dafür stiegen häufig bis um das dreißigfache. Die Hälfte bis zwei Drittel der Hirten wurden bald in völlige Armut gestürzt, als sie ihre Tiere und ihren Besitz zu ungünstigen Bedingungen absetzten. Eines änderte sich nie: die unerbittliche Forderung nach pünktlichen Steuerzahlungen.

1898 setzte ein anhaltender Trockenzyklus ein, der 1911 und 1914/15 in schweren Dürren seinen Höhepunkt fand. Der Tschadsee nahm um die Hälfte ab, die Überschwemmungsstände des Nil fielen um 35 Prozent, und Tausende Viehhirten verhungerten. Diese Hungersnot ist tief in der Erinnerung der Fulani, Haussa und anderer eingebrannt.

Hunger erfaßte die Sahelzone mit unerbittlicher Härte. 1914 waren die Getreidevorräte niedrig, das Vieh war bereits geschwächt, und Unterernährung war, gerade unter Kindern, weit verbreitet. Als die Zeit der Saat kam, waren viele Menschen zu geschwächt, um noch auf ihren Feldern arbeiten zu können. Ganze Familien starben an Wegesrändern, als sie versuchten, nach Süden in besser bewässertes Gebiet zu fliehen. Jene, die überlebten, hatten nicht mehr die Kraft, die Toten zu bestatten. Viele Mütter ließen ihre Kinder auf öffentlichen Marktplätzen zurück, in der Hoffnung, daß sich ein Wohltäter ihrer annähme. Hunderte jüngerer Leute zogen weg, um auf Erdnußplantagen in Gambia und Senegal zu arbeiten, und Familien trieben ihr Vieh südwärts, um es für Gold zu verkaufen, und errichteten dabei eine Fernhandelsstruktur, die bis auf den heutigen Tag besteht.

Die Hungersnot von 1914 war die erste große Herausforderung, vor die sich die britische und französische Kolonialverwaltung in ihren neuen Gebieten in der Sahelzone gestellt sah. Eine Handvoll Staatsbeamter trieb die Steuern ein und wahrte mit nur wenigen Angestellten und einem minimalen Budget die imperiale Herrschaft über ein gewaltiges Gebiet. Die Sahelzone war der düsterste aller Vorposten in einer Zeit, als ein Großteil der Welt von heute fast vergessenen Bevollmächtigten, Gouverneuren und weit von London und Paris entfernten Regierungsvertretern beherrscht wurde. Eine Hungersnot in diesem Teil der Welt löste nicht einmal den Hauch einer Sorge in einem Europa aus, das ganz von einem blutigen Weltkrieg in Anspruch genommen war. Sobald eine Hungersnot eintrat, konnte ein Kolonialbeamter wenig mehr tun, als dazusitzen und dem Leiden zuzusehen, das ihn umgab. Der Britische Regierungsvertreter in Kano, Nigeria, gab eine weitverbreitete Haltung wieder: „In der Tat, die Sterblichkeitsrate war beträchtlich, aber ich hoffe, nicht so hoch, wie die Einheimischen behaupten – wir verfügten zu dieser Zeit über keine Hilfsmöglichkeiten, und daher wurde so wenig wie möglich davon gesprochen.“[2] Vereinzelte Regierungsbücher, Steuerverzeichnisse und Reiseberichte erzählen eine traurige Geschichte. In der Region Bornu im westlichen Nigeria besaßen 1913 zehntausend Fulani achtundachtzigtausend Stück Vieh. Ein Jahr später waren nur noch fünftausendfünfhundert Menschen übrig mit einer Stückzahl von nur noch zweitausendsechshundert. Diese Zahlen lassen sich gut mit der Dürre von 1968 vergleichen, als der Verlust an Vieh in Gebieten niedrigeren Niederschlags nahe der Wüste die 80 Prozent überschritt und in etwas besser bewässerten Gebieten weiter südlich zwischen 30 und 60

Prozent betrug. Ein Verwaltungsbericht aus Niger von 1913 sprach von „einem bedeutenden Exodus in günstigere Gebiete. Eine große Stückzahl an Vieh ist verendet ... Sterblichkeitsrate bei Tieren: Rinder 1/3, Schafe und Ziegen 1/2 und Kamele unwesentlich". Ein Beamter, der im zentralen Niger Steuern erhob, berichtete: „Auf dieser Reise bin ich durch 23 Dörfer gekommen ... Vergangenes Jahr hatten diese Dörfer eine Bevölkerung von 13.495 zu besteuernden Einwohnern. 3.354 Personen sind während der Hungersnot verstorben."[3] In einem Landesgebiet enthüllen Steuerverzeichnisse einen Bevölkerungsrückgang um 44 Prozent zwischen 1910 und 1914. Eine andere Region dokumentierte im August und September 1914 einen Verlust von 44.235 Steuern zahlenden Erwachsenen, bei einer vorherigen Gesamtzahl von 57.626. Alles in allem starben allein im zentralen Niger mindestens 80.000 Menschen.

Die Zyklen feuchterer und trockenerer Bedingungen dauerten an. Eine weitere weniger intensive Dürre trat in den vierziger Jahren des zwanzigsten Jahrhunderts auf. Die folgenden fünfzehn, zwanzig Jahre erlebten einen stärkeren Niederschlag. Zu diesem Zeitpunkt hatte jeder westafrikanische Staat der Sahelzone ein ausgeprägtes Bevölkerungswachstum verzeichnet, das durch eine verbesserte medizinische Versorgung ausgelöst worden war, durch eine langfristige Kampagne, artesische Brunnen auszuheben, und vor allem durch die Unterdrückung schwächender Rinderkrankheiten, etwa der Rinderpest. Fünfzehn Jahre guten Niederschlags führten naive Regierungsplanstellen zu unüberlegten Unternehmungen. Sie boten von der Landwirtschaft lebenden Bauern Anreize, in trockenere Gebiete zu ziehen. Viele von ihnen waren ehemalige Viehhirten, die sich dem Anbau zugewandt hatten. Dutzende von Gemeinschaften zogen nach Norden in Randgebiete, in denen jetzt Weideland gesprießt war. Vieh konnte sich hier in guten Regenjahren in sorgsamer Rotation entwickeln, aber ununterbrochene Landwirtschaft ohne größer angelegte Bewässerung war ein ganz anderer Fall.

Als die Bauern ins Land zogen, wichen die nomadischen Viehzüchter sogar noch weiter nach Norden, direkt an die Grenzen der Wüste. Diese Nomaden waren jetzt zwischen der Sahara und einer rasch wachsenden Bauernbevölkerung eingeschlossen, die wiederum dem Land die natürliche Vegetation entzog, das den Ackerbau nur über kurze Perioden besseren Niederschlags fördern konnte. Regierungen und internationale Träger finanzierten gemeinsam Programme zur Brunnenaushebung, die auf der lokalen Ebene durchs ganze Jahr genügend Wasser für große Viehherden zur Verfügung stellten. Zwischen 1960 und 1971 wuchs der Rinderbestand der Sahelzone auf zwischen achtzehn und fünfundzwanzig Millionen Stück. Der Weltbank zufolge beläuft sich das Optimum auf fünfzehn Millionen.

Dann blieb mit der Unausweichlichkeit einer griechischen Tragödie der Regen aus. Die Dürre hielt zuerst im Norden Einzug, nahe den Grenzen zur Wüste, und bewegte sich dann in den folgenden Jahren südwärts. Um 1968 betrug der Niederschlag in mehr am Rand gelegenen Gebieten weniger als die Hälfte dessen der fünfziger Jahre des Jahrhunderts, während sich die Dürre weit über die Sahelzone hinaus ausdehnte. Der Trockenzyklus hielt bis gut in die achtziger Jahre des zwanzigsten Jahrhunderts an und machte es zu einem der trockensten der vergangenen tausend Jahre.

Dieses Mal starb niemand am Durst, denn man konnte aus den tiefen Brunnen trinken. Dieselben Wasservorräte speisten aber die spärliche natürliche Vegetation nicht. Die Schwedische Internationale Entwicklungsorganisation, die die Rindersterblichkeit in den frühen siebziger Jahren des letzten Jahrhunderts untersuchte, stellte fest, daß mehr Rinder nicht etwa vor Durst, sondern vor Hunger starben, weil ihr Futter verschwunden war. Tausende Kühe drängten sich um die Brunnen und wankten dann mit aufgeblähten Mägen vom Wasser weg. Sie kämpften, um sich von verhaftendem Schlamm zu befreien und knickten oft vor Erschöpfung ein. Jeder Brunnen wurde zu einem Zentrum einer eigenen kleinen Wüste, seiner Vegetation durch Tausende von Rindern beraubt, die an der Wasserquelle aus einem Umkreis von Hunderten von Kilometern zusammenliefen.

Mit ihrer einfachen Technik hatten die Hirten ihre Herden immer in einem fein abgestimmten Gleichgewicht zwischen natürlichen Wasservorräten und dürreresistenter Vegetation erhalten. Nun war das Gleichgewicht verschwunden.

Die Hirten hatten zu viel Vieh für das Land. Überweidung vernichtete die tiefwurzelnden, zwei Meter hohen Gräser, die die Herden seit Jahrhunderten ernährt hatten. Pflanzen mit weniger tiefen Wurzeln nahmen ihren Platz ein, um dann den Weg für grobe einjährige Gräser frei zu machen. Nachdem eine starke Abweidung diese wiederum verdrängt hatte, traten als nächstes Hülsenfruchtpflanzen auf, die schnell austrockneten. Schließlich zerstießen die Herden den kahlen Boden zu feinen Staubpartikeln, die von den Wüstenwinden an die Hänge geweht wurden, wo sie zu einer harten Schicht trockneten. Während das Vieh das Land abgraste, fällten seine Besitzer jeden Baum der Umgebung und gewannen so ihr Brennholz. Wenn das noch nicht ausreichte, betrieben Bauern den Mißbrauch, Feuer zu legen, um das Land zu roden, und vernichteten dabei jährlich mindestens die Hälfte der Weidefläche.

Innerhalb weniger Jahre war aus Weideland Wüste geworden. Um die gleiche Zeit hatte eine steigende Bauernbevölkerung im Süden fast alles bebaubare Land in Anspruch genommen. Frühere Generationen, die über genug Felder verfügten, um sich umherzubewegen, konnten einen guten Teil davon zur Regeneration brach liegen lassen. Um 1968 war kein Land mehr übrig, und den Dorfbewohnern fehlte der Dünger. Tausende Hektar Ackerland erbrachten immer schwächere Ernten, bis die Besitzer einfach wegzogen und eine Staubwüste zurückließen. Unzählige Bauern und Hirten hatten keine Alternative, als nach Süden zu fliehen. Sie ergossen sich über Dörfer und Städte, und viele von ihnen endeten in überfüllten Flüchtlingslagern.

Zu dieser Zeit glaubten viele Experten, daß die Ausbreitung der Wüste ein unvermeidliches Ergebnis eines natürlichen Klimawandels sei. Tatsächlich hatte aber das Eingreifen des Menschen die Randzonen in einer Form erschöpft, die früheren Zeiten unbekannt war. Die Nahrungsmittelproduktion ging in der ganzen Sahelzone zurück, abgesehen von bewässerten Gebieten, in denen Regierungen zum Export gedachte verschiedene Getreide und Erdnüsse zogen. Der Antrieb, Getreide zur Ausfuhr anzubauen, drängte Erdnüsse in Gebiete, in denen einst dürreresistente Hirse ein Haupterzeugnis der Dorfbauern gewesen war. Die Hirsebauern zogen in Randzonen, so daß noch mehr Menschen anfingen zu hungern. Im Verlauf der Krise exportierten westafrikanische Regierungen weiterhin Nahrungsmittel, während zehntausende ihrer Bürger von mageren Rationen humanitärer Hilfsprogramme lebten.

Dieser spezielle Dürrezyklus war ungewöhnlich hartnäckig. Der Klimatologe Jule Charney glaubt, daß die Dürre durch das von ihm so bezeichnete „biogeographische Feedback“ verstärkt wurde: Veränderungen in der Landesoberfläche der Sahelzone, die durch menschliche Einwirkung auf das schwache Ökosystem des trockenen Landes verursacht wurden. Interessanterweise war dieselbe Dürre im südlichen Gegenstück der Sahelzone, der Wüste Kalahari, in der es keine dichten Hirtenbevölkerungen gibt, nicht von Dauer. Numerische Entwürfe tendieren dazu, Charneys Vermutung zu stützen. Sie zeigen, daß Veränderungen in der Landesoberfläche der Sahelzone tatsächlich eine Dürre verlängern könnten. Diese Veränderungen können einen Abfall der Oberflächentemperatur beinhalten, der durch die Aussetzung von Böden mit einer durch den Abzug der Vegetation hohen Wärmeabstrahlung verursacht wird, durch eine Verminderung der Oberflächenfeuchtigkeit und durch höhere Staubmengen über der Wüste. All diese Umstände, die zur Verstärkung öder Bedingungen führen, können auftreten, wenn eine Übernutzung mit einer extremen Trockenheit zusammenspielt, wie es während der Dürre 1968–1972 der Fall war.

Als französische Zeitungen 1972 Berichte über die Dürre in der Sahelzone verbreiteten, wurde die Welt aufmerksam. Leser konnten drastische Bilder von ausgezehrten Kindern vor sich sehen, die unter Unterernährung litten, und von verdorrten Landschaften, die durch Überweidung kahl und durch Jahre unzureichenden Niederschlags verwüstet waren. Die Regierungen des Tschad, von Mali, Niger und anderen Länder der Sahelzone waren über ihre Unfähigkeit bestürzt, ihre eigene Bevölkerung ernähren zu können. Doch hielten ausländische Regierungen und die Versorgungsorganisationen der Vereinten Nationen an einer lange bestehenden Politik fest, nicht in eigene Angelegenheiten ihrer Mitgliedsstaaten einzugreifen. Private Hilfsorganisationen verfügten nicht über die Mittel, in dem Maße Unterstützung zukommen zu lassen, in dem es vonnöten gewesen wäre. Als Nahrungsmittel und andere Hilfsgüter eintrafen, war es für viele Menschen zu spät. Zwischen 1972 und 1974 wurden allein aus den USA 600.000 Tonnen Getreide in die Sahelzone gebracht, aber diese Entlastung kam spät, war oft ungenießbar und konnte nur unter großen Schwierigkeiten verteilt werden. Die Kosten der Hungersnot für ausländische Regierungen und private Hilfsorganisationen beliefen sich auf fast 220 Millionen Mark. Neben etwa 1,2 Millionen Rindern starben zwischen 100.000 und 200.000 Menschen. Tausende Hektar Land in Grenzgebieten litt unter solch starken durch Abnutzung hervorgerufenen Bodenerosionen, daß sie für Bauern oder Viehzüchter nutzlos wurden. Die Dürre wäre absehbar gewesen, denn eine jahrhundertealte Erfahrung belegte, daß auf Phasen reichlichen Niederschlags konstant Trockenzyklen folgten. Auch war diese Dürre unter historischen Gesichtspunkten nicht übermäßig schwer. Aber Tausende Menschen mehr waren betroffen.

Was sich verändert hatte, war die viel größere Zahl an Bauern und Hirten, die eine ohnehin schon höchst gefährdete Unwelt ausbeuteten. Es war das menschliche Gewicht, das die Gleichung aus der Balance brachte. Die Menschen in den betroffenen Gebieten lebten nach der fundamentalen Philosophie des Viehhirten. Rinder sind Wohlstand, und je mehr Vieh man besitzt, umso besser. Schlimmstenfalls würde man in einer Dürre die Hälfte seiner Tiere verlieren, aber es würden mehr überleben, als wenn man die eigenen Herden nicht vergrößert hätte. So sagte ein Ältester der Fulani nach der verheerenden Umwälzung von 1968: „Nächstes Mal werde ich zweihundert [Stück] haben." Er war davon überzeugt, daß hundert die nächste Dürre überleben würden.

Mit der Versorgungskapazität seines Landes verhält es sich aber so, daß er froh sein könnte, wenn fünfzig überlebten.

Nach 1973 erfreuten sich die Bauern der Sahelzone an etwas besseren Niederschlägen und brachten dementsprechend bessere Ernten ein. Aber die Bedingungen einer Dürre kamen bald zurück und herrschten bis in die Mitte der achtziger Jahre des letzten Jahrhunderts vor. Der Trockenzyklus von 1982/83, der ebenfalls in einem El Niño-Jahr auftrat, war so intensiv wie der von 1972, doch hatten sich während der früheren Krisen internationale Hilfsorganisationen in dem Gebiet etabliert. Schwere Lebensmittelknappheiten dehnten sich über die Sahelzone aus, aber eine Hungersnot erfaßte nur Teile des Tschad, den Sudan und Äthiopien, Länder, die zu dieser Zeit in Bürgerkriege verstrickt waren. Wie immer erschwerten Krieg und soziale Unordnung humanitäre Hilfsbemühungen. 1998 litten die Dinka und andere Stämme aus dem Süden Sudans unter einer großen Hungersnot, nur weil kriegerische Uneinigkeiten angemessene Rationen dem Zugriff der Notleidenden verwehrten.

Wurden die schweren Dürren des späten zwanzigsten Jahrhunderts in der Sahelzone durch menschliches Eingreifen verschlimmert? Resultieren sie teilweise aus einer übermäßigen Ausbeutung des Landes und zu vielleicht größerem Teil aus der menschlich verursachten globalen Erwärmung? Obwohl jeder zustimmt, daß eine höhere Bevölkerung in der Sahelzone Teil des Problems ist, weichen die Meinungen über die Auswirkungen lang- und kurzfristiger klimatischer Veränderungen stark voneinander ab. Ein Argumentationsstrang besagt, daß trockene Gebiete wie die Sahelzone und die Kalahari noch trockener werden, während die Welt sich erwärmt, wohingegen Feuchtgebiete im Verhältnis zu heute noch feuchter werden. Aus einer anderen Richtung wird behauptet, daß sich die klimatischen Zonen verschieben werden, um sowohl Feucht- wie Trockengebiete trockener zu machen. Steigende Bevölkerungszahlen und weitverbreitete Umweltzerstörung erschweren es Klimatologen, verläßliche Dürre- und Niederschlagsprognosen zu treffen.

Die Katastrophe in Westafrika wurde nicht durch eine ungewöhnlich schwere Dürre oder die globale Erwärmung verursacht. Sie resultierte aus einem unkontrollierten Bevölkerungswachstum und sorglosen und naiven Entwicklungsplanungen, die die Lektionen der Geschichte nicht berücksichtigten. Außerdem fällten die Menschen Entscheidungen über ihre Umwelt im guten Glauben an einen kurzfristigen Nutzen, ohne einen Gedanken an die Zukunft zu verschwenden. In den Worten von Randall Baker: „Wenn der Regen in der Sahelzone auftritt und die

Hirse wieder wächst, dann wird das ‚Problem' bis zum nächsten Mal für erledigt gehalten."[4]

Westliche Formen politischer und ökonomischer Institutionen haben in der Sahelzone traurig versagt. Im Lauf des letzten Jahrhunderts haben sie wiederholt Krisen und Hungersnöte mit sich gebracht, Millionen von Menschen an den Rand der Existenz gedrängt und Tausende getötet. Dieses Versagen verweist auf die große Leistung traditioneller Bewohner der Sahelzone in der Erhaltung stabiler Hirtengesellschaften, die moderne Ökonomien nicht vollbringen können. Tausende von Jahren paßten sich die Hirten mit Erfolg an ihre unvorhersagbare und rauhe Umwelt an. Sie bewahrten ein detailliertes Wissen über Weide- und Wasserreserven über gewaltige Gebiete, trieben ständig ihre Herden weiter und richteten sich Monat für Monat auf andere Bedingungen ein. Ihre Mobilität, eine niedrige Bevölkerungsdichte und sorgfältige Entscheidungen vermachten ihnen die Fähigkeit, Dürren zu überstehen, die Verheerungen von Tierseuchen und ständige Ungewißheiten. Das zwanzigste Jahrhundert brachte unter der Kolonialherrschaft eine höhere Lebenserwartung und eine verbesserte Medizinversorgung mit sich, aber in seinem Gefolge zogen auch ein rapides Bevölkerungswachstum und viel höhere Herdenzahlen einher. Die neue Ordnung führte außerdem ein Wirtschaftssystem ein, das den Export von Getreide förderte und Steuern auferlegte, um große Städte und die Zentralregierung zu unterstützen. Sobald der Niederschlag auch nur leicht höher war und Baumwolle und Erdnüsse gezogen werden konnten, um die Exportökonomie zu versorgen, verloren die Bauern und Hirten die Kontrolle über ihre eigene Produktion und über ihr Leben. Unterdessen drängte dasselbe System die Hirten samt ihrer wachsenden Herden in Randzonen ab, hob ihre traditionellen Weidegebiete auf und stellte sie in ihrem Nahrungs- und Wasserbedarf in Abhängigkeit von der Außenwelt. Wie Michael Glantz treffend formulierte, „folgt dem Pflug die Dürre".[5]

Die Tragödie in der Sahelzone entfaltet sich weiterhin mit erschreckender Absehbarkeit, als handle es sich um eine Wiederaufführung des Zusammenbruchs der Maya und der Zerstreuung der Anasazi in anderem Umfang und an anderer Stelle. Aber dieses Mal gibt es keine Ausweichmöglichkeit.

12 EL NIÑOS, DIE DIE WELT ERSCHÜTTERTEN

Es sieht aus wie ein El Niño, es verhält sich wie ein El Niño …

GEHÖRT AUF EINER KONFERENZ ÜBER EL NIÑO IM MAI 1997

1983 wurde El Niño zu einem internationalen Medienereignis, hauptsächlich weil die Kalifornier unter einem Winter launischer Sturmaktivität litten, die zahlreiche Schlammlawinen auslöste. Im Oktober hatten noch wenige von uns überhaupt je von El Niño gehört. Sechs Monate später hatten wir den am gründlichsten überwachten und kostspieligsten El Niño der Geschichte durchlebt.

Die königliche Jacht *Britannia* lag im Hafen von Long Beach, bereit, nach Santa Barbara zu segeln und Königin Elizabeth II. zu einem Besuch bei Präsident Reagan auf dessen nahegelegener Ranch zu bringen. Strömender Regen ergoß sich aus einem tiefhängenden grauen Himmel, der von einem Südostwind von fünfunddreißig Knoten aufgerissen wurde, und in Santa Barbara peitschten riesige Wellen gegen die Hafenmauer und überfluteten die Straßen. Die *Britannia* hatte vorgehabt, nahe vor der Küste zu ankern, aber dort waren die Bedingungen selbstmörderisch. Es war die Rede davon, den Besuch abzusagen, aber die Queen bestand darauf, ihrer Verabredung mit dem Flugzeug nachzukommen. Sie reiste in einem zur Verfügung gestellten Schulbus am Flughafen an und ließ sich in einem Fahrzeug mit Allradantrieb den Berg hinauf zur Ranch Reagans chauffieren. „Gerade wie ein Tag im Dartmoor", bemerkte ein britischer Journalist, wohingegen seine amerikanischen Kollegen von einem „Jahrhundertsturm" sprachen. Keiner von ihnen erwähnte El Niño.

Nach dem Golfkrieg nannten Wissenschaftler dies rückblickend „die Mutter aller El Niños", ein Name, den sich das Ereignis verdient hatte. Der außergewöhnlich schwere El Niño von 1982/83 verwüstete tropische Wälder auf Borneo und brachte Überschwemmungen nach Südchina und Dürren nach Australien. Peruanisches Fischmehl war so rar, daß amerikanische Bauern verstärkt Sojabohnen zur Verwendung als Hühnerfutter anbauten. Eine magere Ernte auf den ausgetrockneten Philippinen ließ die Preise für Kokosöl, Seifen und Reinigungsmittel steigen, eine erneute Dürre trug eine Hungersnot in die Sahelzone, und auch Tausende Bauern im südlichen Afrika hungerten. Währenddessen mußten die Kalifornier zusehen, wie teure Häuser von Berghängen abrutschten, die sich voll Wasser gesogen hatten. In Peru sind die kleinen Fischerdörfer der Küste von vor hundert Jahren inzwischen große Städte; die ENSO von 1982 schwächte den Anchovifischfang und sandte tobende Fluten aus, die sich über die Armenviertel ergossen; Hunderte ertranken. Die zwei großen El Niños des späten zwanzigsten Jahrhunderts brachten die Erkenntnis einer harten Realität: Mit Millionen Menschen mehr auf der Erde als vor nur einer Generation, die sich in Städten ballen oder halbtrockene Ländereien und die Randzonen der tropischen Regenwälder bebauen, sind wir höchst anfällig für vielfältige Klimawandlungen. Es ist eine Hilfe, daß die Wissenschaft gewaltige Fortschritte in der Vorhersage des weltweiten Wetters gemacht hat.

Klimamodelle, Computer, Meßinstrumente und Satelliten – die Werkzeuge, die verwandt werden, um ENSO-Episoden vorauszusagen – sind die Produkte einer neuen multidisziplinären Wissenschaft, die vor etwa dreißig Jahren ins Leben gerufen wurde. 1972 beeinträchtigten schwere klimatische Anomalien, darunter ein El Niño, weite Teile der Welt. Die weltweite Nahrungsmittelproduktion ging zum ersten Mal seit über zwanzig Jahren zurück. Regierungen begannen zu fragen, ob Wissenschaftler die Instrumente entwickeln könnten, ENSO-Episoden vorauszusagen und ein Frühwarnsystem für Bauern auf der ganzen Welt zu schaffen. Die Hungersnot in der Sahelzone warf belastende Fragen auf, die menschliche Einwirkung auf die Natur betreffend. Hatten die Menschen die Sahara ausgedehnt, indem sie Vieh in einer schwachen Umwelt weiden ließen und den halbtrockenen Landstrichen die natürliche Vegetation entzogen? Oder lag die Schuld bei lang- oder kurzfristigen Klimawandlungen? „Einschätzung der klimabezogenen Wirkung" wurde ein beliebtes Schlagwort. Diese neue Wissenschaft revolutioniert unsere Fähigkeit, El Niños und andere klimatische Anomalien vorherzusagen, auch wenn wir nicht alle ihre Schwankungen im einzelnen prognostizieren können.

Während der siebziger Jahre des letzten Jahrhunderts ließ eine leicht abkühlende Tendenz viele Experten ankündigen, daß die Welt letztendlich in weniger als zweitausenddreihundert Jahren in eine weitere glaziale Periode eintauchen würde. Sie begründeten ihre Argumente mit zyklischen Veränderungen im Winkel der Erdrotation und mit neuen Belegen für vergangene glaziale Episoden, die aus der Tiefseefor-

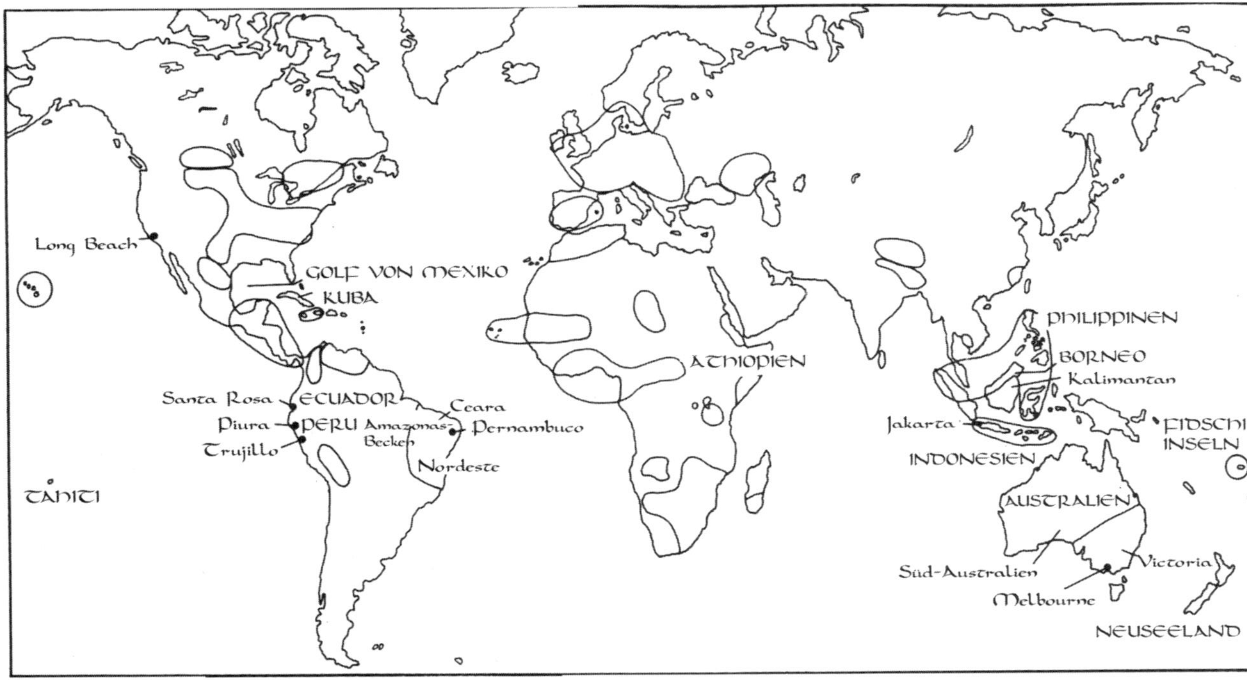

ABB. 12.1 Orte und geographische Regionen, die im 12. Kapitel erwähnt werden, mit angezeigten Dürregebieten.

schung im Pazifik gewonnen worden waren. Über siebenhunderttausend Jahre lang unterlag das Klima der Erde ständigen Schwankungen zwischen Kälte und Wärme. Ein weiterer Kältezyklus würde, wenn die Zeit dafür gekommen ist, die Erde in eine weitere Vereisung zurückstoßen. Eine andere zunehmend lauter werdende Argumentation besagte, daß der unterschiedslose menschliche Gebrauch fossiler Brennstoffe und anderer Umweltschadstoffe die beispiellose globale Erwärmung ausgelöst habe. Könnte die Eiszeit mit der massenhaften Abschmelzung arktischer und antarktischer Eisflächen, mit einem dramatischen Anstieg der Weltmeeresspiegel und einer weitgehenden Verödung jetzt fruchtbarer Gebiete innerhalb weniger Jahrhunderte ein jähes Ende nehmen – zu einem Zeitpunkt, zu dem die Bevölkerung der Welt mehrfach größer wäre als heute?

Zum ersten Mal sahen wir uns vor die Wirklichkeit eines weltweiten Klimas gestellt: Wechselwirkungen zwischen Atmosphäre und Meer in einem Teil der Welt haben drastische Auswirkungen auf dicht besetzte menschliche Bevölkerungen in einer Entfernung von Tausenden von Kilometern. Außerdem hing das Schicksal der Menschen nicht von der Erinnerung der Generationen ab, sondern von politischen Entscheidungen, die von Regierungen gefällt wurden, denen die Mittel fehlten, ihr Volk in Zeiten von Überschwemmungen oder Dürren zu versorgen oder wenn eine wachsende Zahl dem Land die Möglichkeit nahm, die Menschen zu erhalten. El Niños und der gesamte Komplex des globalen Klimawandels und der menschlichen Anfälligkeit nahmen eine dringliche wissenschaftliche Bedeutung an.

Obwohl die ENSO von 1972–1973 eine Menge an Grundlagenforschung auslöste, arbeiteten die El Niño-Wissenschaftler zehn Jahre lang relativ unbeachtet. Dann stellte das intensive Ereignis von 1982–1983 seinen Vorgänger in den Schatten und überraschte viele Meteorologen.

Wie 1972 war 1982/83 ein Jahr der Wetteranomalien, die größtenteils, zurecht oder zu unrecht, El Niño zugewiesen wurden. Dieses spezielle Ereignis entfaltete sich in Abweichung von seinen unmittelbaren Vorgängern. Anders als jüngere ENSOs, die sich im April vor der peruanischen Küste entwickelt und sich dann westwärts in den Pazifik ausgedehnt hatten, setzte das Ereignis von 1982 mit ungewöhnlich warmen Meeresoberflächentemperaturen im zentralen und östlichen tropischen Pazifik zwischen Juni und August und mit einem Anstieg im Luftdruck über dem Meeresspiegel im westlichen Pazifik ein. Die warmen Temperaturen bewegten sich nach Osten auf die südamerikani-

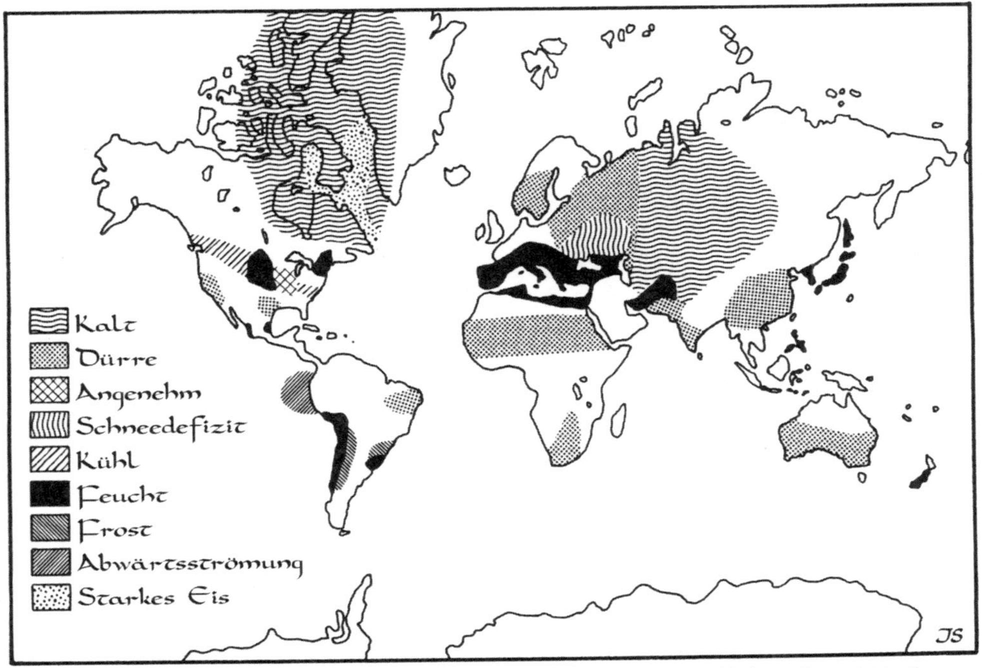

ABB. 12.2 Die Klimaanomalien des El Niño-Ereignisses von 1972, die eine weitverbreitete wirtschaftliche und soziale Erschütterung verursachten. Nachzeichnung aus G. McKay und T. Allsopp, „Global Interdependence of the Climate of 1972“, Proceedings of the Mexican Geophysical Union Symposium on Living with Climate Change, *Mexico City, May 1976, 79–86; Reproduktion mit Genehmigung.*

schen Küste zu, aber nach Westen ziehende Winde wehten noch wie gewöhnlich bis in den August entlang der peruanischen Küstenzone. Im November, erstaunlich spät im Jahr, entwickelten sich ernsthafte El Niño-Bedingungen und überraschten die Wetterforscher. Man kann den Wissenschaftlern nicht die Schuld zuschieben. Ihnen fehlten die umfassenden Satelliten-Überwachungssysteme, die erst in den neunziger Jahren des letzten Jahrhunderts zur Verfügung stehen sollten und es Meteorologen erlauben, Meeresoberflächentemperaturen weit vor der Küste zu verfolgen und Computermodelle eines sich entwickelnden El Niño von seiner Geburt bis zu seinem Tod zu schaffen. Der resultierende El Niño verursachte im Osten der Vereinigten Staaten den wärmsten Winter seit einem Vierteljahrhundert und im Atlantik die ruhigste Hurrikansaison, die das zwanzigste Jahrhundert bis dahin erlebt hatte. Südkalifornien aber erlitt einen Winter gewaltiger südöstlicher Sturmwinde, die wolkenbruchartige Platzregen über die Küstengebiete ergossen, Autobahnen unter Wasser setzten und über dreißig Häuser über schlammige Bergabhänge abrutschen ließen. Riesige Wellen schwemmten Piers weg, beschädigten Strandbesitzungen von Santa Barbara bis San Diego und erzeugten Tornados. Die Stürme verursachten allein in den Bergen und den westlichen Staaten an die 4 Milliarden Mark Schaden. El Niño stoppte oder verminderte das Auftriebswasser entlang der kalifornischen Küste wirkungsvoll. Der Tintenfischfang war verheerend, und Lachsschwärme vor der Küste des Staates Washington zogen nach Norden in kühleres kanadisches Gewässer. Die Anrainerstaaten des Golf von Mexiko litten unter Überschwemmungen und Rekordniederschlägen, während in den nördlichen und zentralen Staaten eine Dürre die Getreide- und Sojabohnenproduktion dezimierte.

Einer der Stürme von 1983 überraschte mich vor der unfreundlichen zentralkalifornischen Küste. Wir hatten vor drei Tagen die Segel von Santa Barbara nordwärts nach San Francisco gesetzt, auf den Schwingen eines Nordostwindes, der vom Land weg wehte. Später waren wir erfreut, als der Wind nach Südost umschlug, während, in den Worten des Wetterradios NOAA, „eine schwache Kaltfront" die Küste überquerte. Die Meteorologen hatten sie als ein sich langsam bewegendes System bezeichnet, so daß wir dachten, wir hätten die Zeit, mit einem günstigen Wind achtern unter der Golden Gate Bridge durchzugleiten. Die Front aber zog rasch vorbei und besprengte uns mit heftigem Regen. Dann wechselte der Wind in nur wenigen Minuten seine Richtung nach Nordwest: mit fünfundzwanzig, dreißig, vierzig Knoten gegen den Bug. Zum Glück befanden wir uns dreißig Kilometer

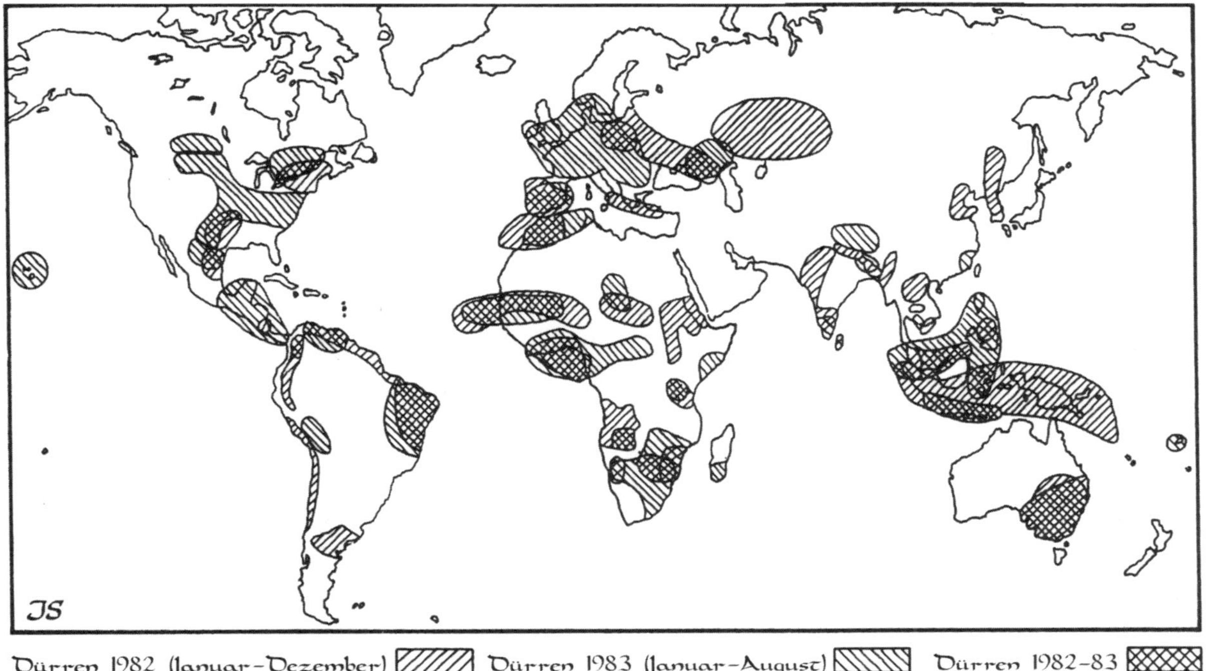

ABB. 12.3 Die weltweite Verbreitung von Dürren während der ENSO von 1982–1983. Aus Michael Glantz, Currents of Change *(Cambridge: Cambridge University Press, 1996); Nachdruck mit Genehmigung der Cambridge University Press.*

vor Big Sur, so daß wir einholen und uns unter schwer gerefften Segeln bequem in den Sturm legen konnten. Zwei Tage verstrichen, bis sich die Winde beruhigten, die der „schwachen Kaltfront“ folgten, und wir unsere Fahrt wiederaufnehmen konnten.

Die ENSO von 1982/83 und damit zusammenhängende Wetteranomalien schlugen auf der ganzen Welt alle Rekorde. Schwere Dürren betrafen 1982 ein großes Gebiet der Sowjetunion, darunter die bedeutendsten landwirtschaftlichen Regionen des Landes. Die Getreideproduktion fiel auf 205 Millionen metrische Tonnen, im Vergleich zu 237,4 Millionen in einem guten Niederschlagsjahr wie 1978. Indessen erlebte Großbritannien1983 den viertwärmsten Januar des Jahrhunderts und im Juli den höchsten monatlichen Durchschnittswert in der Temperatur (19,2 Grad Celsius) in mehr als dreihundert Jahren der Registrierung. Um die Mitte des Sommers hatten einige Gebiete in Spanien drei Jahre Dürre hinter sich gebracht; 174 Städte und Dörfer verfügten über wenig oder überhaupt kein Wasser; 1,3 Millionen Menschen waren betroffen.

Im Pazifik litt Französisch-Polynesien unter sechs nicht der Jahreszeit gemäßen tropischen Wirbelstürmen, die Dutzende von Jachten auf Strand warfen, Fischerboote versenkten und Tausende von Kokosnußpalmen zerstörten. Hawaii erduldete eine Dürre und einen Hurrikan, die 500 Millionen Mark Schaden verursachten. Wo auch immer Wetteranomalien auftraten, litten die Armen. Sechshundert Menschen, vor allem Bewohner der städtischen Slums, starben in den wilden Überschwemmungen, die die Küste Ekuadors und das nördliche Peru heimsuchten. Stürme und Überschwemmungen verwüsteten ganze Städte und die Infrastruktur der Küste, darunter Straßen, Eisenbahnlinien, Brücken und Bewässerungsanordnungen.

Der Süden Afrikas erhielt unregelmäßigen Niederschlag und erlebte viel trockenere Wetterbedingungen als sonst. Der Journalist Allister Sparks reiste in der berühmten „Blue Train“ Südafrikas von Johannesburg nach Kapstadt und bezeugte die schwere Dürre aus erster Hand, die durch den El Niño verursacht wurde. Während der luxuriöse Zug den fruchtbaren Korngürtel des westlichen Transvaal und des Oranjefreistaat durchquerte, sah er auf eine Landschaft, die zu „Pergament“ gehärtet war, und auf verdorrte Felder und Stoppeln, die die schlimmste Dürre erlitten, die seit Beginn von Messungen in den vierziger Jahren des neunzehnten Jahrhunderts nachzuweisen war. In einer Entfernung von 150 Kilometern von Kapstadt, das selbst 1900 Millimeter winterlichen Niederschlag in fünf Monaten erhalten hatte, das Doppelte seines Jahresdurchschnitts, machten die trockenen Gebiete üppigen grünen Wiesen und vollen Flüssen Platz.

Die Getreideproduktion Südafrikas war 1982 um 44 Prozent zurückgegangen und 1983 um 46 Prozent. Das Land, gewöhnlich ein Getreideexporteur, mußte eineinhalb Millionen Tonnen Mais aus den USA einführen. Die schwarze Bevölkerung litt am schwersten, zum Teil weil die Verlegungsmethoden der Apartheid im Lauf der vergangenen zwanzig Jahre drei Millionen Afrikaner zur Umsiedlung in abgetrennte „Homelands" gezwungen hatten. Eine tödliche Kombination von Übervölkerung und Dürre verursachte den Zusammenbruch traditioneller Subsistenzlandwirtschaft. Über ein Drittel der Kinder auf dem Land litt an Unterernährung, und Bauern verzehrten die Getreidesaat, die ihnen von Hilfsorganisationen gesandt worden war. Am schlimmsten betroffen war das Ciskei-Homeland in der östlichen Kapprovinz, in dem die Regierung die Bevölkerung durch Zwangsumsiedlung innerhalb von zehn Jahren verdoppelt hatte. In einem, wie es ein Oppositionsmitglied im Parlament bezeichnete, „zerschlagenen Gebiet" war die Hälfte der Schafe und Rinder verendet.

Der El Niño trug auch großes Leiden in den Nordosten Brasiliens. Der „Nordeste" ist immer dürregefährdet, bei hohem Niederschlag nahe der Küste. Zwischen ihr und den Tropenwäldern des Amazonasbecken erstreckt sich ein trockenerer Gürtel im Landesinneren. Sobald die Dürren auftreten, treffen sie die von Armut beherrschte halbtrockene Zone am härtesten, die zwischen 300 und 800 Millimeter Regen im Jahr erhält. Brasilianische Wissenschaftler kennen hierfür die Bezeichnung „Dürrepolygon" – ein niedriger Index der Südlichen Oszillation und ENSO-Bedingungen treffen oft mit Jahren geringen Niederschlags zusammen. 1983 litten 88 Prozent des *Nordeste* unter einer schweren Dürre. Die landwirtschaftliche Produktivität ging um 16 Prozent zurück, und vierzehn Millionen Menschen waren von trockenen Bedingungen betroffen. Kleine Landbesitzer und Bauern, die von der Landwirtschaft abhingen, waren am verletzlichsten. Viele von ihnen verloren ihre gesamte Ernte und verschuldeten sich hoch, als die Nahrungsmittelpreise, die von korrupten Beamten und Profitmachern kontrolliert wurden, bis zu 300 Prozent anstiegen. Als Hilfsmaßnahme wurden 2,8 Millionen Bauern, die in ihrer Existenz von der Landwirtschaft abhingen, zu niedrigem Lohn angestellt. Inzwischen erlebte der Süden Brasiliens Rekordniederschläge und Jahrhundertüberschwemmungen.

Auf der anderen Seite der Welt erstreckte sich eine schwere Dürre über Südostasien. Sie trocknete die Tropenwälder der Kalimantan-Region des östlichen Borneo aus, die normalerweise jährlich über 2500 Millimeter Niederschlag verbuchten. Die trockenen Bedingungen brachten immergrüne Bäume zum Entlauben. Trockene Blätter bedeckten den Waldboden. Zwischen August 1982 und Mai 1983 entfachten glühendheiße Winde riesige Waldbrände, die von Bauern verursacht worden waren, die ihr Land brandrodeten. Ein Anstieg in der Bevölkerungsdichte, ausgelöst durch beschleunigte Siedlungsprogramme und Migration, hatte die unersättliche Forderung nach neuen Bebauungsflächen entstehen lassen. Unausweichlich gerieten die Feuer der Bauern außer Kontrolle und griffen auf den Urwald über. Die gegebenen Bedingungen hatten den Grundwasserspiegel gesenkt, flachwurzelnde Bäume vernichtet und Süßwassersümpfe in Gebiete trockenen Torfs verwandelt. Früh im Jahr 1983 tobten Oberflächen- und Untergrundfeuer fast drei Monate lang ohne Unterlaß auf dreieinhalb Millionen Hektar Land. Dichte Wolken von Holzrauch hingen über der Insel und trieben fünfzehnhundert Kilometer westlich bis nach Singapur. Flughäfen wurden wegen des Rauchs und des Nebels geschlossen, und der Hafen von Kalimantan in Balikpapan stellte über Wochen den Betrieb ein, weil Schiffe nicht die Einfahrt passieren konnten. Die Brände auf Borneo 1983 waren eine der schlimmsten Naturkatastrophen des vergangenen Jahrhunderts. Mit prophetischen Worten schrieb der Wissenschaftler Jean-Paul Malingreau zwei Jahre später: „Wenn … intensivierte Landnutzung das Risko von Feuer in tropischen Ökosystemen erhöht, wird die Auswirkung künftiger Dürren wahrscheinlich noch schlimmer sein.“[1]

Die Reihe von Wetteranomalien und Katastrophen scheint endlos. Australien erduldete eine Dürre, die 60 Prozent seiner 67.000 Farmen betraf. Der Getreideertrag fiel um 31 Prozent. Selbst bewässerte Farmen, die Baumwolle und Reis zogen, litten unter Wasserknappheit. Winderosionen vernichteten die trockenen Getreidefelder und Weiden. Ein Sandsturm trug im Februar 1983 mindestens 150.000 metrische Tonnen Erdboden von Farmen in Victoria nach Melbourne und weit aufs Meer hinaus. Buschfeuer im südöstlichen Teil Südaustraliens und in Victoria verschlangen 500.000 Hektar, töteten 72 Menschen und über 300.000 Tiere. Einige der verbrannten Landstriche verloren bis zu 48 metrische Tonnen Erdreich pro Hektar in jenen schweren Regenfällen, die schließlich die Dürre beendeten. Die Kosten von 6,6 Milliarden Mark beschleunigten offizielle Anstrengungen, El Niños vorherzusagen.

Schätzungen sind immer ungenau, aber der weltweite Schaden, den der El Niño von 1982/83 und damit zusammenhängende Klimaanomalien bewirkten, belief sich auf über 28,6 Milliarden Mark. Über zweitausend Mensche starben. Die „Mutter aller El Niños“ rief die Aufmerksamkeit aller wach, nicht nur die der Wissenschaftler.

Dieses Ereignis löste eine intensive Forschung über die ENSO aus. Anfang 1986 entwickelten Mark Cane und Stephen Zebiak vom Lamont-Doherty Erdobservatorium der Universität Columbia ein einfaches Modell sich gegenseitig beeinflussender Atmosphäre- und Meeresbedingungen im tropischen Pazifik und prognostizierten mutig, daß ein El Niño bevorstand. Viele ihrer Kollegen waren von ihrer Unbesonnenheit befremdet, aber als sich 1986/87 eine gemäßigte ENSO entwickelte, sahen sich andere Forscher angehalten, ihnen zuzustimmen. Zu diesem Zeitpunkt war das Studium des globalen Klimas weit genug fortgeschritten, um erste regionale Frühwarnsysteme für drohende Nahrungsmittelknappheiten und Hungersnöte entwickelt zu haben. Die *National Meteorological Sevices Agency* der USA begann, jahreszeitliche Vorhersagen herauszugeben.

Diese Organisation lenkte früh im Jahr 1987 unter anderem die Aufmerksamkeit von Regierungen auf die Entwicklung von Dürrebedingungen im nordöstlichen Afrika. Ein schwacher Zyklus der Südlichen Oszillation und Abweichungen warmer Meerestemperaturen im südlichen Atlantik und im Indischen Ozean veranlaßten das Ausbleiben des sommerlichen Niederschlags in Äthiopien. Die äthiopische Regierung reagierte, indem sie Bauern dazu anhielt, während des kurzzeitigen Regens von Mitte Februar bis Mitte Mai so viel wie möglich anzupflanzen. Die so erzeugte reiche Ernte rettete Tausende von Leben, als die längeren sommerlichen Niederschläge ausblieben. Zur gleichen Zeit versandten internationale Hilfsorganisationen Notrationen, die noch vor der Zeit eintrafen. Obwohl der Großteil der Sommerernte verloren war und viel Vieh verendete, verhungerte trotz politischer Unruhen und Kriegszuständen in der Region nicht ein einziger Mensch.

Anfang 1991 brachten Cane und Zebiak erneut eine El Niño betreffende Vorhersage heraus. Das *National Meteorological Center* der USA prognostizierte dieselbe Episode, die 1991 einsetzte und sich im Lauf der nächsten vier Jahre mit drei ausgeprägten Erwärmungen von Meerestemperaturen fortsetzte – entweder handelte es sich um den längsten El Niño in 130 Jahren oder um drei separate Episoden in rascher Abfolge. Einmal mehr erwies sich das Christkind als unvorhersagbar. Meteorologen lernten auf unangenehme Weise, daß keine ENSO ihren Vorgängerinnen gleicht. Und doch gab es einige bemerkenswerte Erfolge zu vermelden. Der Bundesstaat Ceará im *Nordeste* Brasiliens schuf eine meteorologische Stiftung speziell zur Voraussage von mit El Niño zusammenhängenden Dürren. Die Mitarbeiter dieser Stiftung berücksichtigten die offiziellen Prognosen der Vereinigten Staaten und brachten 1991 die Warnmeldung einer schweren Dürre heraus. Der Gouverneur der Provinz reiste durch weite Teile Cearás und ermutigte Bauern, auf Getreidearten überzugehen, die bei einer kurzen und dürftigen Regenzeit schneller wachsen und früher reifen würden. Dreißig Prozent weniger Niederschlag fiel, aber die Getreideproduktion sank nur um 15 Prozent, während sie bei der Dürre von 1987 noch um 82 Prozent zurückgegangen war. Die Stiftung veröffentlichte noch zwei weitere erfolgreiche Dürreprognosen und erfreute sich einer hohen Glaubwürdigkeit. Als sie jedoch in den frühen neunziger Jahren des letzten Jahrhunderts fälschlich El Niños voraussagte, wurde die wankelmütige Öffentlichkeit desillusioniert, wobei sie sich nicht darüber im klaren war, daß diese besonderen Episoden zu den am schwersten vorherzusagenden gehörten, die nachgewiesen sind.

Selbst vor einer Welle verfehlter Vorhersagen in den frühen neunziger Jahren hatten sich die Wissenschaftler kaum Illusionen über die Verläßlichkeit ihrer weitreichenden Prognosen gemacht. Regierungen, Politiker und die breite Öffentlichkeit neigen dazu, Klimavorhersagen für bare Münze zu nehmen, als ob es sich um ärztliche Diagnosen handeln würde, wobei sie die vorsichtig ausgedrückten Einschränkungen der Meteorologen ignorieren. Der El Niño von 1997/98 war ein solcher Fall. Im Oktober und November erlebte man sonnigen Himmel und perfekte Temperaturen. „Wo bleibt El Niño?" fragten sich die Kalifornier lachend. Die Wissenschaftler rieten zur Geduld, aber selbst sie fragten sich allmählich, ob ihre Prognose richtig war. Im Januar und Februar hatten die Meteorologen schließlich recht behalten, als das Christkind wilde Stürme zur Küste trug. Nichtsdestotrotz steht die Glaubwürdigkeit eines Meteorologen immer zur Diskussion. Schon 1935 bemerkte Sir Gilbert Walker: „Es sind die gelegentlichen Fehlprognosen einer Regierungsabteilung, an die man sich erinnert."[2]

Anfang 1997 machten die Computer der Ozeanographen im südwestlichen Pazifik eine Wassermasse ungewöhnlich warmer Temperatur aus. Das neu eingerichtete *International Research Institute for Climate Prediction* in den USA setzte ein gemeinsames Unternehmen in Gang, das Phänomen zu überwachen und die Auswirkungen eines sich rasch bildenden El Niño auf weit voneinander entfernte Teile der Erde vorherzusagen. Der neue El Niño wurde das am gründlichsten untersuchte Klimaereignis der Geschichte.

Die Forscher verfolgten aufmerksam, wie die Warmwassermasse wuchs und sich schnell über den äquatorialen Pazifik verteilte. Der warme Ozean pumpte Hitze und Feuchtigkeit in die Atmosphäre. Im August waren die Meerestemperaturen vor Südamerika schon so warm wie während des großen El Niño fünfzehn Jahre zuvor. Zum ersten Mal konnten Meteorologen ihre Modelle und die Erfahrung der ENSO von 1982/83 nutzen, um eine genaue langfristige Prognose hervorzubringen. Sie sagten einen überdurchschnittlich hohen Niederschlag für einen Großteil Kaliforniens voraus, für den Südwesten und die Südstaaten, bei trockeneren Bedingungen im Mittleren Westen östlich des Missisippi. Ein wärmerer Winter war für den nördlichen Mittleren Westen wahrscheinlich, ebenso für den Nordosten. Im Verlauf der nördlichen Sommermonate 1997 entwickelte sich der junge El Niño genau so, wie die Meteorologen es vorhergesagt hatten, während eine schwere Dürre auf Australien und Indonesien niederging. Die weltweite Szenerie war geradezu unheimlich vertraut.

Am 8. November 1997 sorgte eine Nacht schweren Niederschlags über der vom Bananenertrag lebenden Stadt Santa Rosa im südlichen Ecuador dafür, daß die Flüsse über die Ufer traten. Innerhalb weniger Minuten waren über dreitausend Menschen obdachlos. Bananen- und Kakaoplantagen wurden überschwemmt, und Garnelenfarmen dezimierten sich. Die Bewohner von Santa Rosa waren wütend. Sie wiesen darauf hin, daß der überraschende El Niño von 1982 363 Millionen Mark an Schadenskosten für Ecuador bedeutet hatte, für Farmen, Häuser, die Industrie, die Infrastruktur des Landes und für die Fischerei. Warum war dann die Regierung nicht auf diese Katastrophe vorbereitet gewesen, wenn sie doch über Monate vor einem starken ENSO-Ereignis gewarnt worden war? Die Behörden erwiderten, daß vorbeugende Maßnahmen für andere Gebiete angewiesen wurden, nachdem Santa Rosa selbst 1982 weitgehend von Schaden verschont geblieben war. Außerdem führten sie an, daß die Zeiten sich geändert hätten. Ekuador hatte 1982 beispielsweise nur 35.000 Hektar an Garnelenfarmen. 1997 gab es über 180.000 Hektar, wobei viele von ihnen aus Mangrovensümpfen an der Küste herausgeschnitten worden waren, die früher ein natürliches Hindernis gegen Überschwemmungen gebildet hatten. Jetzt riß das steigende Flußwasser leicht die verbliebenen Wälle im Umkreis der Garnelenzüchtungen nieder. Wie zu erwarten, kündigte der Innnenminister an, daß „wir mit dem zurecht kommen müssen, was wir haben“ – was bedeutete, daß jede Familie auf sich selbst angewiesen war. Örtliche Autoritäten bemühten sich, mit nur begrenztem Erfolg, die Menschen davon abzuhalten, Täler und Abflußgräben mit Abfall zu blockieren. El Niños stellen ein Problem dar, das nicht innerhalb eines Landes gelöst wird, in dem der politische Zynismus tiefe Wurzeln schlägt. Öffentliche Meinungsumfragen stellten fest, daß die Ecuadorianer stärker über El Niño besorgt waren als über die Zusammensetzung der Nationalversammlung.

Auch die peruanische Küste litt unter gewaltigen Niederschlägen, die Tausende von Hektar Ackerland überschwemmten. Die Stadt Piura erlebte zwölf einzelne Tage mit mindestens der Hälfte ihres normalen jährlichen Niederschlags. Talara, eine andere Stadt, erhielt das Fünffache ihres jährlichen Niederschlags an einem einzigen Tag. In Trujillo, Perus drittgrößter Stadt, schwemmten die Flutwasser Armenviertel und Slums weg. Schlammwasser verschlang einen Friedhof und leerte 123 Gräber. Die Überlebenden konnten nur zusehen, wie ihre kürzlich verstorbenen Verwandten stromabwärts getrieben wurden, wie Geister in ihrem Leichenkleid und ihrem Sonntagsanzug. Überschwemmungen, Schlammlawinen und Krankheiten töteten über achtzig Menschen. Der Präsident Perus kam mit seinem Gefolge nach Trujillo und brachte Notunterkünfte mit, die von einer Firma in New Jersey entworfen worden waren. Sarkastische Anwohner bemerkten, daß die politischen Offiziellen es ablehnten, beschädigte Häuser zu betreten, wegen des Geruchs, der von der sich zurückziehenden Überschwemmung hinterlassen wurde.

Bis Dezember schwollen die warmen Wasser El Niños alle dreißig bis fünfzig Tage ab, denn sie zogen sich um 10 bis 15 Prozent zusammen, als sich ihre Hitze in der Atmosphäre auflöste, bevor sie dann wieder von starken Winden aus dem zentralen Pazifik Zufuhr erhielten. Die Topex/Poseidon-Satelliten übermittelten Wissenschaftlern ein nahtloses Bild von El Niños „Teller“ aus warmem Wasser, der zu dieser Zeit ein Gebiet bedeckte, das größer als die Vereingten Staaten war, und eine Luftfläche erhitzt hatte, die sich vom östlichen Pazifik bis über Mittelamerika in den Atlantik und von Kuba bis nach Libyen ausdehnte. Die warme Luft verdrängte normale jahreszeitliche Wettermuster, um ihr eigenes einzusetzen.

Im Februar 1998 kam es zu einer Veränderung im Strahlstromsystem der Nördlichen Hemisphäre. Warme tropische Luft, die in den Norden gezogen wurde, trug überdurchschnittliche Temperaturen nach Nordamerika, Europa und nach Ost-Asien. Die Landtemperaturen in der Nördlichen Hemisphäre erreichten ihren höchsten Stand seit 1950. Weltweit überstieg die Lufttemperatur über dem Land und über der Meeresoberfläche zusammen im Februar die Norm um 0,75 Grad Celsius, was rückgerechnet für jeden Monat bis 1856 den Rekord für die höchste Abweichung vom ermittelten Durchschnitt von 1961 bis 1990 brach. Der Februar 1998 war nicht nur der wärmste Monat Februar, seitdem Registrierungen bestehen, sondern er durchbrach die Meßwerte auch um mehr als je zuvor.

Der *Nordeste* Brasiliens ging, wie vorhergesagt, durch eine schwere Dürre. Wie immer waren die zehn Millionen der Armen und Landlosen der vollen Wucht ausgesetzt, während sie von einer nur langsam reagierenden Landesregierung vernachlässigt wurden. In Pernambuco haben örtliche politische Führer und wohlhabende Landbesitzer eine „Dürreindustrie" entwickelt, die Hilfsgüter kontrolliert und die Armen von Notrationen abhängig macht, als Methode, ihre Wählerstimmen zu beeinflussen. In der Vergangenheit hatten die Unterprivilegierten dieses Arrangement einfach ertragen. 1998 erhoben sie sich in Hunger und Empörung, nachdem sie vor der Dürre gewarnt und durch die *Landlosenbewegung* (*MST*) unterstützt wurden. Wütende Massen plünderten im Rahmen eines gut organisierten Protests Supermärkte, Lebensmittel transportierende Lkws und Warenhäuser. Einige Lkw-Fahrer und Warenhausmanager sympathisierten sogar mit dem hungrigen plündernden Volk.

Die Armen hatten gegen ein System rebelliert, in dem mächtige Landbesitzer mit Privataarmeen Wasser und Land kontrollieren. Deren Wohlstand hängt von billigen Arbeitskräften ab und ergibt sich aus altmodischen Anbaumethoden, nicht aus einer Landwirtschaft auf industriellem Stand, die verwüstete Felder in halbtrockenen Landstrichen wieder urbar machen kann. Die *MST* genießt die Unterstützung vieler Brasilianer, auch die von katholischen Priestern, die das Recht auf ein menschenwürdiges Dasein für einen grundsätzlichen ethischen Wert halten. So hat Brasiliens Bischofskonferenz zugestanden, daß Plünderung ethisch unanfechtbar sein kann, wenn es ums Überleben geht.

Die Dürre ereignete sich in einem Präsidentschaftswahljahr. Der amtierende Präsident Fernando Henrique Cardoso stellte sich zur Wiederwahl. Er griff die *MST* an, Plünderungen als einen neuen Industriezweig organisiert zu haben, der während Dürren die Armen ausnutzte, und kündigte ein 1,1 Milliarden Mark teures Hilfsprogramm für die betroffenen Gebiete an. Dieses schloß Speicher, neue Bewässerungsanordnungen, ein Arbeitsentlastungsprogramm und ehrgeizige Pläne zu Berufsausbildung und Bildungsprogrammen für mindestens eine Million Menschen ein. Die Stimmenanteile für den Präsidenten gingen in die Höhe, und Gesetzlosigkeit und Plünderungen ließen etwas nach, aber nach wie vor gärten Unruhen im *Nordeste.* Während der trockenen Monate Juli und August 1998 lebten die Landlosen von Pernambuco noch aus den Speichern, erwarteten die neue Regenzeit und fragten sich, was passieren würde, wenn diese Vorräte ausgingen.

Weltweite Vorhersagen unter Einsatz von Satelliten sind ein zweischneidiges Schwert. Sie versorgen Regierungen mit Informationen, aber auch die, die regiert werden. Die Landeliten Brasiliens haben kein Monopol auf Wetterprognosen, und auch die Armen sind besser informiert. Wie die Pharaonen Ägyptens in harter Schule lernten, ist Information potentielle Macht. Wenn sich die brasilianische Regierung in den grundlegenden Fragen der Landreform und anderer struktureller Veränderungen nicht entscheidungsfreudig verhält, wird die nächste Dürre unausweichlich ernste politische und ökonomische Unruhen mit sich bringen. Eine Hungersnot, die aus einer Dürre resultiert, ist ebenso eine soziale wie eine Naturkatstrophe.

Auf der anderen Seite des Pazifik stellten sich Reisfelder auf den Philippinen, die gewöhnlich um Mitte Juni fast zwei Meter unter Wasser stehen, als große Flächen roter aufgebrochener Erde dar, die mit Büscheln von verkümmerndem Reis bedeckt waren. Die Bewässerungskanäle der Bauern lagen trocken und waren mit Unkraut verstopft, und die Temperaturen stiegen über Wochen ohne Unterbrechung auf über siebenunddreißig Grad Celsius an. Dies war das zweite Jahr einer Dürre, die bereits einen Schaden von über 44 Milliarden Mark an verlorenen Erträgen verursacht hatte und im weiteren Verlauf mehrere Hundert Tote und eine ernsthafte Nahrungsmittelknappheit. Etwas Regen war schließlich gefallen, aber die schlimmste Trockenzeit, von der die Region seit über vierzig Jahren betroffen war, dauerte in vielen Gebieten an. Eine große Zahl von Bauern verwandelte ihre Reisparzellen in Fischteiche, aber das Wasser war zu stark erwärmt, und so starben die Fische. Andere zogen Sumpfkohl, eine Art Spinat, der den Reisbauern lange Zeit als Nahrung in Hungersnöten gedient hatte. Sie taten auch alles, was in ihrer Macht stand, um die Wasserbüffel am Leben zu halten, die sie nach der Ankunft des Regens zur Pflügung der Felder benötigten. Tausende Bauern zogen in die Städte, nur um festzustellen, daß es keine Arbeit für sie gab.

Dieselbe Dürre ließ Indonesien mit unkontrollierbaren Waldbränden ringen. Wie die Brände auf Borneo fünfzehn Jahre früher entstanden auch diese, als Bauern und Plantagenbesitzer ungerodetes Land in Brand setzten, unter der Annahme, daß die Niederschläge des Monsun bald die Flammen löschen würden. Der Regen kam nie. Die Flammen tobten außer Kontrolle durch den trockenen Wald und vernichteten Millionen von Bäumen samt deren Wurzelsystem. Dicke Wolken aus Rauch, Asche und Qualm umhüllten Südost-Asien, beeinträchtigten den Flugverkehr und verursachten mindestens einen Flugzeugabsturz, bei dem 234 Menschen ums Leben kamen. Die Smogwerte stiegen auf einen beispiellosen Stand, auf ein Vierfaches einer Smogwarnung zweiter Stufe während eines heißen Sommertags im Los Angeles der siebziger Jahre des letzten Jahrhunderts. Geschäfte und Schulen wurden geschlossen. Auf den Straßen Jakartas brachen Menschen zusammen, Vögel fielen vom Himmel. Die Waldbrände richteten einen ökonomischen Verlust von mindestens 2,8 Milliarden Mark an. Über siebeneinhalb Millionen Menschen in fünfzehn indonesischen Provinzen sahen sich einer ernsthaften Lebensmittelknappheit gegenüber und bedurften der Hilfe der Außenwelt.

Die Auswirkungen der von El Niño verursachten Dürre werden sich in Südostasien auch fortsetzen, wenn die Niederschläge wieder zur Norm zurückgekehrt sind. Die großen Waldbrände haben einer Fläche von Millionen von Hektar ihre natürliche Schutzdecke entzogen und damit die Bedrohung einer großflächigen Bodenerosion und der Zerstörung einst fruchtbaren Landes geschaffen. Mindestens die Hälfte der 900 Millionen Hektar Reisanbaugebiet auf den Philippinen sind Überschwemmungen ausgesetzt – und Überschwemmungen vernichten nicht nur Ernten, sondern auch menschliches Leben.

Diese Katastrophen entfalteten sich, obwohl der El Niño von 1997/98 von Beginn an, als er als wachsende Warmwassermasse im tropischen Pazifik auftrat, verfolgt worden war. Regelmäßige Vorhersagen und Übersichten erschienen im Internet, in dem die World Meteorological Organization unter *El Niño Updates* neuste Entwicklungen zusammenfaßte und auf der Grundlage von Meeresoberflächentemperaturen, örtlichen Beobachtungen und historischen Daten über die Auswirkungen von ENSO-Episoden langfristige Vorhersagen veröffentlichte. Im Februar 1998 berichtete die World Meteorological Organization:

> Die episodenhaften warmen Wetterbedingungen werden aller Erwartung nach den Februar hindurch bis April andauern und sich von Mai bis Juli abschwächen. Mit überdurchschnittlich trockenen Bedingungen ist in den nächsten paar Monaten für Indonesien zu rechnen, für den nördlichen Teil Südamerikas und für Teile des südlichen Afrika. Überdurchschnittlich feuchte Bedingungen werden über dem zentralen und östlichen äquatorialen Pazifik anhalten, entlang der Küsten Ecuadors und des nördlichen Peru, außerdem im Südosten Südamerikas. Auch wird über Kalifornien und dem südli-

chen Drittel der Vereinigten Staaten ein Anhalten zunehmender Sturmaktivität und überdurchschnittlich feuchter Bedingungen erwartet. Im Großteil des mittleren Nordamerika werden weiterhin ungewöhnlich warme Bedingungen vorherrschen.[3]

Die Dürren und Überschwemmungen der ENSO bedeuten Hungersnot. Frühwarnprogramme arbeiteten zunehmend schneller, und so konnte beispielsweise die U. S. Agency for International Development's Famine Early Warning System (FEWS) vorzeitig von Dürren und potentiellen Mißernten im Nordosten Brasiliens, im südlichen Afrika und in Südostasien in Kenntnis setzen. Ihre Berichte waren jedem zugänglich und konnten aus dem Internet heruntergeladen werden. So ein Bericht für afrikanische Staaten, der Mitte 1997 herausgegeben wurde: „NOAA hat jetzt in einem ENSO-Hinweis veröffentlicht, daß sich ein warmes Ereignis entwickelt. Dies könnte eine der stärkeren Episoden sein, da sie in der Phase April/Mai einsetzte und sich ziemlich rasch entwickelt hat. FEWS und andere Gruppen überwachen dieses Ereignis sorgfältig, um seinen Aufbau zu verfolgen und seine wahrscheinliche Auswirkung auf Wetter und Ernten zu bestimmen."[4] Der Bericht beinhaltete auch Karten, die die gefährdetsten Gebiete zeigten. Aufgrund der Information über den drohenden El Niño lieh Ecuador sich 396 Millionen Mark von der Weltbank, um die Auswirkungen abnormen Wetters auf die Nationalökonomie auszugleichen; Peru lieh sich 550 Millionen Mark. Agrarbeamte ordneten in Kuba einen frühen Beginn der Zuckerrohrernte an, um möglicherweise schädigenden Stürmen auszuweichen. Internationale Hilfsorganisationen lagerten Güter.

Die Rechnung des El Niño von 1997/98 ist noch nicht vollständig präsentiert, aber die Kosten werden die 28,6 Milliarden Mark seines Vorgängers von 1983 weit übersteigen; nicht notwendigerweise weil die Dürren schwerer, die Niederschläge und Stürme wilder oder die Brände weiter verbreitet waren, sondern einfach weil es jetzt so viel Menschen mehr auf der Welt gibt, von denen sich viele in Städten und Slums zusammendrängen. Dieselben Menschen sind sich auch weit stärker über die Gefahren (und Nutzen) eines El Niño im klaren. Selbst die Armen hören von den Prognosen und richten sich manchmal nach ihnen, wenn es ihnen möglich ist. Aber diese besser informierte Öffentlichkeit hat auch weit höhere Erwartungen an Regierungen und internationale Hilfsorganisationen als noch vor einer Generation. Die sozialen Unruhen, die durch die beiden größten El Niños des zwanzigsten Jahrhunderts ausgelöst wurden, machten nur wenig Schlagzeilen, aber wir können ganz sicher davon ausgehen, daß Unruhen unter Bürgern, Ausschreitungen im Zusammenhang der Nahrungsversorgung und Plünderungen ein vertrauter Bestandteil großer ENSO-Ereignisse werden. Während die Weltbevölkerung weiter steigt, sammeln sich auch ihre langfristigen Umweltschulden weiter an.

Zwischen März und August 1998 schrumpfte das Becken unnormal warmen Wassers im Pazifik stetig. Weite Teile des östlichen Pazifik erfreuten sich fast normaler Temperaturen, als der größte El Niño des zwanzigsten Jahrhunderts zu einem Ende kam. Das Pendel der Südlichen Oszillation begann 1999 auf eine prognostizierte La Niña hin auszuschlagen. In der Zwischenzeit pflegten Millionen von Menschen ihre El Niño-Geschichten und -Witze. Eine Firma aus Oregon vermarktete ein batteriebetriebenes Spielzeugtier mit einem Anhänger, der besagte: „Mein Name ist El Niño. Sie können mir für alles die Schuld geben." Das ultimative Kompliment sprach dieser abweichenden Wettermaschinerie der Welt ein Grundschüler aus Lakewood, Kalifornien, aus, der, als er nach der Jahreszeit gefragt wurde, ohne Zögern erwiderte: „El Niño."

13 DAS SCHICKSAL DER ZIVILISATION

Aufgabe des Staatsmanns ist es, Gottes Schritte durch die Geschichte zu vernehmen und zu versuchen, seinen Rockzipfel zu fassen zu bekommen, während er vorbeischreitet.

OTTO VON BISMARCK

Wir gehören den *Homo Sapiens Sapiens* an, den klugen Menschen, den Tieren, die des logischen Denkens fähig sind, des Scharfsinns und des Selbstverständnisses. Geboren in der Feuerprobe der Eiszeit, haben wir immer in einer Welt ständiger Klimaschwankungen gelebt. Wie der Physiologe Jared Diamond kürzlich festgestellt hat, verdanken sich auffallende Abweichungen in den Geschichten von Völkern, die in weit voneinander entfernten Teilen der Welt leben, keinen angeborenen Unterschieden zwischen diesen Völkern, sondern Unterschieden in ihrer Umwelt. Wir sind wegen unseres einzigartigen Scharfsinns und unserer Erfindungsgabe darin erfolgreich gewesen, uns einer solchen Vielfalt anzupassen. Diamond schreibt: „Ohne die menschliche Erfindungsgabe würden wir alle noch heutzutage unser Fleisch mit Steinwerkzeugen schneiden und es roh verzehren wie unsere Vorfahren vor einer Million Jahren."[1] Wozu sich hinzufügen ließe, daß wir ohne diese in der Eiszeit geschmiedeten Eigenschaften nicht dazu fähig gewesen wären, die unvorhersagbaren klimatischen Stromschnellen der letzten zehntausend Jahre zu befahren.

Bis vor zehntausend Jahren lebte die gesamte Menschheit davon, kleinere und größere Tiere zu jagen und wildwachsende pflanzliche Nahrung zu sammeln. Über einen Großteil dieses Zeitraums blieb die Weltbevölkerung nahezu stabil und wuchs nur mit einer Rate von 0,0015 Prozent jährlich, bis allmähliche technische Verbesserungen die menschliche Fähigkeit erhöhten, in einer natürlichen Umwelt zu leben, die viel weniger als eine Person pro Quadratkilometer erhalten konnte. Hunderttausende von Jahren gab es genug Platz, damit Menschen umherziehen konnten – um sich in günstigen Monaten zusammenzufinden und sich in mageren Zeiten wieder zu zerstreuen. Immer verfügten sie über Mechanismen, sich gegenseitig zu helfen, wie auch über den nötigen Raum, um sich zu verteilen, wenn eine Hungersnot drohte. Altruismus, Gemeinschaftssinn und Beziehungsbande waren mächtige Kräfte, um als gleichgestellte Wildbeutergesellschaften zu überleben, in denen die Führerschaft von Erfahrung und Flexibilität abhing, gerade wie es noch heute unter den San der Kalahari der Fall ist, die in ihrem Gefüge aus *hxaro*-Beziehungen leben.

Vor zehntausend Jahren stand die Welt fast schon an den Grenzen ihrer Möglichkeit, Menschen zu versorgen, die allein von der Wildbeuterei lebten. Zu dieser Zeit lebten schätzungsweise zehn Millionen Menschen auf der Erde. Dann brachten ein plötzlicher Umschwung in der Nordatlantischen Zirkulation und ein Fall in den weltweiten Temperaturen schwere Dürren in die gutbewässerten Täler Südwestasiens. Als es zu Nußmißernten kam und die Vorräte schwanden, nutzten die Menschen ihr Wissen der Pflanzenkeimung, um wilde Getreidearten anzubauen, die in dieser Region im Überfluß vorkamen. Nur ein, zwei Generationen später waren aus Widbeutern Bauern geworden, und das menschliche Dasein hatte sich für immer verändert.

Die neuen Wirtschaftsformen waren sehr erfolgreich, was die kurzfristige Lösung von Nahrungsproblemen anging. Aber im Lauf von Jahrtausenden schufen sie auch beängstigende Herausforderungen, als die menschliche Bevölkerung viel schneller wuchs als je zuvor. Ohne beständige menschliche Innovationen hätte dieses Wachstum einmal mehr der natürlichen Umwelt das Vermögen entzogen, noch mehr Menschen zu erhalten.

Südwestasien hatte ein großes Potential für Ackerbau und Tierhaltung, wegen seiner abwechslungsreichen Umwelt, seines einheimischen wildwachsenden Getreides und seiner domestizierbaren Tiere. Als sich die Landwirtschaft in Europa und dem Becken des Mittelmeers verbreitete, beschleunigte sich das menschliche Bevölkerungswachstum um 0,1 Prozent jährlich; unabhängig davon trat diese Entwicklung in China und Südostasien ein, dann später auch auf dem amerikanischen Kontinent. Zu der Zeit, als sich die ersten Hochkulturen in Ägypten und Mesopotamien um 3100 v. Chr. entwickelten, lebten schon bis zu zwanzig Millionen Menschen auf der Welt, von denen viele in den fruchtbaren Gebieten ansässig waren, in denen die ersten Stadtkulturen auftraten. An diesem Punkt machte die den grundlegenden Bedarf deckende Landwirtschaft einer verstärkten Bebauung Platz, die für einen höheren Ernteertrag pro Hektar sorgte und manchmal sogar für drei oder vier Ernten im Jahr. Diese Art der Ackerbaus erforderte eine sorgfältige Organisation und Führerschaft und hatte in Ägypten und Mesopotamien Erfolg, wo sich Gottkönige Macht und Autorität erwarben.

Die frühen vorindustriellen Gesellschaften wuchsen über viele Jahrhunderte. Um 2000 v. Chr. verknüpfte ein riesiges Netz an Handelsrouten und politischen Verbindungen einen Großteil der Welt des östlichen Mittelmeerraums. Um die Geburt Christi hatte die Entdeckung der Monsunwinde diese Welt mit Ostafrika, Indien, Südostasien und China verbunden. Die weltweiten Bevölkerungszahlen vergrößerten sich durch die Antike bis in die Ära der Moderne nach wie vor mit rascher Geschwindigkeit, trotz beispielsweise der Entvölkerung unter amerikanischen Indianern durch fremdartige Epidemien, die durch die Europäer eingeführt wurden. Als um 1800 n. Chr. die Industrielle Revolution begann, hatte die Weltbevölkerung eine Milliarde erreicht.

Die Industrielle Revolution veränderte das Aussehen der Welt mit Technologien, die die Kommunikation verbesserten und die Gesundheitsversorgung, die landwirtschaftliche Produktion und die menschliche Fähigkeit, die natürliche Umwelt der Erde zu wandeln. Millionen von Menschen gingen an Bord von Dampfschiffen, um ferne Länder zu erreichen, ob als Siedler, angeworbene Arbeiter oder Sklaven. Wo die Industrielle Revolution auch Einmarsch hielt oder Europäer sich ansiedelten, folgte ein erhöhtes Bevölkerungswachstum. Heute zählen wir sechs Milliarden, und der Anstieg setzt sich weiter fort. Täglich werden etwa 240.000 Menschen mehr geboren, als Menschen sterben. Bei unserem gegenwärtigen Wachstum wird sich unsere Zahl in vierzig Jahren verdoppelt haben, trotz einer Bevölkerungszunahme in vielen Teilen der Industrieländer, die gegen Null geht. Wir stehen jetzt gefährlich nahe an den technologischen Grenzen dessen, was wir erreichen können, um jeden auf dieser fruchtbaren Erde zu ernähren. Keine noch so hohe Zahl grüner Revolutionen, Wüstenbewässerungen oder Fischfarmen kann den Bedarf an Nahrung decken, den solch explodierende Zahlen benötigen. Ebensowenig können wir, worauf Carl Sagan kürzlich hingewiesen hat, 240.000 Menschen am Tag auf andere Planeten in den Weltraum schießen.

Seit zehntausend Jahren hat die Menschheit mit dem komplexen Problem zu ringen, sich angesichts wachsender Bevölkerungszahlen und unvorhersagbarer Klimawandlungen zu versorgen. Glücklicherweise besitzen wir die unter den Tieren einzigartige Fähigkeit, durch Sprache Wissen und praktische Kenntnisse von einer Generation zur nächsten weitergeben zu können, so daß eine jede von der gesammelten Erfahrung früherer Zeiten profitiert. Seit zehntausend Jahren haben uns die Führungsfähigkeit mancher Menschen und das uns allen zu eigene Vermögen der Kooperation im Zusammenspiel mit immer wirkungsvolleren Technologien erlaubt, die Realitäten einer begrenzten Umwelt zu verschieben und eine wachsende Menschheit zu erhalten. Der massive Bevölkerungsanstieg der letzten zwei Jahrhunderte stellt diese Fähigkeiten vor ihre größte Bewährungsprobe.

Es geht um Nachhaltigkeit. 1798 lenkte der britische Geistliche Thomas Robert Malthus in seinem berühmten Aufsatz *Über die Bedingungen und Folgen der Volksvermehrung* die Aufmerksamkeit auf die Gefahren des Bevölkerungswachstums. Er argumentierte, daß die menschliche Bevölkerung eine natürlich Tendenz hat, immer schneller zu wachsen als die Mittel der Versorgung, und er trat mit mächtigen Worten für eine Form der Geburtenkontrolle ein. Malthus' Bewertungen waren von den regelmäßigen existentiellen Krisen beeinflußt, die die ärmeren Schichten Europas während der Kleinen Eiszeit bedrängt hatten. Aber er gab die richtige Richtung vor, indem er das sensible Gleichgewicht zwischen menschlichen Populationen und der Fähigkeit einer jeden beliebigen Umwelt, diese unbegrenzt zu erhalten, fokussierte – was heutige Wissenschaftler die Versorgungskapazität einer Umwelt nennen. Das ist Nachhaltigkeit: unbegrenzte Erhaltung, ohne dabei die Umwelt zu zerstören und dadurch eine schwächere Versorgungskapazität für die Zukunft zu schaffen. Die langfristige Gleichung zwischen den Menschen und der Nachhaltigkeit läßt solche Variablen wie jahreszeitlichen Niederschlag, Dürren und El Niños zu. Die Gefahr tritt dann auf, wenn die Gleichung als Folge eines hochgradigen Bevölkerungswachstums aus der Balance kommt oder kurzsichtiges menschliches Verhalten, etwa zügellose Waldrodung oder unkontrollierte Abweidung, Bodenerosionen oder eine beginnende Verödung verursachen. Ein solches Verhalten ist nichts neues. Wir wissen, daß ein Großteil von Südwestasien innerhalb weniger Jahrtausende landwirtschaftlicher Aktivität entwaldet wurde.

Vor Jahren bestieg ich die wieder erbaute sumerische Zikkurat-Pyramide im biblischen Ur, die in den zwanziger und dreißiger Jahren des letzten Jahrhunderts von dem Engländer Leonard Woolley hervorragend freigelegt worden war. Ich blickte über eine wüste sandige Wildnis und erinnerte mich an Woolleys Berichte einer wohlhabenden Stadt, die von Leben und Bewegung erfüllt war. Vor viereinhalbtausend Jahren legten seegehende Schiffe in den Häfen Urs an. Das Wasser des Euphrat versorgte Tausende Hektar üppigen Getreidelandes. Ur wurde eine der großen Städte der alten Welt. Dann änderte der Fluß seinen Lauf, die Salzrückstände stiegen wegen intensiver Bewässerung schwacher ausgetrockneter Böden, und die Könige verschwanden. Ur wurde zu einer Einöde, zum Teil weil Menschen die Umwelt der Stadt zerstört hatten.

Die Versorgungskapazität ist einer der Schlüssel zur weltweiten Nahrungssicherung. Aber dieses Konzept macht viele Sozialwissenschaftler skeptisch. Sie machen darauf aufmerksam, daß Menschen anders als Tiere die Begrenzungen ihrer Umwelt überwinden können, indem sie Arbeitskraft oder Technologie einsetzen, um die Landwirtschaft zu verstärken und mehr Nahrung anzupflanzen oder die Herden zu vergrößern. Mit anderen Worten ist die Versorgungskapazität nicht statisch, sondern flexibel. Wie der dänische Wirtschaftswissenschaftler Ester Boserup 1965 betonte, kann das Bevölkerungswachstum die Menschen dazu bringen, den eigenen Ackerbau mit Bewässerung und anderen Produktivitätssteigerungen zu verstärken. Der Tenor der Geschichte besagt, daß sie genau dies getan haben.

Ein wichtiges Gedankenkonzept, das zuvorderst von dem Wirtschaftswissenschaftler Julian Simon vertreten wird, behauptet, daß die Versorgungskapazität *endlos* flexibel ist – daß in der modernen Welt technologische Verbesserungen die Produktivität immer ein gutes Stück im Vorsprung vor dem Bevölkerungszuwachs halten werden. Zum Beweis führt Simon die im Verlauf des zwanzigsten Jahrhunderts fallenden realen Preise von Nahrungsmitteln, Mineralien und anderer Waren an. Nur die Zeit wird zeigen, ob diese Behauptung langfristig richtig ist. Wir Archäologen wissen jedenfalls, daß sich dies in der Vergangenheit niemals bewahrheitet hat; wir haben unser Auskommen von den Gegenbeispielen der Geschichte.

Für in ihrer Existenz von der Landwirtschaft abhängige Bauern stellten sich das Dasein des Menschen und die natürliche Umwelt immer schon als Einheit dar, in der der eine Teil den anderen unter anerkannten, aber unausgesprochenen Grenzen unterstützt. Die lebendige Welt ist ein integraler Bestandteil eines weit größeren Kosmos, in dem das Materielle und das Übernatürliche unmerklich ineinanderfließen. In der Vergangenheit lebten die Dorfbauern in eng verbundenen Gemeinschaften, die über Generationen Bestand hatten, und ihr Leben war durch einen endlosen Kreislauf von Landrodung, Anpflanzung und Ernte bestimmt. Ihre Ahnen, die ihnen vorausgingen, waren die Wächter des Landes, und in angemessener Zeit wurden die Lebenden zu den Ahnen und neue Generationen erbten das Land. Die Ahnen vermittelten bei den unberechenbaren Kräften, die den Regen und die Dürre brachten, den Sturm und die Flut. Selbst in den gleichberechtigtsten Bauerngesellschaften erwarben sich einzelne durch ihre Fähigkeit ungewöhnliche weltliche Macht, mit den Ahnen und den Naturgewalten kommunizieren zu können, oder durch ihre Abstammung von mythischen Helden. Sie vermittelten im Streit, standen Pflanzungs- und Ernteritualen vor und nutzten die Loyalität des Volks, um Flüsse nutzbar zu machen und das Land zu bewässern.

Als 3000 v. Chr. die ersten Hochkulturen auftraten, wurden die übervölkerten Populationen in Städten und Flußtälern auch zunehmend für kurzfristige Klimawandlungen anfällig. El Niños wurden wichtige Faktoren in der Geschichte, weil ein wachsender Anteil der Weltbevölkerung sich nicht einfach von Dürren, Überschwemmungen oder Hungersnöten wegbewegen konnte.

In diesem Augenblick der Entwicklung wurden Menschen auch zum ersten Mal zu Göttern. Bis zur Geburt der westlichen Wissenschaft und der Industriellen Revolution setzte jede menschlich Gesellschaft voraus, daß ein plötzlicher Klimawandel den Willen der Götter manifestierte. Poseidon war über Odysseus verärgert und versenkte sein Floß in einem gewaltigen Orkan. Gott, der Herr, brachte Plagen und Hunger auf Ägypten. Der aztekische Regengott Tlaloc brachte Fruchtbarkeit oder Dürre über die Erde. Es war kein Zufall, daß die Herrscher der ersten Hochkulturen ihre Abstammung vom Göttlichen beanspruchten oder die Macht über schreckliche Stürme. Das war die Quelle der Autorität, die ihnen erlaubte, ihr Volk zur Arbeit für das Gemeinwohl zu nötigen. Außerdem schufen sie neue Ebenen sozialer Ungleichheit, die den immer weiter wachsenden Spalt zwischen Reich und Arm hervorbrachten, zwischen Herrschern und Beherrschten.

Letztendlich stammte die Führerschaft und die Bestätigung der Ungleichheit, die sie begleitete, von Männern und Frauen, die auf Erden lebende Gottheiten waren. Vom unmittelbaren Anfang der Zivilisation an trennte eine große soziale Kluft den Herrscher und die kleine Zahl wohlhabender oder einflußreicher Familien von den Tausenden der städtischen und ländlichen Armen. Die strahlenden Höfe der Pharaonen und Städte der Maya wurden von den anonymen Händen des Gemeinen und des Sklaven erhalten, die zudem der Wucht des göttlichen Zorns ausgesetzt waren. Verheerungen durch Hungersnot und El Niños trafen über mehr als fünftausend Jahre die Unterprivilegierten am härtesten. Sobald klimabedingter Hunger die Hände des Gemeinen die Arbeit einstellen ließ, Abgabezahlungen Schwankungen unterwarf oder soziale Unruhen verursachte, konnten die alten Hochkulturen zusammenbrechen, denn die göttliche Führerschaft stand dann auf tönernen Füßen und die Herrscher verloren ihren Status der Unfehlbarkeit.

Der große deutsche Staatsmann Otto von Bismarck stellte im neunzehnten Jahrhundert fest, daß die Menschheit auf einem „Strom der

Zeit" treibt, ein immer wogender Fluß, der uns weiterträgt, über ruhige Strecken und Stromschnellen. Wir können diesen Strom weder selbst schaffen noch seine Richtung lenken, sondern lediglich unser Bestes tun, um ihn zu befahren. Die Launen des Klimawandels haben seit dem Beginn der Menschheitsgeschichte die sanften Abschnitte wie die Wasserfälle dieses endlosen Stroms geformt. Noch bis vor kurzem fehlte es uns an den wissenschaftlichen Instrumenten, um abzuschätzen, wie tiefgehend ein kurzfristiger Klimawandel den Aufstieg und Fall von Kulturen beeinflußt hat.

Wir neigen zu der Annahme, die großen El Niños des späten zwanzigsten Jahrhunderts für einzigartige Ereignisse zu halten, denen nichts annähernd Vergleichbares in der Geschichte vorausging. Wie unsere Vorfahren blicken auch wir noch durch die schmalen Scheuklappen der menschlichen Erinnerung und der Erfahrung einiger weniger Generationen auf die Launen des weltweiten Klimas. Das ist kaum überraschend, da genaue meteorologische Messungen in Europa gerade 150 Jahre zurückreichen, in vielen anderen Teilen der Welt noch nicht einmal so lange. Selbst rudimentäre Studien des globalen Klimas datieren nicht viel länger als dreihundert Jahre zurück. Dank einer hochentwickelten paläoklimatologischen Forschung und neuen historischen Studien entdecken wir nun gewaltige El Niños der jüngeren und entfernten Vergangenheit, etwa das große ENSO-Ereignis von 1792, das Dürre in viele Teile der Welt trug, und eine weitere turbulente Episode, die im zwölften Jahrhundert fast das Reich der Chimú im Küstengebiet Perus vernichtet hätte. Um 1200 v. Chr. verbreiteten sich schwere Klimastörungen über die Welt des Mittelmeerraums. Unser gegenwärtiges Wetter mag ungewöhnlich warm sein, seine Unvorhersagbarkeit aber ist nichts Außergewöhnliches.

Seit 1983 haben El Niños im Blick der Öffentlichkeit nahezu mythische Dimensionen angenommen. Ihnen wurde die Schuld für alles zugeschoben, von ständigen Verkehrsstaus über Dürren, die Hungersnöte auslösten, bis zu Epidemien und unterbrochenen Fußballübertragungen. Es ist natürlich übertrieben, ihnen solch eine allgewaltige Macht zuzusprechen. Auch wenn wir im Verlauf von fünftausend Jahren zunehmend anfälliger für schwere El Niño-Episoden geworden sind, haben sie nie für sich allein genommen den Zusammenbruch irgendeiner Kultur bewirkt. Bei vielen Gelegenheiten waren sie es jedoch, die den Todesstoß versetzten.

Die Kultur der Moche aus dem Küstengebiet Perus ist ein Beispielfall. Die Herrscher dieser Kultur erbten eine lange Tradition von Bewässerungsfeldbau in ihren Flußtälern, die im Frühjahr Gebirgsabflüsse der Anden nutzbar machte. Sie verbesserten alte Flußkanäle, Reservoirs und Bebauungsanlagen, die in den Tälern in die Tausende gehende Bevölkerungszahlen versorgten, womit die natürliche Versorgungskapazität ihrer Flußniederungen weit überschritten war. Wie die anderer vorindustrieller Kulturen glich die Gesellschaftstruktur der Moche einer sozialen Pyramide, die von einigen wenigen mächtigen und wohlhabenden Herrschern bestimmt wurde. Die Herren konkurrierten von ihren großen Lehmziegelpyramiden aus miteinander, die von ihren schuftenden Untertanen erbaut worden waren. Da die Moche über keine Schrift verfügten, können wir ihre religiösen Glaubensvorstellungen nicht entschlüsseln. Aber die höchst einheitlichen und prachtvollen Insignien, die von den Herren von Sipán getragen wurden, verweisen auf eine langlebige sehr strukturierte Ideologie, die wenig Raum für Neuerungen der Herrscher der Moche ließ. Als unflexible despotische Herrscher, die sich wahrscheinlich selbst für lebende Götter und für unfehlbar hielten, waren sie schlecht darauf vorbereitet, Hungersnöte und sich beschleunigende soziale Spannungen zu bewältigen, die durch lange Dürrezyklen, unvorhersehbare Überschwemmungen und periodisch auftretende starke El Niños bedingt wurden. Im sechsten Jahrhundert n. Chr. überlebten sie eine Dürre und einen katastrophalen Zyklus von Erdbeben und El Niño, was sie dazu veranlaßte, ihre Hauptstadt weit stromaufwärts zu verlegen, um mit der Flutwasserzufuhr auch die Ernteertäge zu optimieren. Dort hielten sie den Wasserverlust in Dürrejahren so gering wie möglich. Aber sie konnten einem späteren El Niño oder einer Reihe von ENSO-Ereignissen keinen Widerstand entgegenbringen. Ein Zusammenspiel aus einer brüchigen Regierung, Dürre, sozialer Beanspruchung und El Niños stürzte eine jahrhundertealte wohlhabende Herrschaft.

Dasselbe Muster eines raschen Aufstiegs, eines Erblühens und plötzlichen Falls faßt das Schicksal vieler vorindustrieller Hochkulturen zusammen, darunter die Klassischen Maya, deren Herren genauso ausbeuterisch und kurzsichtig waren wie die Krieger-Priester der Moche. Noch vor einer Generation hätten wir diese inneren Zusammenbrüche komplexen sozialen, wirtschaftlichen oder umweltbedingten Faktoren zugeschrieben. Heute erkennen wir, daß der plötzliche Klimawandel ein Schlüsselfaktor in der Geschichte war, vor allem als Todesstoß, der generationenlange, immer weiter eskalierende Belastungen untergräbt, die durch eine schwache Führerschaft, wachsende Bevölkerungsdichte und eine Abnutzung der natürlichen Umwelt verursacht werden – um nur ein paar der Gesamtwirkungen zu nennen, die auftreten, wenn man über dem Gleichgewicht der natürlichen Versorgungskapazität der eigenen Heimat lebt.

Nur wenige der alten Führer sahen ein, daß ihre Göttlichkeit eine Illusion war. Weltfern und despotisch hielten sich die Pharaonen des Alten Königreichs für die unfehlbaren Meister des Nil. Als El Niño mit einem Menschenalter an Dürren ihre Falschheit bewiesen hatte, welkte ihre Macht dahin. Desillusionierte Lokalherrscher und Gaufürsten, die über engere Banden zum Land verfügten, sorgten für ihr eigenes Volk und ignorierten ihre göttlichen Herrscher. Die Pharaonen des späteren Mittleren Königreichs waren sich dieser Lektion und ihrer Abstammung von den Gaufürsten wohl bewußt und verbreiteten nie ihre Unfehlbarkeit. Sie wurden zu Verwaltern und Hirten ihres Volks und zeigten einen tiefen Sinn für ihre Verantwortung. Diese Pharaonen regierten für weitere achtzehn Jahrhunderte, weil sie es als Realisten so einrichteten, daß keine Dürre je völlig untergraben konnte, was sie erreicht hatten. Aus einer harten Erfahrung lernten sie, eine strengere soziale Kontrolle über ihre Gebiete auszuüben, und taten alles, was sie konnten, um durch großangelegte Bewässerung und eine verbesserte Technik die natürliche Versorgungskapazität des Niltals für eine wachsende Bevölkerung zu steigern.[2]

Die Geschichte vermittelt uns, daß die besten Führer bereit waren, aus Erfahrung und harten Lektionen zu lernen. Flexibilität und Weitsichtigkeit sind seltene Qualitäten einer Führerschaft, gerade in Gesellschaften, die durch brüchige weltliche oder religiöse Ideologie gehemmt sind, in denen Dürre und Hochwasser der Laune der Götter zugerechnet werden. Solche Kulturen überlebten kurzfristig, weil Doktrinen wie die der *ma'at* in Ägypten oder der erfundenen Abstammungslinien der Maya soziale Ungleichheit für gültig erklärten. Tausende von Arbeitern pflanzten und ernteten Getreide, errichteten Bewässerungsanordnungen, hielten Feldanlagen instand und erbauten mächtige Pyramiden. Diese Tausende von Händen waren das Bollwerk der Gesellschaft gegen eine plötzliche Flut oder Dürre und gegen launische El Niños. Solch ein Königtum erforderte aber doch außergewöhnliche Eigenschaften an Verantwortung und weiter Voraussicht, denn es waren die Gemeinen, die die soziale Ordnung ernährten und erhielten.

Der Glaube an die Führerschaft war in Gesellschaften wesentlich, in denen alles durch die Anwendung organisierter menschlicher Kraft funktionierte. Diese Führerschaft konnte gütig sein, menschlich und weise, wie die einiger Pharaonen aus dem Mittleren Königreich, oder sie konnte ideologisch unflexibel, egozentrisch und ausbeuterisch sein, wie die der Maya-Herrscher. Jeder Führer, ob gut oder schlecht, rationalisierte seine Taten als Funktion einer besonderen Beziehung zur geistigen Welt. Wie es jedoch der Herrscher Naymlap aus den Anden am eigenen Leib erfahren hat, war ein Herrscher, der seinem Volk keine Nahrung und keine Sicherheit gewährleistete, in ernster Gefahr, vor allem wenn sein politisches Gespür versagte, steigende soziale Spannungen in seiner Umgebung zu bemerken. Heutige Herrscher, vom Präsidenten der Vereinigten Staaten bis zu ungekrönten Monarchen in den Entwicklungsländern, sehen sich derselben Herausforderung gegenüber.

Es gab keine globale Perspektive in einer Welt, in der Mittelamerika, Tahiti oder Australien so weit entfernt waren wie der Mond heute, und es bedurfte auch gar keiner. Heutzutage werden die Verantwortlichkeiten eines Pharao oder eines Gottkönigs der Inka von denen eines modernen Präsidenten oder Premierministers in den Schatten gestellt. Sie regieren in einer Welt, die von unkontrolliertem Bevölkerungswachstum bedrängt ist, tief wurzelnder Armut, potentieller Nahrungsmittelknappheit und von einer neuen und unbekannten Gegebenheit – menschlich verursachter globaler Erwärmung. Jetzt überdenken wir nicht mehr das Schicksal unbedeutenderer Staaten und Reiche, die sich über mehrere ökologische Zonen erstrecken, sondern das der weltweiten Zivilisation.

Armut und soziale Ungleichheit, ausufernde Städte und Slums, Menschen am Rande der Gesellschaft und solche, die in geographische Randgebiete gedrängt sind – all diese Probleme haben die Menschheit seit dem Beginn der Zivilisation in kleinerem Maß heimgesucht. Bei sechs Milliarden Menschen auf der Erde haben die klassischen Gleichungen von Bevölkerung, Versorgungskapazität und Umweltabnutzung globale Dimensionen angenommen, und die Lehrstunde der Geschichte zeigt uns nur wenig Vergleichbares in der Vergangenheit.

Man bedenke folgende Zahlen: Über 1,3 Milliarden Menschen, 23 Prozent der Weltbevölkerung, leben in Armut, und 600 Millionen von ihnen sind täglich nur wenige Hundert Kalorien vom Hungertod entfernt. Mindestens 400 Millionen Menschen fristen in gefährdeten Gebieten wie der Sahelzone Afrikas ihr Dasein, in denen Dürren, Abholzung, Umweltverschmutzung und andere Formen von Naturzerstörung den Lebensunterhalt von mehr und mehr Menschen aufs Spiel setzen.

Eine weitverbreitete Abholzung im Amazonasbecken hat zu Bodenerosionen und Überschwemmungen geführt, und die durch wirtschaftliche Aktivitäten bedingte Verdrängung von Waldvölkern ließ Epidemien unter ihnen ausbrechen. Erst kürzlich siedelte die indonesische Regierung fast sieben Millionen Menschen um und holzte innerhalb dieses Prozesses vier Prozent des Waldbestandes des Landes ab. Viele der Umgesiedelten flohen nach Überschwemmungen, massiven Bodenerosionen und ständigen Mißernten in städtische Slums zurück. Die politischen und sozialen Spannungen, die aus den Problemen der Nachhaltigkeit entstehen, haben in vielen Teilen der Welt zu Aufständen geführt.

Einige der Nachkommen der Klassischen Maya leben im Lacandón-Regenwald von Chiapas, wo die menschliche Bevölkerung seit 1960 um das fünfundzwanzigfache gestiegen ist, während sich der Baumbestand von 90 auf 30 Prozent verringert hat. Nicht nur die einheimische Bevölkerung der Maya hat sich rapide vergrößert, auch landhungrige Bauern, vor Verfolgung fliehende Mexikaner und Flüchtlinge aus Guatemala haben sich hier angesiedelt. Wo einst 12.000 Menschen lebten, leben heute 300.000. Das traditionelle *milpa*-System der Maya ist durch den resultierenden Druck auf die Umwelt geschwächt. Die Menschen aus dem Osten von Chiapas erhalten genaugenommen keine Leistungen von der Regierung, haben keine politische Macht oder Vertretung und keine ökonomischen Chancen. Es sollte keinen überraschen, daß sie sich erheben und protestieren.

Für jede Person aber, die sich in einem Bürgerkrieg erhebt, verlassen viele mehr ihre Heimat. In der gesamten dreihundertjährigen Periode zwischen 1500 n. Chr. und dem beginnenden neunzehnten Jahrhundert überquerten nicht mehr als drei Millionen Menschen freiwillig eine Grenze. In unseren Tagen gibt es Flüchtlingsbewegungen von vielen Millionen infolge von Nahrungsmittelknappheit, Wasser- und Landmangel. Allein Äthiopien zählt heute über 50 Millionen Menschen, 30 Millionen mehr als vor vierzig Jahren, und sieht sich in den nächsten vierzig Jahren einem Anstieg auf 106 Millionen gegenüber, in einer Umwelt von stark erodiertem Getreideland und nur 3 Prozent Bewaldung. Die starren Alternativen des Volks: emigrieren oder hungern. Auch ohne die Komplikation einer möglichen globalen Erwärmung unterliegen wir der Gefahr einer potentiellen welweiten Nahrungskrise. Seit 1990 ist die globale Nahrungsmittelproduktion nicht gestiegen, wohingegen sich die Bevölkerung um 440 Millionen Menschen erhöht hat. Viele Regierungen haben angenommen, daß Bauern einfach mehr Ackerfläche unter den Pflug nehmen können, was nicht notwendigerweise richtig und in vielen Ländern unmöglich ist. Gleichzeitig verschwinden jährlich zehntausende von Hektar unter wachsenden Städten.

Es ist auch unklar, wieviel mehr noch aus schon bestehendem Ackerland herausgeschunden werden kann. Lange Zeit verließen sich Bauern auf Dünger, um die Nahrungsmittelproduktion zu steigern, ein Hauptgrund für Perus Guano-Boom im neunzehnten Jahrhundert. Zwischen 1950 und 1989 stieg der Düngerverbrauch um das zehnfache, von 14 Millionen Tonnen auf 146 Millionen, wodurch der weltweite Getreidegewinn verdreifacht wurde. Bis 2030 wird sich die weltweite Nahrungsnachfrage vom jetzigen Stand aus fast verdoppeln. Wie werden wir auf diesen Bedarf reagieren? Die Pharaonen Ägyptens dehnten die Landbebauung aus und lagerten größere Mengen an Getreide. Diese Möglichkeiten haben wir nicht. Stattdessen setzen wir unsere Hoffnungen auf die Methoden industriellen Anbaus und das Versprechen der Biotechnologie. Selbst wenn wir genügend Nahrung produzieren, können die politischen Hindernisse für die Verteilung sehr hoch sein. Das einundzwanzigste Jahrhundert könnte uns vor das Paradoxon stellen, sowohl mehr Nahrung, als auch mehr Nahrungskrisen zu haben.

Ein Gegenstand, der nicht länger eine knappe Ware darstellt, ist Information. In einer Ära, in der das Internet und Satelliten ENSO-Vorhersagen zu Familien in der entferntesten afrikanischen Savanne tragen, ist Information nicht die alleinige Domäne der Reichen und Mächtigen. Wissen und Hunger haben nie leicht nebeneinander existiert, und die gut informierten Armen werden sicher ihr Recht auf Nahrung und auf Existenzgrundlagen einklagen.

Und dann gibt es da also noch die menschlich verursachte globale Erwärmung, von der die meisten von uns bis vor kurzem noch nichts wußten. Während der Überschwemmungen und Dürren von 1982/83, waren wir eher über den Kalten Krieg besorgt, bis El Niño ein vertrautes Wort wurde. „Treibhauseffekt" und „globale Erwärmung" waren vor 1988 keine populären Schlagworte. Jener Sommer war so heiß, daß sich Mißernten weit über den Mittleren Westen der USA erstreckten. Tausende Rinder wurden aus Futtermangel geschlachtet, und Lastkähne auf dem Missisippi liefen auf Grund und blieben durch Niedrigwasser monatelang auf dem Trockenen sitzen. Gewitterblitze verkohlten Millionen von Hektar im strohtrockenen Westen, und riesige Staubwolken in Oklahoma brachten lebhafte Erinnerungen an die *Dustbowl* vor siebzig Jahren zurück. Gewaltige Niederschläge suchten Indien und Bangladesh heim, während die Sowjetunion eine schwere Dürre durchzustehen hatte. Die intensive Hitze und die wirtschaftlichen Einbußen veranlaßten Anhörungen vor dem Kongress, bei denen

Wissenschaftler von steigenden Anteilen an Kohlendioxid in der Atmosphäre sprachen, von Ozonlöchern und vom Treibhauseffekt, der zur menschlich verursachten globalen Erwärmung beitrug. Viele von ihnen wiesen die Schuld für die Rekordhitze der Menschheit und ihrer unstillbaren Forderung nach fossilen Brennstoffen zu.

Wie „El Niño" ist die „globale Erwärmung" inzwischen eine Alltagswort. Die achtziger Jahre des letzten Jahrhunderts waren die wärmste Dekade, seit genaue Messungen Mitte des neunzehnten Jahrhunderts begannen. Die folgenden neunziger Jahre waren ebenfalls ungewöhnlich warm. Neun der zehn wärmsten Jahren seit den fünfziger Jahren des neunzehnten Jahrhunderts traten während der vergangenen fünfzehn Jahre auf. Das Jahr 1997 war das nachweisbar heißeste, und 1998 setzte sich der Trend prinzipiell fort. Dieselben Jahre erlebten wiederholt El Niños und hohe Meerestemperaturen im tropischen Pazifik, die in vielen Teilen der Welt extreme Wetterbedingungen verursachten. Das letzte Vierteljahrhundert war wegen seiner Sturmaktivität bemerkenswert, wegen seiner abrupten klimatischen Schwankungen und seines extremen Wetters. Der große Sturm vom 16. Oktober 1987, der schlimmste seit 1703, fällte allein im Südosten Englands über 15 Millionen Bäume und hinterließ eine Spur der Verwüstung in Nordfrankreich, Belgien und den Niederlanden. Achtzig Prozent des tiefliegenden Bangladesh wurden 1988 von Fluten überschwemmt. Zehntausende von Menschen ertranken während eines tropischen Wirbelsturms, der 1991 dasselbe Gebiet traf. Der Hurrikan Andrew verheerte 1992 Florida und verursachte 35 Milliarden Mark Schaden. 1993 stiegen der Missisippi und Missouri auf Rekordstände und überschwemmten ein Ackerbaugebiet, so weitflächig wie einer der Großen Seen. Im tropischen Afrika und in Südostasien richteten durch El Niño bedingte Dürren Verwüstung an, und 1982/83 und 1997/98 tobten dort unkontrollierbare riesige Waldbrände.

Propheten eines ökologischen Untergangs treten nun in großer Zahl auf, während Wissenschaftler leidenschaftlich das Ausmaß der globalen Erwärmung diskutieren und ihre langfristigen Wirkungen auf das Klima. Auf einer großen Konferenz in Rio de Janeiro, Brasilien, stimmten 1992 154 Nationen einer wichtigen Übereinkunft zu, die zu einer Stabilisierung der Treibhausgaskonzentrationen in der Atmosphäre aufrief, um durch die Menschheit bedingte Folgen vom globalen Klima abzuwenden. Die Konferenz von Rio de Janeiro und ein Treffen in Kyoto, Japan, 1997 haben eine heftige Kontroverse unter den Nationen geschaffen und eine verstärkte Einflußnahme durch Einzelinteressen, vor allem großer weltweiter Gesellschaften, die ins Ölgeschäft eingebunden sind. Die globale Erwärmung taucht nun als Thema auf politischen Agendas auf. Der ehemalige Vizepräsident der Vereinigten Staaten Al Gore erklärte kürzlich: „Wir wissen, daß als Folge der globalen Erwärmung mehr Hitze im Klimasystem ist, und dabei handelt es sich um Hitze, die El Niño antreibt." Vertrauensvoll (und möglicherweise unzutreffend) fügte er hinzu: „Wenn wir nicht handeln, können wir in den Jahren, die vor uns liegen, mit noch extremerem Wetter rechnen."[3] Der ehemalige Vizepräsident vereinte Unterstützung für die Durchsetzung eines 13,8 Milliarden Mark teuren Programms zur Reduzierung der Gasemissionen der globalen Erwärmung und kann für seine verfehlte Voraussage entschuldigt werden. Einer der Vorteile der jüngsten El Niños ist der, daß sie das Problem der globalen Erwärmung ins Rampenlicht der Öffentlichkeit gerückt haben.

Viele Menschen glauben, daß das Schicksal unserer Zivilisation eng an unsere Fähigkeit gebunden ist, der globalen Erwärmung Einhalt zu gebieten. All unsere Klimamodelle sagen uns, daß eine Erwärmung unausweichlich ist, wenn die Konzentration der Treibhausgase weiterhin im momentanen Anteil zunimmt. Eiskerne aus der Antarktis haben Luftblasen in sich bewahrt, die lange vor die Industrielle Revolution datieren. Diese Luftblasen zeigen, daß sich die Kohlendioxidwerte seit 1850 stark erhöht haben. Andere Treibhausgase stiegen zur gleichen Zeit an, darunter Methan, das durch den Zuwachs in der menschlichen Bevölkerung und einen dramatischen Anstieg im Reisanbau und der Viehzüchtung erzeugt wurde.

Einige Leute erkennen in der dramatischen Erwärmung der letzten zwanzig Jahre ein Zeichen, daß die anthropogene globale Erwärmung bereits unser Wetter beeinträchtigt. Andere blicken über eine größere Distanz und weisen darauf hin, daß die gegenwärtigwen warmen Temperaturen nicht extremer sind als die der Mittelalterlichen Wärmeperiode vor 800 Jahren. Sie führen auch an, daß wir nur über 150 Jahre genauer Wetterregistrierungen verfügen, die alle erst nach dem Beginn der Industriellen Revolution vorgenommen wurden. Diese Zahlen dokumentieren zwischen 1900 und 1940 zunehmende Temperaturen, dann eine leichte Senkung (die viele Menschen von einer bevorstehenden Eiszeit sprechen ließ), wiederum gefolgt von den steigenden Temperaturen heutiger Tage. Sind diese Temperaturveränderungen das Ergebnis menschlichen Eingreifens oder einer einfachen natürlichen Klimavariabilität, wie die von Korallen und Baumringen für die letzten zehntausend Jahre aufgezeigte? Wir werden es nicht wissen, bis der Trend der Erwärmung einen solchen Grad erreicht hat, daß der Beweis des menschlichen Eingreifens nicht mehr zu leugnen ist. George Philander verwendet drei theoretische Modelle der Konzentrationen atmosphärischer Gase, um drei Vorhersagen zu treffen:

1. Die durchschnittlichen Erdoberflächentemperaturen werden zwischen 1990 und 2050 weltweit um 0,15 bis 2 Grad Celsius ansteigen. Wir werden bis 2050 stärkeren Niederschlag erleben, wärmere winterliche Temperaturen in der Arktis und einen Anstieg der Meeresspiegel zwischen drei und vierzig Zentimetern.
2. Ein Anstieg im Niederschlag in höheren Breiten wird zu einer nördlichen Verschiebung des Ackerbaus in Kanada und Sibirien führen, während die Bedingungen in den mittleren Breiten der Nördlichen Hemisphäre trockener werden.
3. Kurzfristige Klimawandlungen werden in kleinen Regionen dramatischere Auswirkungen haben, während sich die Häufigkeit von Dürren, ENSOs, Überschwemmungen und Hurrikans erhöht.

Wenn Philander Recht hat, dann manifestieren sich die größten kurzfristigen Bedrohungen für die Menschheit, die die globale Erwärmung mit sich bringt, nicht in jahrtausendelangen Klimawandlungen, sondern in regionalen klimatischen Verschiebungen, etwa in einem Anstieg der Häufigkeit von El Niños, die unmittelbare und normalerweise ungünstige Auswirkungen auf menschliche Bevölkerungen haben. Bis zu einem gewissen Grad trifft dasselbe auch auf die vergangenen zehntausend Jahre zu, aber die Einsätze werden immer höher, während die Weltbevölkerung weiterhin zunimmt und natürliche Randzonen mehr und mehr Menschen in sich aufnehmen. Die *Organization for African Unity* schätzt, daß zwischen 1980 und 1990 mindestens eine halbe Million Menschen allein im an die Sahara grenzenden Afrika durch Dürren zugrunde ging, größtenteils infolge des ENSO-Ereignisses von 1982/83. Die Geschichte lehrt uns, daß El Niños manchmal für den Todesstoß gesorgt haben, der Staaten und große Herrscher stürzte. Wie unendlich größer sind diese Art von Belastungen in unserer überbevölkerten und verschmutzten Welt! Wenn die Wissenschafler richtig liegen und die globale Erwärmung stärkere und häufigere ENSO-Ereignisse hervorbringt, dann könnte das Schicksal gesamter Nationen in den unerbittlichen Fäusten des Christkinds liegen.

Viele Fragen bleiben offen. Werden wir Zeuge einer trockenen Folge klimatischer Wandlungen, die durch die globale Erwärmung verursacht werden? Oder war die Südliche Oszillation mit ihren häufigeren El Niños der letzten Jahre in ihrer gewöhnlichen Unvorhersehbarkeit ganz sie selbst? Was verursacht die vielgestaltigen Schwingungen des Pendels der ENSO, die so überzeugend von modernen Coputersimulationen entworfen werden? Warum entfalten sich diese Entwürfe immer in unterschiedlicher Weise? Ist El Niño ein reines Phänomen der Tropen oder bewegen irgendwelche noch unbekannten Kräfte von außerhalb die Atmosphäre und das Meer, die George Philander „Partner im Tanz" nennt? Wer führt diesen Tanz, die bewegliche Atmosphäre oder das schwerfälligere Meer? Der Ozeanograph Richard Fairbanks vergleicht den ganzen Prozeß mit einem Orchester, das eine Symphonie spielt. Aber niemand hat bis jetzt den Dirigenten gefunden.

Oliver Goldsmith schrieb in *Sweet Auburn*:

> *Unglück ergeht sich über das Land, ein Opfer des getriebenen Unglücks*
> *wo sich Reichtum ansammelt und Menschen verfallen.*

Was auf Goldsmiths Zeit vor zweihundert Jahren zutraf, trifft heute doppelt zu. Im Unterschied zu Goldsmith leben wir in einer überbevölkerten industriellen Welt, in der das „getriebene Unglück" der Menschheit mit jedem Jahr neue Ebenen der Unnormalität erreicht. Unsere globale Perspektive auf El Niños erlaubt uns, das wahre Ausmaß des Schadens starker ENSOs jüngerer Jahre einzuschätzen, unter der Erwartung häufigerer Episoden in der Zukunft, während sich die globale Erwärmung verstärkt. Die materielle Zerstörung stellt nicht die größte Gefahr für die Menschheit dar. In Gesellschaften aber, die bereits durch einen uneinsichtigen Umgang mit der Natur belastet sind, kann ein El Niño den Glauben der Menschen an die Legitimation ihrer Führer und an die Grundfesten ihrer Kultur zerstören. Manchmal sind Führer weise, ihre Einrichtungen sind flexibel, und die Gesellschaft paßt sich erfolgreich an neue Gegebenheiten an, wie es bei den Anasazi der Fall war. Gelegentlich stürzen die Führer, aber ihre Nachfolger lernen aus ihren Fehlern, wie es bei den Gaufürsten Thebens der Fall war, als sie das Fundament des Mittleren Königreichs Ägyptens legten. Manchmal werden die Belastungen durch ein außergewöhnliches Ereignis oder eine bemerkenswerte Innovation gemindert, wie im Falle der durch das Jüngere Dryas verursachten Hinwendung zum Ackerbau in Abu Hureyra oder der weitläufigen Anpflanzung der Kartoffel in Europa während der späten Stadien der Kleinen Eiszeit. Manchmal aber ist der Zusammmenbruch total, wie im Falle der Moche und Maya.

In unserer eigenen Welt steigern sich die Belastungen bedenklich. Wie die Wildbeuter der Steinzeit am Ende der Eiszeit müßten wir aus unserer Umgebung flüchten, um unseren Schwierigkeiten zu entkommen. Keine einzelne Kraft – Überbevölkerung, globale Erwärmung oder ein jähes Klima – wird unsere Zivilisation zerstören. Aber die Kombination aus den dreien unterwirft uns dem möglichen Todestoß.

So haben wir also mehrere Wahlmöglichkeiten. Wir können einfach hoffen, daß sich der Todesstoß nie ereignet. Wir können hoffen, daß unsere brillante Technologie – vor allem in der Informationstechnik und der Biotechnologie – die außergwöhnliche Neuerung ist, die für einen Fluchtweg sorgt. Wir sollten jedoch nie vergessen, daß die Gesellschaften, die sich über eine wirklich lange Zeitspanne gehalten haben – über Jahrtausende wie die Afrikaner der Sahelzone vor der europäischen Kolonisation –, dies bewerkstelligten, indem sie eine Anpassung an ihre Umwelt erreichten.

Die Ungewißheiten, die vor uns liegen, sind einschüchternd, aber solange die Krise noch nicht über uns hereingebrochen ist, gibt es noch Hoffnung. Über Tausende von Jahren waren wir auf Erden Räuber und nahmen in ausbeuterischer Praxis mehr, als wir gaben, wobei wir endliche Ressourcen unter der falschen Voraussetzung verbrauchten, daß wir die erklärten Herren der Welt seien. Wir haben Wälder zerstört; Erdoberflächenschichten ausgelaugt; die Luft verschmutzt und verändert; Meere, Flüsse und Seen vergiftet; und die schlimmsten Auswirkungen unserer Plünderung auf die Armen niederkommen lassen: Jedoch können Krisen bemerkenswerte Eigenschaften in Herrschern und ihren Untertanen zum Vorschein bringen. Die Entwicklung unserer Fähigkeit, El Niños vorhersagen zu können, ist eine solche Reaktion. Vielleicht führt das jetzt weitverbreitete öffentliche Bewußtsein von der globalen Erwärmung und von El Niño zu einem beispiellosen Grad an Zusammenarbeit und Einbindung unter Völkern und Nationen, um eine nachhaltige Welt zu schaffen. Dieser Bericht aus der Vergangenheit legt nahe, daß das Schicksal der industriellen Zivilisation genau davon abhängt.

Im Verlauf der vergangenen zehntausend Jahre haben sich die Menschen vortrefflich auf die globale Umwelt eingerichtet, allerdings zu einem hohen Preis. Die Industrielle Revolution hat uns über die letzten zweihundert Jahre durch niemandes Schuld in eine apokalyptische Sackgasse gebracht, die im engsten Sinne unsere Existenz bedroht. Aus dieser Falle zu entkommen wird ungewöhnliche Lösungen erfordern, die Politik, Religion und individuelle Ziele übersteigen müssen. Unglücklicherweise hält die Geschichte keinen Beispielfall bereit, um uns anzuleiten, nur die Bestärkung der Überzeugung, daß der *Homo sapiens sapiens* fähig ist, an der Herausforderung zu wachsen. Wie Otto von Bismarck vor über hundert Jahren bemerkte, müssen wir auf die Fußschritte der Geschichte hören und von ihnen lernen.

DANKSAGUNGEN

Dieses Buch entsprang einer lebhaften Unterhaltung über El Niño beim Kaffetrinken mit einer Gruppe von Freunden, die keine Vorstellung davon hatten, in was sie mich hineinmanövrierten. Ich bin Noah Ben Shea, Steve Cook und Shelly Lowenkopf dafür dankbar, daß sie mir geholfen haben, auf die Idee zu diesem Buch zu kommen, und für ihre dauerhafte, immer nützliche und oft unumwunden kritische Kommentierung meiner literarischen Bemühungen. Am stärksten hervorzuheben ist William Frucht vom Verlag Basic Books, der mich von Anfang an ermutigt hat und in Bezug auf mein Manuskript die hervorragendsten redaktionellen Fähigkeiten im Umgang mit nahezu unmöglich einzuhaltenden Fristen zeigte. Lisa Cipolla half mir bei vielen Kapiteln mit der Recherche und erwies sich als wunderbare Diskussionspartnerin. Viele andere Gelehrte haben ihre Ratschläge beigesteuert, einzelne Kapitel kritisiert, mich mit Hinweisen unterstützt, meine Vorstellungen in der Luft zerrissen und mich ernst genommen, wenn ich dumme Fragen stellte. Mein Dank gilt Mark Aldenderfer, John Arachi, Jeffrey Dean, Carol Ellick, Michael Glantz, David Hodell, William Kaiser, Doug Kennett, Chap Kusimba, Richard Leventhal, Rod Macintosh, George Michaels, Peter Rowley-Conwy, Dan Sandweiss, Chris Scarre, Stuart Smith, Chip Stanish, Gwinn Vivian und John Zweiker. Cindy Barrilleaux redigierte die Entwürfe der ersten fünf Kapitel mit Einfühlungsvermögen und Verständnis. Jack Scott zeichnet sich mit gewohnt feinem Geschick für die Karten und Pläne verantwortlich. Susan Rabiner, eine außergewöhnliche literarische Agentin, half mir, meine Idee zu formulieren, und ermutigte mich in jedem Stadium des Prozesses. Schließlich danke ich Lesley und Anastasia, die nicht nur El Niño selbst über sich ergehen lassen mußten, sondern auch das Abfassen eines Buchs über ihn. Es ist kein Wunder, daß Lesley meine Bücher manchmal als Ladenhüter bezeichnet!

ANMERKUNGEN UND QUELLEN

Die Recherche für dieses Buch umfaßte persönliche Interviews, eine umfangreiche Korrespondenz via e-mail, eine gewaltige Menge an Literatur aus vielen Gebieten und eine große Zahl archäologischer und historischer Quellen. Der angeregte Leser müßte sich durch ein komplexes und verstreutes Literaturarchiv arbeiten. Zur gesamten Thematik der ENSO werden wir in den kommenden Jahren unzweifelhaft das Erscheinen vieler neuer Bücher erleben. Zu den einzelnen Kapiteln habe ich, aufgelistet vor den Anmerkungen, Quellen zusammengestellt, die dem interessierten Leser einen spezielleren Verweis zuführen. Das Internet ist eine wertvolle Informationsquelle zu El Niño und anderen Klimaphänomenen, und der Leser kann jede der gängigen Suchmaschinen nutzen, um die neusten Nachrichten ausfindig zu machen. An dieser Stelle Adressen aufzulisten wäre aufgrund ihrer vorübergehenden Gültigkeit nicht sinnvoll.

1 Die große Heimsuchung

Embree, Ainslie/Wilhelm, Friedrich. *Indien.* Frankfurt/Main: Fischer Taschenbuch Verlag, 1993. (Allgemein zur Geschichte Indiens)

Simon, Werner. *Die britische Militärpolitik in Indien und ihre Auswirkungen auf den britisch-indischen Finanzhaushalt 1878–1910.* Wiesbaden: Franz Steiner Verlag, 1974.

1. Rudyard Kipling, *Rudyard Kipling's Verses* (Garden City, N. Y.: Doubleday/Doran, 1934), 90.
2. Zitiert nach Khushwant Singh, „The Indian Monsoon in Literature", in Jay S. Fein und Pamela L. Stephens, Hrsg., *Monsoons* (New York: John Wiley, 1987), 45.
3. W. G. Archer, Hrsg., *The Love Songs of Vidyapati* (London: Allen and Unwin, 1963), 100.
4. Zitiert nach Singh, „The Indian Monsoon in Literature", 47–48.
5. E. M. Forster, *The Hill of Devi* (London: Edward Arnold, 1953), 111. Mein Vater veröffentlichte Forsters Romane und kannte sie fast auswendig.
6. Beides zitiert nach J. E. Scott, *In Famine Land* (New York: Harper Brothers, 1904), 2, 3.
7. Vaughan Nash, *The Great Famine and its Consequences* (London: Longman Green, 1900), 62.
8. Beides zitiert nach Scott, *In Famine Land*, 4, 11.
9. Ebd., 111.
10. Ebd., 127.
11. F. H. S. Merewether, *A Tour Through the Famine Districts of India* (Philadelphia: J. B. Lippincott, 1898), 135.
12. Scott, *In Famine Land*, 145.
13. Zitiert nach Bruce Warren, „Ancient and Medieval Records of the Monsoon Winds and Currents of the Indian Ocean", in Fein und Stephens, *Monsoons*, 144.
14. Zitiert nach ebd., 145.
15. Edmund Halley, „Historical Account of the Trade Winds and Monsoons", *Philosophical Transactions of the Royal Society* 16 (1686): 165.

16. Alexander von Humboldt, „Récherches sur les causes des inflexions de lignes isotherms", *Mémoirs de Physique de la Societé d'Arceuil* 3 (1817): 111.
17. Zitiert nach Ralph Abercromby, *Weather: A Popular Exposition of the Nature of Weather Changes from Day to Day* (London: Kegan Paul, 1887), 234.
18. Norman Lockyer, „Simultaneous Solar and Terrestrial Changes", *Native* 69 (1904): 351.
19. Henry Blanford, „On the Connexion of the Himalaya Snowfall with Dry Winds and Seasons of Rainfall in India", *Proceedings of the Royal Society of London* 37 (1884): 20.
20. Sir Gilbert Walker, „Correlations in Seasonal Variations of Weather, IX", *India Meteorological Service Memoirs* 24, no. 4 (1923): 22.
21. Ebd., 22.
22. Sir Gilbert Walker, „Correlations in Seasonal Variations of Weather, IX", *India Meteorological Service Memoirs* 24, no. 9 (1924): 19.
23. Walkers Formeln lag die Kenntnis zu Grunde, daß Druckschwankungen in ein vorhergehendes Stadium zurückkehren, die im Gegensatz dazu von statistischen Berechnungen, beruhend auf der Wahrscheinlichkeitstheorie, nicht berücksichtigt wurde.
24. Sir Charles Normand, „Monsoon Seasonal Forecasting", *Quarterly Journal of the Royal Meteorological Society* 79 (1953): 469.
25. Zitiert nach B. G. Brown und R. W. Katz, „The Use of Statistical Methods in the Search for Teleconnections: Past, Present, and Future", in Michael H. Glantz, R. W. Katz und N. Nicholls, Hrsg., *Teleconnections Linking Worldwide Climate Anomalies* (Cambridge: Cambridge University Press, 1991), 371–400.

2 Guano – El Niño und der Vogelmist

McIntyre, Loren. *Die amerikanische Reise. Auf den Spuren des großen deutschen Forschers Alexander von Humboldt.* Hamburg: Gruner + Jahr Verlag, 2000.

1. *Guano* ist eine Ableitung des spanischen Worts *Huano*, das, selbst von der Sprache der amerikanischen Indianer abgeleitet, „Seevogelexkrement" bedeutet.
2. R. A. Murphy, „Oceanic and Climatic Phenomena Along the West Coast of South America During 1925", *Geographical Review* 46 (1926): 26–54.
3. Camilo Carrillo, „Disertacíon sobre las Corrientes Océanicas y Estudios de Corriente Peruana de Humboldt", *Boletinas del Sociedad Geographico Lima* 11 (1892): 84.
4. Frederico Alfonso Pezet, „The Countercurrent 'El Niño' on the Coast of Northern Peru", *Boletinas del Sociedad Geographico Lima* 11 (1895): 603.
5. Murphy, „Oceanic and Climatic Phenomena", 50.
6. Ephraim Squier, *Travels in Peru* (New York: Harper, 1888), 110.
7. Der Konquistador Francisco Pizarro und seine buntgemischte Bande Abenteurer ernährten ihre Pferde von einem blühenden Wuchs in der Wüste, als sie 1532 landeinwärts ins Herz des Inkareiches ritten. Wissenschaftler diskutieren darüber, ob dies ein El Niño-Jahr war. Vielleicht wäre der Gang der Geschichte anders verlaufen, wenn die Wüste von ihrer gewohnt trockenen Eigenart gewesen wäre.
8. Sir Gilbert Walker, „Correlations in Seasonal Variations of Weather, IX", *India Meteorological Department Memoirs* 24, no. 9 (1924): 3.

3 ENSO
Lauer, Wilhelm. *Klimatologie.* Braunschweig: Westermann Verlag, 1993.

1. George S. Philander, *Is the Temperature Rising?* (Princeton, N. J.: Princeton University Press, 1998), 108.

4 Die Nordatlantische Oszillation
Quellen siehe Kapitel 3 und 12.

1. Die nachfolgende Forschung hat das Fundstück von *Leman and Ower* auf etwa 8500 v. Chr. datiert.
2. Finn Gad, *The History of Greenland*, vol.1, *Earliest Times to 1700* (London: C. Hurst, 1970), 366.
3. Britisch Admiralty, *Ocean Passages for the World* (Taunton, Eng.: H. M. Hydrographic Office, 1950), 151.
4. Robert H. Fuson, *The Log of Christopher Columbus* (Camden, Maine: International Marine Publishing Co., 1987), 63. Das Logbuch existiert in verschiedenen dt. Ausgaben.

5 Eine Zeit der Erwärmung
Uhl, Wolfgang. *Kalahari – hautnah. Die Welt der Kung-Buschmänner.* Oertel und Spörer Verlag, 1994.
Zur Katastrophe am Schwarzen Meer 5500 v. Chr. und zum frühen Ackerbau in Europa siehe „Strafgericht am Bosperus", *Der Spiegel* 50/2000: 266–280; und Pitman, W./Ryan, W. *Sintflut – Ein Rätsel wird entschlüsselt.* Gustav Lübbe Verlag, 1999.

1. Das Ausrufezeichen deutet auf einen aus dem Gaumen erzeugten Schnalzlaut hin.
2. Diese Rate stieg bis zu 0,1 Prozent an, nachdem 9000 v. Chr. der Ackerbau begann, und in der Folge bis zu 0,6 und 2,0 Prozent, im neunzehnten und zwanzigsten Jahrhundert n. Chr.
3. Unglücklicherweise wurde Abu Hureyra von einem See überschwemmt, der durch einen vor etwa 30 Jahren am Euphrat errichteten Damm entstanden war. Glücklicherweise wurde die Stätte von dem Archäologe Andrew Moore noch vor der Überschwemmung hervorragend freigelegt.
4. Computersimulationen deuten darauf hin, daß sich der Übergang von wildem Getreide zu domestiziertem innerhalb von nur zwanzig, dreißig Jahren vollzogen hat. Die Archäologie wird niemals auf die erste Bauernsiedlung überhaupt stoßen, weil es zu diesem Übergang wahrscheinlich an mehreren Örtlichkeiten mehr oder weniger gleichzeitig kam.
5. William Ryan und Walter Pitman haben in einer neuen Entwicklung behauptet, daß die Katastrophe vom Schwarzen Meer über den Weg der volkstümlichen Erinnerung ihren Widerhall in der biblischen großen Flut findet: Pitman, W./Ryan, W. *Sintflut – Ein Rätsel wird entschlüsselt.* Gustav Lübbe Verlag, 1999. Ich glaube, den meisten Archäologen ist dies zu spekulativ.
6. Samuel Kramer, *The Sumerians* (Chicago: University of Chicago Press, 1963), 71.

6 Pharaonen in der Krise
Brunner-Traut, Emma. *Alltag unter Pharaonen.* Freiburg: Herder Verlag, 1998.
Hornung, Erik. *Grundzüge der ägyptischen Geschichte.* Primus Verlag, 1992.

1. Wenn keine andere Angabe vorgenommen ist, sind alle Zitate dieses Kapitels entnommen aus Barbara Bell, „The Dark Ages in Ancient History I. The First Dark Age in Egypt", *American Journal of Archaeology* 75 (1971): 1–26, wo die vollständigen Angaben gefunden werden können.
2. Die Sandbank von Apophis war ein Ort in der Unterwelt, an dem die Drachenschlange Apophis jede Nacht drohte den Sonnengott Re zu verschlingen.
3. Sir William Willcocks, *Sixty Years in the East* (London: Blackwood, 1935), 135.
4. Aus ersichtlichen Gründen beschreibt dieses Kapitel das Niltal, bevor der Bau aufeinanderfolgender Dämme in Assuan in Oberägypten im zwanzigsten Jahrhundert Überschwemmungsmuster und Bewässerung veränderte.
5. Giovanni Belzoni, *Narrative of the Operations and Recent Discoveries Within the Pyramids, Temples, Tombs, and Excavations in Egypt and Nubia* (London: John Murray, 1821), 301.
6. *The Imperial Gazetteer of India 1908: The Indian Empire* (Oxford: Clarendon Press, 1908), 1: 127.
7. I. E. S. Edwards, *The Pyramids* (New York: Viking, 1985), 22.
8. J. A. Wilson, *The Culture of Ancient Egypt* (Chicago: University of Chicago Press, 1957), 126.
9. Ägyptologen unterteilen die klassische ägyptische Hochkultur gewöhnlich in vier grobe Phasen, die sich durch drei Perioden politischer Wirren voneinander trennen: (1) Archaisches und Altes Königreich 3000–2134 v. Chr., Erste Zwischenphase 2134–2040 v. Chr.; (2) Mittleres Königreich 2040–1640 v. Chr., Zweite Zwischenphase 1640–1530 v. Chr.; (3) Neues Königreich 1530–1070 v. Chr., Dritte Zwischenphase 1069–525 v. Chr.; (4) Spätphase 525–332 v. Chr.
10. Wenn nicht, wie einige glauben, der Schreiber, der die Details der Regierung Pepis aufgenommen hat, die Zahlen 64 und 94 vertauscht hat, die sich in kursiven Hieroglyphen sehr ähneln! Aber auch 64 Jahre wären in jeder Hinsicht eine lange Regierungszeit. Adolf Erman, *The Ancient Egyptians: A Sourcebook of Their Writings*, übers. von A. M. Blackman (N. Y.: Harper Torchbooks, 1927), 110.
11. Zitiert nach Peter Clayton, *Chronicle of the Pharaos* (London: Thames and Hudson, 1994), 84.
12. Zitiert nach Barbara Bell, „Climate and the History of Egypt: The Middle Kingdom", *American Journal of Archaeology* 79 (1975): 261.

7 Die Moche-Herrscher

Disselhoff, H. D. *Das Imperium der Inka und die indianischen Frühkulturen der Andenländer.* Berlin: Safari Verlag, 1972.

Kunst- und Ausstellungshalle der BR Deutschland (Hrsg.). *Gold aus dem alten Peru. Die Königsgräber von Sipán.* Hatje Cantz, 2000.

8 Der Zusammenbruch der Klassischen Maya

Riese, Berthold. *Die Maya. Geschichte, Kultur, Religion.* München/Frankfurt a. M.: C. H. Beck Verlag, 2000.

Schele, L./Freidel, D. *Die unbekannte Welt der Maya.* Bechtermünz Verlag, 1994.

1. Sylvanus Morley, *The Ancient Maya* (Stanford, Calif.: Stanford University Press, 1946), 141.
2. Dennis Tedlock, Hrsg., *Popol Vuh* (New York: Simon & Schuster, 1996), 64. Das *Popol Vuh* ist in dt. Ausgabe erhältlich.

3. Die Hochkultur der Maya erblühte bis zur spanischen Eroberung im sechzehnten Jahrhundert weiterhin im nördlichen Yucatán.

9 Die Alten

Ceram, C. W. *Der erste Amerikaner. Die Entdeckung der indianischen Kulturen in Nordamerika.* Düsseldorf: Artemis & Winkler, 1992.

Allgemein zur Philosophie der Bewegung: Chatwin, Bruce. *Traumpfade.* Frankfurt/Main: Fischer Taschenbuch Verlag, 1998.

1. Beide Zitate aus Tessie Naranjo, „Thoughts on Migration by Santa Clara Pueblo", *Journal of Anthropological Archaeology* 14 (1995): 249–250
2. Gustav Nordenskiöld, *The Cliff Dwellers of the Mesa Verde, Southwestern Colorado* (New York: AMS Press, 1973), 33.
3. Naranjo, „Thoughts on Migration by Santa Clara Pueblo", 250.

10 Die Kleine Eiszeit

Barüske, H. *Grönland, Wunderland der Arktis.* Berlin: 1977.

Capelle, T. *Kultur- und Kunstgeschichte der Wikinger.* Darmstadt: 1986.

1. Der etwas irreführende, aber häufig gebrauchte Begriff wurde 1942 von dem Glaziologen F. E. Matthes geprägt.
2. Magnus Magnusson und Hermann Pálsson, *The Vinland Sagas* (Baltimore: Pelican Books, 1965), 50.
3. Zitiert nach A. E. J. Ogilvie, „Climate and Economy in Eighteenth-Century Iceland", in C. Delano Smith und M. Parry, Hrsg., *Consequences of Climate Change* (Nottingham, Eng.: Department of Geography, Nottingham University, 1981), 59.
4. Fernand Braudel, *Civilization and Capitalism, Fifteenth-Eighteenth Century,* vol. 1, *The Structures of Everyday Life* (London: Collins, 1981), 110.
5. Ebd., 117.
6. Alle Zitate dieses Abschnitts nach Ladurie, *Times of Feast, Times of Famine,* 171 ff.
7. Guy de la Bédoyère, Hrsg., *The Diary of John Evelyn* (Woodbridge, Eng.: Boydell Press, 1995), 267.
8. Sir John Sinclair, *Statistical Account of Scotland* (Edinburgh, 1791–1799), 231.
9. Die französische *Encyclopédie* von 1765 erklärte, daß die Kartoffel die Nahrung der Armen sei, wenn sie auch Blähungen verursache: „Aber was ist das bißchen Wind für die kräftigen Organe der Bauern und Arbeiter!"; Braudel, *Civilization and Capitalism,* 1: 170.

11 „Dürre folgt dem Pflug"

Schiffers, Heinrich. *Die Sahara. Entwicklungen in einem Wüstenkontinent.* Borntraeger Verlag, 1980.

Mensching, Horst. *Die Sahelzone. Naturpotential und Probleme seiner Nutzung.* Aulis Deubner Verlag, 1991.

Ders. *„Desertifikation". Ein weltweites Problem der ökologischen Verwüstung in den Trockengebieten.* Wissenschaftliche Buchgesellschaft, 1990.

1. Die Rinderpest ist eine ansteckende Viruserkrankung, die fast ausnahmslos tödlich für das Vieh endet. Die Krankheit gab es bereits in alten Zeiten, und ausgehend von den zentralasiatischen Steppen suchte sie periodisch Europa und Südwestasien heim. Die italienische Armee brachte 1889 infizierte Rinder aus Indi-

en, Aden und dem Süden Rußlands nach Äthiopien, um ihre Soldaten bei Massawa zu versorgen. Eine sich schnell ausbreitende schwere Rinderpest-Epidemie wütete durch die Sahelzone und das übrige tropische Afrika und tötete eine Millionenstückzahl an Vieh, Schafen und Ziegen, ebenso wie viele Wildpopulationen. Die Rinderpest vernichtete fast übernacht einen Großteil von Afrikas Reichtum auf Klauen. Viele Fulani wanderten verstört umher, riefen nach halluziniertem Vieh oder begingen Selbstmord. In Ostafrika verloren die Massai zwei Drittel ihrer Rinder. Viele Hirten wandten sich zum ersten Mal dem Ackerbau zu, waren aber durch Hunger zu geschwächt, Getreide zu pflanzen und zu ernten.

2. Robert W. Kates, *Drought Impact in the Sahelian-Sudanic Zone of West Africa: A Comperative Analysis of 1910–1915 and 1968–1974* (Worcester, Mass.: Clark University, 1981), 110.
3. Ebd.
4. Randall Baker, „Information, Technology Transfer, and Nomadic Pastoral Societies“, zitiert nach Michael Glantz, „Nine Fallacies of Natural Disaster: The Case of the Sahel“, in Michael H. Glantz, Hrsg., *The Politics of Natural Disaster* (New York: Praeger, 1974), 3–24.
5. Michael H. Glantz, Hrsg., *Drought Follows the Plow* (Cambridge: Cambridge University Press, 1994).

12 El Niños, die die Welt erschütterten

Keppler, Erhard. *Die unruhige Erde. Klimaveränderung, El Niño, Erdbeben, Vulkanausbrüche ...* Tecklenborg Verlag, 1998.

1. Jean-Paul Malingreau, „The 1982–1983 Drought in Indonesia: Assessment and Monitoring“, in Michael Glantz, Richard Katz und Maria Krenz, Hrsg., *The Societal Impacts Associated with the 1982–1983 Worldwide Climatic Anomalies* (Boulder, Colo.: National Center for Atmospheric Research, 1987), 17.
2. Gilbert Walker, „Seasonal Weather and Its Prediction“, *Smithsonian Institution Annual Report* (Washington, D.C.: Smithsonian Institution, 1935), 117.
3. Zitiert nach Famine Early Warning System (FEWS) bulletins (February 1998).
4. Zitiert nach Famine Early Warning System (FEWS) bulletins (Juni 1997).

13 Das Schicksal der Zivilisation

Flavin, C./Tunali, O. *Ein Klima der Hoffnung. Neue Strategien zur Stabilisierung der Weltatmosphäre.* Wochenschau Verlag, 1997.

1. Jared Diamond, *Guns, Germs, and Steel* (New York: W. W. Norton, 1997), 408.
2. Durch großangelegte Bewässerungsprojekte zeichnete sich die frühe sumerische und ägyptische Hochkultur noch nicht aus. Solche wurden später aufgenommen, als die Bevölkerungszahlen beträchtlich gestiegen waren.
3. Zitiert nach *U. S. News & World Report*, 22. Juni 1998, 58.